高等学校计算机专业系列教材

软件测试教程
第3版

主编 宫云战
参编 赵瑞莲 张威 王雅文 张俞炜

Software Testing
Third Edition

机械工业出版社
China Machine Press

图书在版编目（CIP）数据

软件测试教程 / 宫云战主编；赵瑞莲等参编 . --3 版 . -- 北京：机械工业出版社，2021.11
（2023.6 重印）
高等学校计算机专业系列教材
ISBN 978-7-111-69478-6

I. ①软… II. ①宫… ②赵… III. ①软件 - 测试 - 高等学校 - 教材 IV. ① TP311.5

中国版本图书馆 CIP 数据核字（2021）第 218449 号

本书全面介绍软件测试的基本原理和一般方法，同时阐述近几年出现的一些新的软件测试方法，并结合实例介绍目前比较流行的软件测试工具。全书共 11 章，分别为：软件测试概述、软件缺陷、黑盒测试、白盒测试、基于缺陷模式的软件测试、集成测试、系统测试、主流信息应用系统测试、软件评审、测试管理、人工智能在软件测试中的应用。

本书可作为高等院校计算机专业本科生、研究生的教材，也可作为软件测试与软件质量保障工程师的参考书。

出版发行：机械工业出版社（北京市西城区百万庄大街 22 号　邮政编码：100037）

责任编辑：赵亮宇		责任校对：殷　虹	
印　　刷：北京建宏印刷有限公司		版　　次：2023 年 6 月第 3 版第 3 次印刷	
开　　本：185mm×260mm　1/16		印　　张：19.75	
书　　号：ISBN 978-7-111-69478-6		定　　价：79.00 元	

客服电话：（010）88361066　68326294

教 学 建 议

教学内容	学习要点及教学要求	课时安排
第 1 章 软件测试概述	• 了解软件可靠性问题 • 了解软件测试的目的和意义 • 掌握软件测试过程 • 掌握软件测试与软件开发的关系 • 了解软件测试的发展历程和现状 • 了解我国软件测试产业现状 • 了解软件测试工具	2
第 2 章 软件缺陷	• 掌握软件缺陷的基本概念 • 了解软件缺陷的种类和产生原因 • 了解软件缺陷数目的估计方法 • 掌握软件缺陷管理流程 • 了解常用的缺陷管理工具	2
第 3 章 黑盒测试	• 了解黑盒测试的基本概念 • 掌握等价类划分方法及其在测试中的应用 • 掌握边界值分析法及其在测试中的应用 • 掌握因果图法及其在测试中的应用 • 了解决策表法及其在测试中的应用 • 了解常用的黑盒测试工具	6
第 4 章 白盒测试	• 掌握控制流测试方法 • 掌握数据流测试方法 • 掌握代码审查方法 • 掌握代码走查方法 • 了解程序变异测试方法 • 了解常用的白盒测试工具	6
第 5 章 基于缺陷模式 的软件测试	• 了解基于缺陷模式的软件测试的概念 • 了解基于缺陷模式的软件测试指标 • 掌握常见的缺陷模式，包括故障模式、安全漏洞模式、疑问代码模式 　和规则模式 • 熟悉软件缺陷检测系统（DTS）	4
第 6 章 集成测试	• 了解集成测试的概念、层次及原则 • 掌握常用的集成测试策略 • 掌握集成测试用例设计方法 • 了解基础集成测试过程 • 了解面向对象的集成测试	4

（续）

教学内容	学习要点及教学要求	课时安排
第7章 系统测试	• 掌握性能测试的概念及方法 • 掌握压力测试的概念及方法 • 了解容量测试的概念及方法 • 掌握健壮性测试的概念及方法 • 掌握安全性测试的概念及方法 • 掌握可靠性测试的基本概念及模型 • 了解恢复性测试与备份测试的概念 • 了解协议一致性测试的概念及方法 • 了解兼容性测试的概念 • 了解安装测试的概念 • 掌握可用性测试的概念及方法 • 了解配置测试的概念及方法 • 了解文档测试的概念及方法 • 了解 GUI 测试的概念及方法 • 了解回归测试的概念及方法 • 了解系统测试工具及其应用	6
第8章 主流信息应用 系统测试	• 掌握 Web 应用系统测试的概念及方法 • 了解数据库测试的概念及方法 • 了解嵌入式系统测试的概念及方法 • 掌握游戏软件测试的概念及方法 • 掌握移动应用测试的概念及方法 • 了解常用的移动应用测试工具 • 了解云测试的概念及方法	6
第9章 软件评审	• 了解软件评审的目的、组织及管理 • 掌握需求评审的概念及评审细则 • 掌握概要设计评审的概念及评审细则 • 掌握详细设计评审的概念及评审细则 • 了解数据库设计评审的概念及评审细则 • 掌握测试评审的概念及评审细则	2
第10章 测试管理	• 了解测试管理体系 • 掌握测试的组织管理、过程管理、资源和配置管理及文档管理 • 掌握测试管理的原则 • 了解常用的测试管理工具	2
第11章 人工智能在软件 测试中的应用	• 了解软件故障定位的定义和机器学习在软件故障定位中的研究进展 • 了解机器学习在测试用例生成和模糊测试中的研究进展 • 掌握基于深度学习的程序理解框架 • 了解软件缺陷预测模型和缺陷自动确认模型	2

第 3 版说明

相关数据显示，2021 年，国内软件测试行业的产值接近 1700 亿元。在过去的几年中，软件测试技术与产业的发展呈现如下几个特点。

智能化：人工智能技术快速发展并渗透到软件测试领域，虽然刚起步，但已显示出强大的能力。智能大数据处理、智能显示等技术也提高了软件测试的效率。

软件测试工具国产化：长期以来，我国基础软件、中间件软件、支撑软件以进口为主。在过去的几年中，我国部分大学、科研机构和企业研发了不少软件测试工具，包括源代码测试工具、功能测试工具、性能测试工具、安全性测试工具等，这些工具正在逐步形成市场，虽然和国际上的先进工具尚存在一定差距，但在市场上已逐渐显示出竞争力，几款主流软件测试工具的国产化率可达到 30%。

对软件测试的认识逐步提高：软件测试用例与软件测试报告也属于软件文档的一部分，它们同软件需求文档、软件设计文档、软件编码一样，都是软件不可或缺的组成部分，可有效防止软件测试的随意性。这也是本书中提出的一个新观点。

软件测试有力地支持了新一代信息技术的发展：物联网、云计算、大数据、人工智能、区块链等相关行业都提出了自己的技术标准和测试标准。

本书在前两版的基础上新增了对人工智能技术在软件测试中的应用的介绍，包括故障定位、测试用例的自动生成、模糊测试、程序理解、软件缺陷预测、软件缺陷的自动确认和缺陷的自动修复。该部分由张俞炜博士撰写，宫云战教授和王雅文副教授审阅。

限于作者的水平，书中对某些问题的论述可能存在不足之处，恳请读者批评指正。

宫云战

2021 年 7 月 15 日

第 2 版说明

人们要探索一些新的软件测试技术来适应新技术（如物联网、云计算、大数据、移动服务等）的出现。软件规模及复杂性不断增大，软件可靠性的矛盾变得越来越突出，自动化软件测试变得十分急迫。大量的软件测试工具在市场上不断涌现，目前在国内市场上销售的软件测试工具有上百种，同时在网上也有数百个开源软件测试工具。

可喜的是，国内软件测试技术发展迅速，软件测试产业已有 3000 多家评测机构，从业人员达 30 万人以上，70% 以上的中国软件企业有专业测试队伍，市场规模达数千亿，而且可以预测，在未来的 10 年都将保持 20% 以上的增长速度。

根据我们的初步了解，国产软件测试工具的市场占有率要远大于国产基础软件的市场占有率。目前在国产软件测试工具中，年产上千万的估计有二十余个，国产软件测试工具已经遍布软件测试的各个应用方向。

本书在 2008 年第 1 版的基础上介绍一些新理论、新方法和新技术。如增加了软件缺陷概论；增加了软件代码审查和走查，这些方法虽然比较原始，但它们是发现软件缺陷很有效的办法；对目前信息技术主流应用系统（如 Web 系统、嵌入式系统、数据库系统、游戏软件和云平台）的测试也做了介绍。本书还有一个特点是重点介绍了国产软件测试工具，包括我们自己研发的软件缺陷检测工具 DTS、软件单元测试工具 CTS，以及关键科技有限公司研发的测试管理工具 KTFlow，这三个工具在我国市场上都有一定的占有率。随着国产软件测试工具的不断完善，我们相信将来本书再版时 50% 以上的工具都是国产的，这也是软件测试同行奋斗的目标。

王雅文博士具体负责了再版本书的全过程，从内容组织到人员分工做了大量工作，同时她和邢颖、张威、万琳和张旭舟都参与了部分章节的撰写和修改。最后宫云战教授统稿并审阅了全书。

限于作者的水平，书中对某些问题的论述可能是肤浅的，也可能存在缺陷，恳请读者批评指正。

宫云战

2015 年 11 月 3 日于北京

第1版序

在过去的几十年中，软件技术得到了快速发展，软件系统的应用已经遍布社会的各个领域，成为人类改造自然不可或缺的重要组成部分。

一方面，软件的应用给社会带来了巨大的进步，大大提升了人们改造自然的能力。另一方面，由于软件的故障、漏洞等因素导致的软件不可信的问题也变得更加突出，这在很大程度上制约了软件技术的发展和软件系统的使用。软件的不可信问题正由一个纯粹的技术问题向社会问题转变，已到了非解决不可的地步。在诸如航空、航天、电信、医疗、金融等众多安全第一的领域，软件错误造成的危害是触目惊心的。

软件是一个逻辑体，软件中的错误都是由人类自己造成的。由于软件规模、复杂性等因素，使得人们难以证明软件是正确的。软件中的错误是不可避免的，人们只能根据需要尽可能地减少软件中的错误。

软件测试是发现软件缺陷，提高软件可信性的重要手段。在过去的三十年中，随着社会对软件测试需求的增加，软件测试理论和技术得到了较快的发展。特别是近十年来，国际上一些著名的学术机构，以及微软、IBM等众多国际IT巨头的参与，使得软件测试理论正在走向成熟，软件测试对错误与缺陷的发现能力、软件测试工具的自动化程度都得到了大幅度的提升。以软件测试工具、软件测试服务为主导的软件测试产业正在兴起，目前在全国已经形成近2000家的软件评测企业，有数十万人的软件测试队伍。

本书作者长期以来一直从事软件测试技术的研究和教学，对软件测试技术有比较深刻的理解，对软件测试的教学有比较好的把握。希望这本书为大家学习、理解软件测试技术提供有益的参考。

中国科学院
中国工程院　院士
北京邮电大学 教授
2008年7月

第 1 版前言

4 年前，我和赵瑞莲教授分别写过一本名为《软件测试》的书。同 4 年前相比，软件测试技术与软件产业得到了快速发展，主要表现在：社会对其认识更加深刻，需求增大；我国的软件评测企业大幅度增加，目前已有近 2000 家，各个行业、各个省、发达地区的各个市都建立了软件评测中心；软件测试从业人员已达数十万人，我国软件测试产业产值已经达到上百亿元；国际上的 IT 巨头，如 IBM、微软等，都在从事与软件测试相关的工作，众多的 IT 企业都在中国建立了以软件测试外包为主导的软件企业；以软件测试工具和软件测试服务为核心的软件测试产业每年都在以超过 20% 的速度递增；软件测试学术活动异常活跃，新的测试方法和测试工具不断出现。相比之下，原来书中有些内容虽然理论性强，但实用价值不大，而有些内容则处于被淘汰阶段。所有这些因素都促使我们认为有必要重新撰写一本有关软件测试的书。

本书叙述软件测试的一般原理和各种基本方法，包括基本的白盒测试、黑盒测试和集成测试方法，并结合近几年软件测试技术的发展，重点介绍了目前国际上一些比较流行的软件测试方法与软件测试工具，包括：

1）面向缺陷模式的软件测试技术：该技术以其缺陷检测效率高、准确、自动化程度高、易学等特点，在过去的几年中得到迅速发展，目前大约有 80 多个与该技术相关的工具。在美国，以该工具为基础的软件测试服务取得了很大的成功，成为美国一种主流软件测试技术。目前，随着缺陷模式的不断增加，该技术将有更广阔的应用前景。本书叙述了该技术的一般方法以及作者应用该技术开发的一款软件测试系统——缺陷测试系统（DTS）。

2）软件评审：软件评审比较经济且发现缺陷的效率高，是目前常用的提高软件质量的方法，已在许多大型软件开发中得到了印证。本书详细叙述了软件评审的内容及如何组织软件评审。

3）随着软件开发规模的扩大及复杂程度的增加，软件缺陷将更难发现。为了尽可能多地找出程序中的故障，开发出高质量的软件产品，必须对测试工作进行组织策划和有效管理，并采取系统的方法建立起软件测试管理体系，以确保软件测试在软件质量保证中发挥应有的关键作用。

4）软件测试工具是提高软件测试效率与质量的重要手段，在过去的几年中，在软件开发过程的各个阶段，产生了大量的软件测试工具，一些新技术的使用，也使得软件测试工具的自动化程度得到了大幅度的提高。本书介绍了目前多种主流的软件测试工具。

5）近几年来，随着 IT 的发展，与软件系统交互的相关技术也越来越多，包括网络、协议、安全性、界面等，所有这些方面都需要测试，而这些测试和基本的软件测试是不同的。本书全面论述了软件系统以及与此相关的系统测试。

赵瑞莲教授编写了本书的第1、2、8章，赵会群教授编写了第6章，张威教授、万琳副教授编写了第3、5、7章，杨朝红博士编写了第4章，全书由宫云战教授统稿、审查。

限于作者的水平，书中对某些问题的论述可能是肤浅的，也可能存在错误，恳请读者批评指正。

宫云战

2008年5月4日于北京

目　　录

第1章 软件测试概述

随着计算机技术的飞速发展，人们对计算机的需求和依赖与日俱增。随之而来的是计算机系统的规模和复杂性急剧增加，其软件开发成本以及由于软件故障而造成的经济损失也正在增加，软件质量问题已成为人们关注的焦点。因此，许多科学家在展望21世纪计算机科学发展方向和策略时，把软件质量放在优先于提高软件功能和性能的位置上。

软件测试是对软件需求分析、设计规格说明和编码的最终检查，是保证软件质量的关键步骤。随着软件系统规模和复杂性的增加，进行专业化高效软件测试的要求越来越严格，软件测试职业的价值逐步得到了认可，软件测试从业人员数量急剧增加，软件测试评测中心如雨后春笋般成长起来。

软件测试就是从不同的角度去发现软件中的错误，或验证软件的某些属性，一个高度可信的软件系统一般需要十几种乃至几十种不同的软件测试方法，在美国，软件测试的费用一般要占到整个软件费用的50%以上。对数千个软件项目工程的统计表明，只有9%的项目是成功的（在规定的时间、规定的经费和规定的质量下完成任务），在不成功的软件项目中，一半以上与质量有关。可见软件测试是多么重要！

1.1 计算机系统的软件可靠性问题

目前上千万、上亿乃至数十亿行代码的软件比比皆是，软件规模和复杂性的急剧膨胀，使得软件故障正逐渐成为导致计算机系统失效和停机的主要因素。下面介绍几个实例。

1. 千年虫问题

千年虫问题是一个众所周知的软件故障。20世纪70年代，人们所使用的计算机存储空间很小，这就迫使程序员在开发工资系统时尽量节省存储空间，一个简单的方法是在存储日期时，只存储2位，如1974存储为74。工资系统常依赖于日期的处理，因此他们节省了大量的存储空间。他们知道在2000年到来时，会出现问题，比如银行在计算利息时，是用现在的日期（如"2000年1月1日"）减去客户当时的存款日期（如"1974年1月1日"），如果年利息为3%，那么每存100元，银行应付给客户78元的利息。如果年份存储问题没有得到纠正，其存款年数就会变为−74年，客户反而付给银行利息了，这显然是不合理的。但他们认为在20多年内程序肯定会更新或升级，而且眼前的任务比计划遥不可及的未来更加重要。为此，全世界付出了数亿美元的代价来更换或升级类似程序以解决千年虫问题，特别是金融、保险、军事、科学、商务等领域，花费大量的人力、物力对现有的各种程序进行检查、修改和更新。

2. 爱国者导弹防御系统

1991年，美国爱国者导弹防御系统首次应用在海湾战争中，以对抗伊拉克飞毛腿导弹。尽管人们对该系统的赞誉不绝于耳，但是它确实在几次对抗导弹的战役中出现了失误，其中一枚在沙特阿拉伯的多哈误杀了28名美国士兵。分析专家发现症结在于一个软件故障。一个很小的系统时钟错误积累起来就可能拖延 14 小时，造成跟踪系统失去准确度。在多哈袭击战中，这样一个小故障造成系统被拖延 100 多个小时。

3. 美国火星登陆事故

1999 年，美国宇航局火星极地登陆飞船在试图登陆火星表面时突然坠毁失踪。故障评测委员会调查分析了这一故障，认定出现该故障的原因可能是某一数据位被更改，并认为该问题在内部测试时应该能够解决。

为什么会这样呢？简单而言，火星登陆过程计划是：飞船在火星表面降落时，着陆伞自动打开以减缓飞船的下降速度。当飞船距离火星表面 1800 米时，丢弃着陆伞，点燃登陆推进器，缓缓降落到地面。然而，美国宇航局为了节省开销，简化了关闭着陆推进器的装置，在飞船的支撑脚部安装了一个触点开关，在计算机中设置一个数据位来控制触点，以关闭飞船燃料。显然，飞船没着陆以前，推进器就应该一直处于着火工作状态。不幸的是，在许多情况下，当飞船的支撑脚迅速打开准备着陆时，机械震动也会触发触点开关，导致设置了错误的数据位，关闭了登陆推进器的燃料，使飞船加速下降 1800 米后撞向地面，撞成碎片。

结果是灾难性的，但原因很简单。事实上，飞船在发射之前经过了多个小组的测试，其中一个小组负责测试飞船支撑脚的落地打开过程，另一个小组负责测试此后的着陆过程。前一个小组没有检测触点开关数据位，那不是他们的职责；后一个小组总是在测试之前重置计算机，清除数据位。两个小组工作得都很好，但从未在一起进行过集成 / 系统测试，接口错误没有被检测出来，从而导致了这一灾难性的事故。

4. Intel 奔腾处理器芯片缺陷

在 PC 的"计算器"中输入以下算式：

$$(4\ 195\ 835 / 3\ 145\ 727) \times 3\ 145\ 727 - 4\ 195\ 835$$

如果答案不为 0，就说明该计算机使用的是带有浮点除法软件缺陷的老式 Intel 奔腾处理器。

1994 年，美国弗吉利亚州 Lynchburg 学院的一位博士在用奔腾 PC 解决一个除法问题时，发现了这个问题。他将发现的问题放在互联网上，引发了一场风暴，成千上万的人发现了同样的问题，以及其他得出错误结果的情形。万幸的是，这种情况很少出现，仅在精度要求很高的数学、科学和工程计算中才会出现。

这个事件引起人们关注的原因并不是这个软件缺陷，而是 Intel 公司解决问题的态度：

- Intel 公司的测试工程师在芯片发布之前已经发现了这个问题，但管理层认为还没严重到一定要修正，甚至公开的程度。
- 当这个软件缺陷被发现时，Intel 公司通过新闻发布和公开声明试图弱化问题的严重性。
- 当压力增大时，Intel 承诺可以更换有问题的芯片，但要求用户必须证明自己受到了缺陷的影响。

结果舆论哗然。互联网上充斥着愤怒的客户要求 Intel 公司解决问题的呼声，新闻报道将 Intel 公司描绘成不诚信者。最后，Intel 公司为自己处理软件缺陷的行为道歉并拿出 4 亿多美元来支付更换芯片的费用。由此可见，这个小小的软件缺陷造成的损失可能有多大。

5. Windows 2000 安全漏洞

微软曾经承认，Windows 2000 操作系统远程服务软件中存在安全漏洞，这些漏洞可能导致 3 种不同的安全隐患——拒绝服务、权限滥用和信息泄露，并发布了相应的补丁软件进行修补。拒绝服务隐患可能导致 DoS 受到攻击，使得合法用户无法远程登录系统；而权限滥用和信息泄露隐患则涉及系统权限管理，有可能使攻击者控制 Windows 2000 系统，从而在计算机上添加用户、删除或安装组件、破坏数据或执行其他操作。

据美国军方证实，一名联机攻击者利用微软网络软件中的一个缺陷控制了其国防部的一个服务器接口。尽管美国陆军网络技术事业部称受到攻击的军事网站不属于军方，但他们强调陆军会很认真地对待这一事件。这个缺陷也使微软的安全团队大吃一惊，因为没有一名安全研究人员发现这个问题，继而造成了恶劣的影响。

2008 年北京奥运会和 2012 年伦敦奥运会的票务系统都出现过软件故障，上海证券交易所、伦敦证券交易所等也出现过软件故障，巨额的财产损失和多条生命的代价让人们开始重视软件质量。类似的例子可列举出很多。大大小小的软件故障几乎每天甚至每时每刻都在发生，只不过有些问题不那么严重罢了。

随着信息技术的飞速发展，软件产品已应用到社会的各个领域，软件质量问题已成为人们共同关注的焦点。软件开发商为了占有市场，必须把软件质量作为企业的重要目标之一，以免在激烈的竞争中被淘汰。用户为了保证自己业务的顺利完成，当然希望选用优质的软件。质量欠佳的软件产品不仅会使开发商的维护费用和用户的使用成本大幅增加，还可能产生其他的责任风险，造成公司信誉下降。在一些关键领域的应用系统，如民航订票系统、银行结算系统、证券交易系统、自动飞行控制软件、军事防御系统和核电站安全控制系统中，对软件质量提出了更高的要求。使用质量欠佳的软件，还可能造成灾难性的后果。毋庸置疑，如何提高软件质量，如同如何提高软件生产率一样，已成为整个软件开发过程中必须始终关心和设法解决的问题。

1.2　软件测试的概念

由于人的主观认识常常难以完全符合客观现实，与工程密切相关的各类人员之间的沟通和配合也不可能完美无缺，因此对于软件来讲，不论采用什么样的技术和方法，软件中都会存在故障。标准商业软件里也存在故障，只是严重程度不同而已。采用新的编程语言、先进的开发方式、完善的开发过程，可以减少故障的引入，但是我们无法完全杜绝软件中的故障。这些软件故障就需要通过测试来发现，软件中的故障密度也需要通过测试来估计。

1.2.1　软件测试的定义

软件测试是对软件需求分析、设计规格说明和编码的最终检查，是保证软件质量的关键步骤。但对于什么是软件测试，一直未达成共识，根据侧重点不同，主要有三种描述：

定义 1.1　1983 年 IEEE（国际电子电气工程师协会）提出的软件工程标准术语中给软件测试下的定义是：

"使用人工或自动手段来运行或测定某个系统的过程，其目的在于检验它是否满足规定的需求或是弄清预期结果与实际结果之间的差别"。

该定义包含了两方面的含义：

1）是否满足规定的需求。

2）是否有差别。

如果有差别，说明设计或实现中存在故障，自然不满足规定的需求。因此，这一定义非常明确地提出了软件测试是以检验软件是否满足需求为目标。

定义 1.2 软件测试是根据软件开发各阶段的规格说明和程序的内部结构而精心设计一批测试用例，并利用这些测试用例去执行程序，以发现软件故障的过程。

该定义强调寻找故障是测试的目的。

定义 1.3 软件测试是一种软件质量保证活动，其动机是通过一些经济有效的方法，发现软件中存在的缺陷，从而保证软件质量。

上述三种观点实际上是从不同角度理解软件测试，但不论从哪种观点出发，都可以认为软件测试是在一个可控的环境中分析或执行程序的过程，其根本目的是以尽可能少的时间和人力发现并改正软件中潜在的各种故障及缺陷，提高软件的质量。

软件测试目的决定了测试方案的设计，如果我们的目的是证明程序中没有隐藏的故障存在，那就会不自觉地回避可能出现故障的地方，设计出一些不易暴露故障的测试方案，从而使程序的可靠性受到极大的影响。相反，如果测试的目标是要证明程序中有故障存在，那就会力求设计出最能暴露故障的测试方案。

软件测试是一项花费昂贵的工程，测试者希望通过软件测试来提高软件的质量或可靠性，这就意味着要发现并改正程序中的错误。所以，在进行测试时不应该假定待测软件没有故障，而应该从软件中含有故障这个假设出发去测试程序，从中发现尽可能多的软件故障。因此，"一个成功的测试是发现了至今未被发现的故障的测试""一个好的测试用例在于发现至今尚未被发现的故障"。

1.2.2 测试用例

测试用例（test case）是为某个特殊目标而编制的一组数据，包括测试输入、执行条件以及预期结果，以便测试某个程序路径或核实是否满足某个特定需求。

测试用例目前没有经典的定义。比较通常的说法是：指对一项特定的软件产品进行测试任务的描述，体现测试方案、方法、技术和策略。内容包括测试目标、测试环境、输入数据、测试步骤以及预期结果等，并形成文档。

要使最终用户对软件感到满意，最有力的举措就是对最终用户的期望加以明确阐述，以便对这些期望进行核实并确认其有效性。而测试用例就是用于反映要核实的需求，这些需求可以通过不同的方式并由不同的测试员来实施。但有些情况下可能无法（或不必负责）核实所有的需求，那么能否为测试挑选最适合或最关键的需求则关系到测评项目的成败。选中要核实的需求将是对成本、风险和必要性三者权衡考虑的结果。

如何以最少的人力、资源投入，在最短的时间内完成测试，并发现软件系统的缺陷，以保证软件的质量，是软件测评机构和测试人员探索和追求的目标。每个软件产品或软件开发项目都需要有一套优秀的测试方案和测试方法。影响软件测试的因素有很多，例如软件本身的复杂程度、开发人员（包括分析、设计、编程和测试的人员）的素质、测试方法和技术的运用等，因为有些因素是客观存在的，无法避免。有些因素则是波动的、不稳定的，例如测评队伍是流动的，有经验的人走了，新人不断补充进来；一个测试人员的工作效果也受情绪的影响等。有了测试用例，则可以保障软件测试质量的稳定。无论是谁来测试，只要参照测试用例实施，都能保障测试的质量，这样就可以把人为因素的影响减少到最小。即便最初的测试用例考虑不周全，随着测试的不断进行和软件版本的更新，也将日趋完善。因此测试用例的设计和编制是软件测试过程中最重要的活动。测试用例是测试工作的指导，是软件测试必须遵守的准则，更是软件测试质量稳定的根本保障。

1.2.3 软件测试文档

同软件的需求文档、概要设计文档、详细设计文档一样，软件的测试文档也是软件的组成部分之一。长期以来，国内软件测试文档一直被忽略。测没测？进行了何种测试？测试程度如何？测试用例是什么？测试结果是什么？测试发现了哪些故障？测试是否满足要求？等等。缺乏测试文档导致软件测试不可检验，从而使软件质量难以保障。目前国内绝大多数软件测试报告都是基于软件测评中心盖章，这是不够的，还应当包括如下可见的软件测试文档：

1）测试计划。测试计划是根据软件的性质、应用的场景来确定的，测试计划由测试小组编写完成后，需要由同项目中相关人员进行评审，以确保当前的计划与项目进度等是一致的。测试计划一般包括要进行哪些测试、采用何种工具、确定测试人员数量等。

2）测试策略。一般情况下，较大型的项目会有附加的测试策略文档，即详情测试设计。与开发小组中的概要设计文档类似，测试策略文档编写完成后也需要进行评审。了解测试设计的同时可以针对自己或团队的开发习惯与出错点进行分析比较，使开发人员在项目早期避免一些漏洞的产生。

3）测试用例文档。测试用例一般根据测试计划及测试策略来编写，测试计划中会写清楚用例设计的颗粒度及测试范围等，并运用测试策略中提到的一些设计方法，同时结合当前项目中业务的特性来完整、有序地编写。交与项目小组评审时，目的是查漏补缺，要让项目经理清楚覆盖面，从而更准确地评估项目风险。

4）测试报告。主要供项目相关人员（如项目经理、产品经理、开发经理、测试组成员及管理层）查阅，以获得对本次项目的测试进度、产品问题等信息，并为后期迭代项目提供参考依据。

5）缺陷报告。主要记录产品的相关质量信息，以使项目相关成员了解缺陷集中区域及缺陷类型。可以利用统计好的图表更直观地展示。

需求文档、设计文档、测试文档是软件验收中的主要依据。

1.2.4 软件测试的基本原则

软件测试从不同的角度出发会有不同的期望：从用户的角度出发，就是希望通过测试充分暴露软件中存在的缺陷，从而考虑是否可以接受该产品；从开发者的角度出发，就是希望测试能表明软件产品不存在错误，已经正确地实现了用户的需求，确立人们对软件质量的信心。

一般情况下，要从用户和开发者的角度出发进行软件产品测试。通过测试，为开发者提供修改建议，提高软件质量；为用户提供放心的产品，并对优秀的产品进行认证。为了达到上述目标，软件测试一般应遵循以下基本原则：

1）测试工作应该尽早展开。在软件项目的需求分析和设计阶段，就应该同步考虑测试问题，分析测试需求和制定测试计划，并对软件文档进行评审。越早发现问题，所花费的代价越小。

2）所有测试都应该能追溯到用户需求。要根据软件需求和设计文档进行测试需求分析和设计工作，并建立用户需求、测试项和测试用例之间的追踪关系。

3）测试工作应该由独立的软件测评机构或测试小组来完成，而不能由开发人员承担。开发者有一定的思维定式，其设计的测试用例偏重于采用正常数据，以验证功能的正确性，而进行测试需要反向思维，常采用异常数据和边界数据，这样才容易发现问题。

4）设计测试用例时应该考虑到合法的输入和不合法的输入以及各种边界条件，特殊情况下要制造极端状态和意外状态，比如网络异常中断、电源断电等情况。

5）穷举测试是不可能的。由于存在循环，因此程序中存在海量的路径，不要试图通过穷举测试来验证程序的正确性。

6）一定要注意测试中的错误集中发生的现象，这与程序员的编程水平和习惯有很大的关系。

7）制定详细的测试计划，并严格执行，避免测试的随意性。要把测试时间安排得尽量宽松，不要指望在极短的时间内完成一个高水平的测试。

8）一定要充分注意回归测试的关联性，修改一个错误而引起更多的错误出现的现象并不少见。

9）妥善保存一切测试过程文档，包括测试需求规格说明、测试计划、测评说明、原始记录、问题报告以及测评报告等，这样有利于重现问题，为维护提供方便。

1.2.5　软件测试从业人员要求

软件测试人员是测试工作的主体。虽然目前有各种类型的自动化软件测试工具，但大部分测试工作仍需要测试人员承担。因此，要取得良好的测试效果，软件测试从业人员需要具备各方面的素质，包括技术能力、心理素质以及职业道德等。具体来说，对软件测试人员一般有如下要求：

1）具有较强的技术能力。测试人员一方面要掌握测试领域的专业知识和技能，如黑盒测试、白盒测试、代码审查、静态分析、代码走查等，另一方面还要熟悉软件开发技术，对系统背景和涉及的专业知识也要有一定了解。

2）熟悉领域内的相关标准和法规，并遵照执行。国家对软件质量越来越重视，发布了一系列相关标准和规定，各个测评机构也有各自的体系文件。这些标准和规定是测试工作的指导性文件，要求软件测试从业人员具有良好的标准解读能力，并严格按标准执行。

3）具备团队合作与沟通能力。在软件测试的工作过程中，存在各种各样的团队合作方式，有测试人员之间的相互合作，测试人员与开发人员之间的合作，测试人员与最终用户之间的合作等。因此测试人员要善于合作与沟通，只有相互之间密切配合，才能高效地完成测试工作。

4）严格按规程操作。软件测试人员在进行系统测试的时候，有时会根据要求操作硬件设备，有些设备具有一定的安全性要求，有些则十分昂贵，如果误操作，将造成财产损失。因此测试人员在测试过程中要严格遵照测试流程和具体设备的操作规程，对于不确定的操作，要与开发方及时沟通。

5）保护开发方的知识产权。软件测试人员在测试过程中，会接触到开发方的技术资料和源代码，因此要具备良好的职业道德，尊重和保护开发方的知识产权，严防泄密和窃取开发方的技术。

6）要有足够的耐心。软件测试是一件十分枯燥的工作，有时候同一个操作、同一个流程可能要重复好多遍，如果没有耐心是很难胜任的。

1.3　软件测试过程

软件测试是软件开发过程的一个重要环节，是在软件投入运行前，对软件需求分析、设计规格说明和编码实现的最终审定，贯穿于软件定义与开发的整个过程中。

软件项目一旦开始，软件测试也随之开始。从单元测试到最终的验收测试，其整个测试过程如图 1.1 所示。

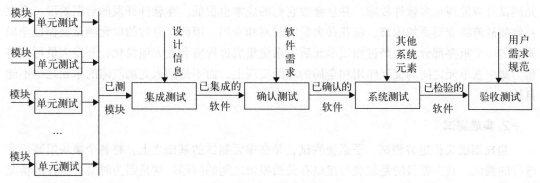

图 1.1　软件测试过程

从测试过程可以看出，软件测试由一系列不同的测试阶段组成，即**单元测试**、**集成测试**、**确认测试**、**系统测试**、**验收测试和代码扫描**（其中代码扫描过程与已有的多个过程有交集）。软件开发是一个自顶向下逐步细化的过程。软件测试则是自底向上逐步集成的过程。低一级的测试为上一级测试的准备条件。

单元测试是测试执行的开始阶段，即首先对每一个程序模块进行单元测试，以确保每个模块能正常工作。单元测试大多采用白盒测试方法，尽可能发现并消除模块内部在逻辑和功能上的故障及缺陷。然后，把已测试过的模块组装起来，形成一个完整的软件后进行集成测试，以检测和排除与软件设计相关的程序结构问题。集成测试大多采用黑盒测试方法来设计测试用例。确认测试以规格说明书规定的需求为尺度，检验开发的软件能否满足所有的功能和性能要求。确认测试完成以后，给出的应该是合格的软件产品。但为了检验开发的软件是否能与系统的其他部分（如硬件、数据库及操作人员）协调工作，还需要进行系统测试。最后进行验收测试，以解决开发的软件产品是否符合预期要求、用户是否接受等问题。

1. 单元测试

单元测试是在软件开发过程中进行的最低级别的测试活动，其目的是检测程序模块中是否有故障存在。也就是说，一开始不是把程序作为一个整体来测试，而是首先集中注意力来测试程序中较小的结构块，以便于发现并纠正模块内部的故障。

单元测试又称为模块测试，模块并没有严格的定义，按照一般的理解，模块应具有一些基本属性：名字，明确规定的功能，内部使用的数据（或称局部数据），与其他模块或外界的数据联系，实现其特定功能的算法。模块可被其上层模块调用，也可调用其下层模块进行协同工作等。

在传统的结构化编程语言（比如 C 语言）中，单元测试的对象一般是函数或子过程。在像 C++ 这样的面向对象的语言中，单元测试的对象可以是类，也可以是类的成员函数。对 Ada 语言而言，单元测试可以在独立的过程和函数上进行，也可以在 Ada 包的级别上进行。

单元测试的原则同样也可以扩展到第四代语言（4GL）中，这时单元被典型地定义为一个菜单或显示界面。

单元测试的对象是软件设计的最小单位，与程序设计和编程实现关系密切，因此，单元测试一般由测试人员和编程人员共同完成。测试人员可通过模块详细设计说明书和源程序代码清楚地了解模块的内部逻辑结构和 I/O 条件，常采用白盒测试方法设计测试用例。

在实际软件开发工作中，单元测试和代码编写所花费的精力大致相同。经验表明：单元测试可以发现很多软件故障，并且修改它们的成本也很低。在软件开发的后期阶段，发现并修复故障将变得更加困难，将花费大量的时间和费用。因此，有效的单元测试是保证全局质量的一个重要部分。在经过测试单元后，系统集成过程将会大大地简化，开发人员可以将精力集中在单元之间的交互作用和全局的功能实现上，而不是陷入充满故障的单元之中不能自拔。

2. 集成测试

集成测试又称组装测试、子系统测试，是在单元测试的基础之上，将各个模块组装起来进行的测试，其主要目的是发现与接口有关的模块之间的问题。这是因为时常有这样的情况发生：每个模块都能单独工作，但这些模块组装起来之后却不能正常工作。程序在某些局部反映不出的问题，在全局上很可能就暴露出来，影响功能的正常发挥。可能的原因有：

- 模块相互调用时引入了新的问题。例如，数据可能丢失，一个模块对另一模块可能有不良影响等。
- 几个子功能组合起来不能实现主功能。
- 误差不断积累，最终达到不可接受的程度。
- 全局数据结构出现错误。

因此，在对每个模块完成单元测试以后，需要按照设计的程序结构图将它们组合起来，进行集成测试。集成测试是按设计要求把通过单元测试的各个模块组装在一起，检测与接口有关的各种故障。那么如何组织集成测试呢？是独立地测试程序的每个模块，然后再把它们组合成一个整体进行测试好呢，还是先把下一个待测模块组合到已经测试过的模块上去，再进行测试，逐步完成集成好呢？前一种方法称为**非增量式集成测试法**，后一种方法称为**增量式集成测试法**。

非增量式集成测试法的集成过程是：先对每一个模块进行单元测试，我们可以同时测试或者逐个地测试各个模块，这主要由测试环境（如所用计算机是交互式的还是批处理式的）和参加测试的人数等情况来决定。然后，在此基础上按程序结构图将各模块连接起来，把连接后的程序当作一个整体进行测试。这种集成测试方法容易造成混乱，因为测试时可能发现很多错误，定位和纠正每个故障非常困难，并且在修复一个故障的同时又可能引入新的故障，新旧故障混杂，很难断定出错的原因和位置。

增量式集成测试不是孤立地测试每一个模块，而是将待测模块与已测过的模块集合连接起来进行测试。增量式集成测试过程，就是不断地把待测模块连接到已测模块集（或其子集）上，对待测模块进行测试，直到最后一个模块测试完毕为止。

在软件集成阶段，测试的复杂程度远远超过单元测试的复杂程度。可以类比一下，假设要清洗一台已经完全装配好的食物加工机器，无论你喷了多少水和清洁剂，一些食物的小碎片还是会粘在机器的一些死角上，只有任其腐烂并等以后再想办法。但如果这台机器是拆开的,这些死角也许就不存在或者更容易接触到,并且可以毫不费力地对每一部分都进行清洗。

3. 确认测试

确认测试是对照软件需求规格说明,对软件产品进行评估以确定其是否满足软件需求的过程。比如,编写出的程序是否符合软件需求规格说明的要求?程序输出的信息是否是用户所要求的信息?程序在整个系统的环境中是否能够正确稳定地运行……该测试包含了对软件需求满足程度的评价。

集成测试完成以后,分散开发的模块已经按照设计要求组装成一个完整的软件系统,各模块之间存在的种种问题都已基本排除。为进一步验证软件的有效性,对它在功能、性能、接口以及限制条件等方面做出切实的评价,应该进行确认测试。在开发的初期,软件需求规格说明中可能明确地规定了确认标准,但在测试阶段需要更详细、更具体地在测试规格说明中加以体现。除了考虑功能、性能以外,还需要检验其他方面的要求,例如可移植性、兼容性、可维护性、人机接口以及开发的文档资料是否符合要求等。

经过确认测试,应该为已开发的软件做出结论性的评价。这包括两种情况:

1)经过检验,软件功能、性能及其他方面的要求都已满足需求规格说明的规定,该软件是一个合格的软件。

2)经过检验,发现与软件需求规格说明有些偏离,于是得到一个缺陷清单,由开发部门和用户进行协商,找出解决的办法。

4. 系统测试

软件只是计算机系统的重要组成部分之一,软件开发完成以后,还应与系统中其他部分组合起来,进行一系列系统集成和测试,以保证系统各组成部分能够协调地工作。这里所说的系统组成部分除软件外,还包括计算机硬件以及相关的外围设备、数据及采集和传输机构、计算机系统操作人员等。**系统测试**实际上是针对系统中各个组成部分进行的综合性检验,很接近日常测试实践。例如,在购买二手车时要进行系统测试,在订购在线网络时要进行系统测试等。系统测试的目标不是找出软件故障,而是证明系统的性能。比如:确定系统是否满足其性能需求;确定系统的峰值负载条件及在此条件下程序能否在要求的时间间隔内处理要求的负载;确定系统使用资源(存储器、磁盘空间等)是否会超界;确定安装过程中是否有不正确的方式;确定系统或程序出现故障之后能否满足恢复性需求;确定系统是否满足可靠性要求等。

进行系统测试很困难,需要很多创造性思维。那么,系统测试应该由谁来进行?可以肯定,以下人员、机构不能进行系统测试:

• 系统开发人员不能进行系统测试。

• 系统开发组织不能负责系统测试。

之所以如此,第一个原因是,进行系统测试的人必须善于从用户的角度考虑问题。他最好能彻底地了解用户的看法和环境,了解软件的使用情况。显然,最好的人选就是一个或多个用户。然而,一般的用户没有前面所说的各类测试的能力和专业知识,所以理想的系统测试小组应由这样一些人组成:几个职业的系统测试专家、1~2个用户代表,1~2个软件设计者或分析者等。第二个原因是系统测试没有清规戒律的约束,灵活性很强,而开发机构面对自己程序时的心理状态往往与这类测试活动不相适应。大部分开发软件机构最关心的是让系统测试能按时圆满地完成，并不真正想说明系统与其目标是否一致。一般认为，独立测试机构在测试过程中查错积极性高并且有解决问题的专业知识。因此，系统测试最好由独立的测试机构完成。系统测试有很多种类型，我们将在第 6 章进一步讨论。

5. 验收测试

验收测试的目的是向用户表明所开发的软件系统能够像用户所预定的那样工作，可以类比为建筑的使用者对建筑进行的验收。首先，他认为这个建筑满足规定的工程质量要求，这是由建筑的质检人员来保证的。使用者关注的重点是住在这个建筑中的感受，包括建筑的外观是否美观、各个房间的大小是否合适、窗户的位置是否合适、是否能够满足家庭的需要等。这里，建筑的使用者执行的就是验收测试。验收测试是将最终产品与最终用户的当前需求进行比较的过程，是软件开发结束后向用户交付软件产品之前进行的最后一次质量检验活动，它解决开发的软件产品是否符合预期的各项要求、用户是否接受等问题。验收测试不只检验软件某方面的质量，还要进行全面的质量检验并决定软件是否合格。因此，验收测试是一项严格的、正规的测试活动，并且应该在生产环境中而不是开发环境中进行。

验收测试的主要任务包括：
- 明确规定验收测试通过的标准。
- 确定验收测试方法。
- 确定验收测试的组织和可利用的资源。
- 确定测试结果的分析方法。
- 制定验收测试计划并进行评审。
- 设计验收测试的测试用例。
- 审查验收测试的准备工作。
- 执行验收测试。
- 分析测试结果，决定是否通过验收。

验收测试关系到软件产品的命运，因此应对软件产品做出负责任的、符合实际情况的客观评价。制定验收测试计划是做好验收测试的关键一步。验收测试计划应为验收测试的设计、执行、监督、检查和分析提供全面而充分的说明，规定验收测试的责任者、管理方式、评审机构以及所用资源、进度安排、对测试数据的要求、所需的软件工具、人员培训以及其他特殊要求等。总之，在进行验收测试时，应尽可能去掉一些人为的模拟条件，去掉一些开发者的主观因素，使得验收测试能够得到真实、客观的结论。

6. 代码扫描

代码扫描（代码缺陷检测）是 2000 年后出现的一种新型软件测试技术，第 5 章将详细介绍该技术。代码扫描可应用于代码出现后任何一个阶段，可以检测代码质量、软件运行时错误、安全漏洞等。该技术的特点为缺陷检测效率高、缺陷定位准确、自动化程度高等。是目前主流的软件测试技术之一。

1.4 软件测试与软件开发的关系

软件开发过程是软件工程的重要内容，也是进行软件测试的基础。近年来，软件工程界普遍认为，软件生命周期的每一阶段都应进行测试，以检查本阶段的工作成果是否接近预期的目标，尽可能早地发现并改正错误。因此，软件测试贯穿软件开发的整个生命周期。

1.4.1 软件开发过程

一个软件产品的开发可能需要几十、几百甚至几千人的协同工作，例如，开发 Windows 2000 Server 大约有 6000 人参与。显然，一个软件产品的开发过程与计算机程序爱好者编写一个小程序的过程是完全不同的。正规的软件开发过程一般包括制定计划、需求分析、软件设计、程序编写、软件测试及运行维护六个阶段，即：

制定计划（第一阶段）

需求分析（第二阶段）

软件设计（第三阶段）

程序编写（第四阶段）

软件测试（第五阶段）

运行维护（第六阶段）

这六个阶段构成了软件的生命周期。下面给出各阶段的主要任务。

1. 制定计划（第一阶段）

该阶段确定软件开发的总目标；设想软件的功能、性能、可靠性以及接口等方面的要求；研究完成该项软件任务的可行性，探讨解决问题的方案；对可供开发使用的资源（如计算机软 / 硬件、人力等）、成本、可取得的效益和开发的进度进行估计；制定完成开发任务的实施计划。

2. 需求分析（第二阶段）

该阶段对开发的软件进行详细的定义，由软件开发人员和用户共同讨论决定哪些需求是可以满足的并且给予确切的描述；写出软件需求说明或软件规格说明书以及初步的用户手册，提交管理机构审查。

3. 软件设计（第三阶段）

软件设计是软件工程的技术核心。在设计阶段应把已确定的各项需求转换成相应的体系结构，在结构中每一组成部分都是功能明确的模块，每个模块都能体现相应的需求。这一步称为**概要设计**。在概要设计的基础上进行**详细设计**，即对每个模块要完成的工作进行具体的描述，包括确定使用的数据结构等，为程序编写打下基础。上述两步设计工作均应写出设计说明，以供后继工作使用并提交审查。

4. 程序编写（第四阶段）

该阶段把软件体系结构转换成计算机可以接受的程序，即编写以某种程序设计语言表示的源程序。当然，编写出的程序应该结构良好、清晰易读并且与设计相一致。

5. 软件测试（第五阶段）

测试和检验开发的软件是否符合规格说明的要求，该阶段是保证软件质量的重要环节。测试工作通常分为 4 步：

1）单元测试：检验各单元模块能否正常工作。

2）集成测试：将已测试的模块组装起来进行测试，检验与软件设计相关的程序结构问题。

3）确认测试：对照软件规格说明，检验开发的软件能否满足所有功能和性能的要求，以决定开发的软件是否合格，能否提交用户使用。

4）系统测试：检验开发的软件能否与系统的其他部分（如硬件、数据库、操作人员等）协调工作。

6. 运行维护（第六阶段）

已交付给用户的软件投入正式使用以后便进入运行维护阶段。该阶段可能持续若干年，甚至几十年。在运行中可能有多种因素导致需要对软件进行修改。比如，运行中发现了软件故障；为适应变化了的软件工作环境或者进一步增强软件的功能，提高它的性能等。

1.4.2 软件测试在软件开发中的作用

软件开发经过制定计划、需求分析、软件设计阶段之后，才能进入程序编写阶段。显然，表现在程序中的故障并不一定是编码所引起的，很可能是详细设计、概要设计阶段，甚至是需求分析阶段的问题引起的。即使针对源程序进行测试，所发现故障的根源也可能在开发前期的各个阶段。解决问题、排除故障也必须追溯到前期的工作。因此，软件测试应贯穿于软件定义与开发的整个期间。

测试在开发各阶段的作用如下：

- **项目规划阶段**：负责整个测试阶段的监控。
- **需求分析阶段**：确定测试需求分析，制定系统测试计划。测试需求分析是指产品生存周期中测试所需的资源、配置、各阶段评审通过的标准等。
- **概要设计和详细设计阶段**：制定集成测试计划和单元测试计划。
- **编码阶段**：开发相应的测试代码或测试脚本。
- **测试阶段**：实施测试，并提交相应的测试报告。

在确认软件需求并通过评审后，概要设计和制定测试计划可以并行工作，当系统模块划分好后，对各模块的详细设计、编码、单元测试等也可并行工作，其测试与软件开发并行工作的流程如图 1.2 所示。

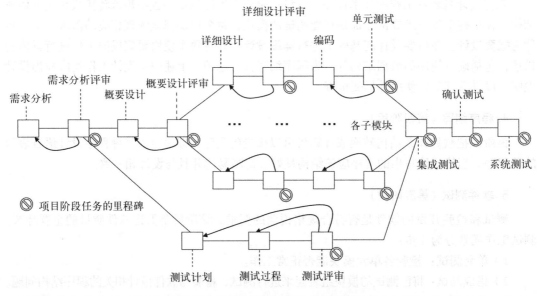

图 1.2　软件测试与软件开发的关系

1.4.3 软件测试过程模型

软件测试是与软件开发紧密相关的一系列有计划的活动，不同的开发模型要求不同的测试过程。下面结合开发模型介绍几种软件测试过程模型。

1. V 模型

V 模型最早在 20 世纪 80 年代后期提出，旨在改进软件开发的效率和效果，是最具有代表意义的测试模型。V 模型是软件开发瀑布模型的变种，它不再把测试看作一个事后的弥补行为，而是作为一个与开发同等重要的过程，反映了测试与分析、设计、编码的关系。V 模型的结构如图 1.3 所示，其中左半部分描述了软件开发的基本过程，右半部分描述了与开发过程相对应的测试活动。

V 模型非常明确地表明了测试的不同级别，清晰地展示了软件测试与软件开发之间的关系。

- 单元测试的主要目的是根据详细设计说明书来检测每个单元模块是否符合预期的要求，主要检查编码过程中可能存在的各种错误。
- 集成测试的主要目的是根据概要设计说明书来检测各个模块是否已正确地集成在一起，主要检查各模块与其他模块接口之间可能存在的错误。
- 系统测试的主要目的是根据需求分析来检测系统作为一个整体在预定的环境中能否正常且有效地工作，主要检查软件与系统定义不符合或有矛盾的地方。

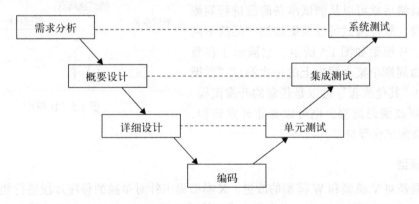

图 1.3 软件测试过程 V 模型

V 模型每一测试阶段的前提和基础是对应开发阶段的文档。但测试与开发文档之间很少有完美的一对一关系，例如，需求分析的文档常不足以为系统测试提供足够的信息，系统测试通常还需要概要设计甚至详细设计文档的部分内容。针对 V 模型的不足，又演化出其他几种测试过程模型。

2. W 模型

W 模型由两个 V 型结构组成，分别代表测试与开发过程，结构如图 1.4 所示，其中开发过程位于图的左边，测试过程位于图的右边。每一个开发过程对应一个测试过程，如果开发行为是对各种文档的定义或编写，那么相对应的测试行为则是对这些文档的静态检测。W 模型形象地说明了软件测试与开发的并行关系，体现了测试贯穿于整个开发过程的思想。从 W 模型很难容易看出测试的对象不仅仅是程序，需求和设计阶段形成的文档同样是软件测试的对象。

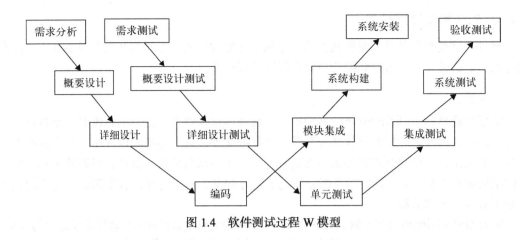

图 1.4　软件测试过程 W 模型

W 模型也有局限性。在 W 模型中，开发、测试活动都保持着一种前后关系，只有上一阶段结束，才可以正式开始下一阶段的工作，因此无法支持迭代软件开发模型。

3. H 模型

在 H 模型中，软件测试的活动过程完全独立，形成了一个完全独立的流程，贯穿于整个产品的周期，与其他流程并发进行。某个测试点准备就绪后就可以从测试准备阶段进行到测试执行阶段，软件测试可以根据被测产品的不同分层进行。H 模型如图 1.5 所示。它演示了在整个软件生命周期中某个层次上的一次测试"微循环"。图中"其他流程"可以是任意的开发流程，如设计流程或编码流程，也可以是非开发流程，甚至可以是测试流程自身。

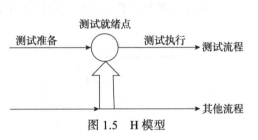

图 1.5　H 模型

4. X 模型

X 模型是对 V 模型和 W 模型的改进。X 模型提出针对单独的程序片段进行相互分离的编码和测试，通过频繁的交接，最终集成为可执行的程序。X 模型如图 1.6 所示。

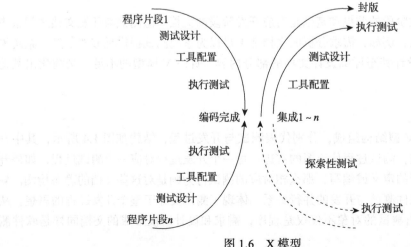

图 1.6　X 模型

不论哪一种软件测试过程模型，都充分体现出软件测试与软件开发密切相关，在软件生命周期中占据十分重要的地位，是软件开发的重要组成部分。

1.4.4　软件测试环境的搭建

测试一个软件之前，首先应该搭建用来运行软件的环境，即测试环境。简单而言，软件测试环境就是软件运行的平台，包括硬件环境、软件环境、网络环境、数据准备和测试工具五方面：

测试环境＝硬件环境＋软件环境＋网络环境＋数据准备＋测试工具

- **硬件环境**：主要是指 PC 机、笔记本电脑、服务器、各种 PDA 终端等。例如，现要测试微软的 Word 2003 这一款软件，那么是在 PC 机上测试还是在笔记本电脑上测试？如果在 PC 机上测试，那么 CPU 是奔腾 2.4GHz，还是赛扬 1.7GHz？内存是 DDR512MB，还是 SD RAM 128MB？不同的机器类型，不同的机器配置，必然会导致不同的反应速度，因此测试一款软件时一定要考虑硬件配置。
- **软件环境**：这里指的主要是软件运行的操作系统。比如 Word 2003 是在 Windows 2003 下检测，还是在 Windows XP 下检测？这里可能会有兼容性的问题。
- **网络环境**：这里主要指的是 C/S 结构还是 B/S 结构。例如，要测试微软的 Outlook 2003 这一款软件，那么是在局域网里测试，还是在互联网里测试？如果在局域网中测，那么是在 10Mb/s 的局域网里测试，还是在 100Mb/s 的局域网里测试？不同的网络类型，不同的传输速度，必然会导致不同的收发速度，因此测试一款软件时也不能忽视网络的因素。
- **数据准备**：这里主要指的是测试数据的准备。测试数据的准备应考虑数据量和真实性，即尽可能获取大量的真实数据，包括正确和错误的数据。当无法取得真实数据时应尽可能模拟出大量的数据。
- **测试工具**：目前市场上的测试工具很多，可分为静态测试工具、动态测试工具、黑盒测试工具、白盒测试工具、测试执行评估工具、测试管理工具等。因此，对测试工具的选择是一个比较重要的问题，应根据测试需求和实际条件来选择已有的测试工具，或购买、自行开发相应的测试工具。

搭建软件测试环境除了要考虑上述 5 种因素外，还应注意以下几点：
- 尽量模拟用户的真实使用环境。
- 测试环境中尽量不要安装其他与被测软件无关的软件，但最好安装杀毒软件，以确保系统没有病毒。
- 测试环境应与开发环境独立。

总之，搭建的软件测试环境应与软件生产运行环境一致，但还要从软件开发环境中独立出来。

1.5　软件测试的发展历程和现状

从计算机问世以来，程序的编制与测试就同时出现在人们的面前。只不过这时还没有系统意义上的测试，更多是一种类似调的测试。测试没有计划和方法，测试用例的设计主要靠测试人员的经验，测试的目的大多是为了证明系统可以正常运转。

20 世纪 50 年代，英国著名的计算机科学家图灵给出了软件测试的原始定义：*测试是程序正确性证明的一种极端实验形式*。但在这个时期，程序比较简单，规模较小，一般有几百到几千行源代码，测试者可以简单地根据程序的功能进行测试，测试用例一般在随机选取的基础上，吸取测试者的经验或是凭直觉判断出某些重点测试区域。测试在软件开发中的作用并没有受到应有的重视。测试方法和理论研究比较缓慢。

直到 20 世纪 70 年代以后，随着计算机硬件技术的进步与成熟，软件在整个系统中所占的地位越来越重要，软件规模和复杂性大大增加。软件可靠性面临前所未有的危机，从而给软件测试工作带来了挑战，测试的意义逐渐被人们认识，软件测试的研究开始受到重视。那段时期是软件测试技术发展最活跃的时期。Brooks 总结了开发 IBM OS/360 操作系统中的经验，在著名的《人月神话》书中阐明了软件测试在大型系统研制中的重要意义。1975 年，Goodenough 首次提出了软件测试理论，从而把软件测试这一实践性很强的学科提高到理论的高度。Huang 全面地讨论了测试准则、测试过程及测试数据生成等软件测试问题。Hetzel 整理出版了 *Program Test Methods* 一书，总结归纳了测试方法以及各种自动测试工具，这是软件测试的第一本著作。随后，Miller 在测试管理和普及方面做了大量工作，为把现代测试概念推向实践做出了重要贡献。1982 年，美国北卡来纳大学召开了首次软件测试技术会议。这是软件测试与软件质量研究人员和开发人员的第一次聚会，这次会议成为软件测试技术发展的一个重要里程碑。此后，测试理论、测试方法进一步完善，从而使软件测试这一实践性很强的学科成为有理论指导的学科。

在软件测试理论迅速发展的同时，各种软件测试方法也应运而生。例如，Huang 提出了**程序插装**的概念，使被测程序在保持原有逻辑完整性的基础上，插入"探测仪"，以便获取程序的控制流及数据流信息，计算测试的覆盖率。Howden 和 Clarke 等人将符号执行的概念引入到软件测试中，提出了**符号测试方法**，并且建立了 DISSET 等符号测试系统。Demillo 首先提出了基于程序变异的测试方法，使传统的测试技术领域增加了新的成员——**错误驱动测试**。Osterweit 和 Fosdick 等人首先引入了**数据流测试方法**，通过对数据流进行静态分析以找出程序中潜藏的缺陷。Frankl 将数据流信息应用到路径选择中，并定义了相应的测试覆盖准则，如所有路径覆盖准则、所有定义－使用路径覆盖准则、所有使用覆盖准则、所有定义覆盖准则等，并给出了各覆盖准则之间的包含关系，如所有定义－使用路径包含于所有使用等。

随着面向对象分析和面向对象设计技术的日渐成熟，面向对象的软件开发技术得到了软件界的普遍认可，面向对象软件测试技术的研究逐渐受到人们的重视。1994 年 9 月，Communication of ACM 出版了面向对象的软件测试专集，涉及类测试、集成测试和面向对象软件的可测试性等问题。1995～1997 年的 *Object* 杂志，由 Binder 执笔面向对象的软件测试专栏，重点讨论了基于状态的面向对象测试技术。

总之，20 世纪 70～80 年代，软件测试技术迅速发展，已逐渐发展成为一门独立的学科。尽管软件测试技术与实践有了很大的进展，但总的来说，仍然和软件开发实践的要求相距较远。就目前软件工程发展的状况而言，软件测试仍然是较为薄弱的一个方面。不仅测试理论，已有的测试方法也不能满足当前软件开发的实际需求。尤其是进入 20 世纪 90 年代后，计算机技术日趋成熟，软件应用范围逐步扩大，软件规模和复杂性急剧增加。与此同时，计算机出现故障引起系统失效的可能性也逐渐增加。由于计算机硬件技术的进步，元器件可靠性的提高，硬件设计和验证技术的成熟，硬件故障相对显得次要了，软件故障正逐渐成为导致计算机系统失效和停机的主要因素。软件质量和软件可靠性已引起社会和业界的高度重视，为此，国际上每两年召开一次软件测试与分析研讨会，专门就软件测试与软件质量问题进行广泛的交流。为推进和协调软件测试的研究工作，1999 年在美国 Los Angeles 召开的第 21 届国际软件工程会议，将软件测试作为一个技术专题，以改善软件开发过程，提高软件质量。我国每两年召开一次的全国软件工程会议、全国容错计算会议都设有软件测试专题部分。2001 年首次召开的全国测试学术会议，到 2015 年已进行了六届，极大地推动了我国软件测试技术与软件测试产业的发展。

表 1.1 列出了与软件测试领域相关的重要期刊，表 1.2 列出了与软件测试领域相关的重要会议。

表 1.1 软件测试领域的重要期刊

序号	刊物名称	影响因子（2020）	CCF分类	网址
1	IEEE Transactions on Software Engineering (TSE)	6.226	A	http://www.computer.org/web/tse
2	ACM Transactions on Programming Languages & Systems (TOPLAS)	0.41	A	http://toplas.acm.org/
3	ACM Transactions on Software Engineering (TOSEM)	2.674	A	http://tosem.acm.org/
4	Automated Software Engineering (ASE)	1.273	B	http://www.springer.com/computer/ai/journal/10515
5	Empirical Software Engineering (ESE)	2.522	B	http://link.springer.com/journal/10664
6	IET Software (IETS)	1.363	B	https://ietresearch.onlinelibrary.wiley.com/journal/17518814
7	Journal of Software: Evolution and Process	1.972	B	http://onlinelibrary.wiley.com/journal/10.1002/(ISSN)2047-7481
8	Software: Practice and Experience (SPE)	2.028	B	http://onlinelibrary.wiley.com/journal/10.1002/(ISSN)1097-024X
9	Software Testing, Verification and Reliability (STVR)	1.267	B	http://onlinelibrary.wiley.com/journal/10.1002/(ISSN)1099-1689
10	Journal of Systems and Software (JSS)	2.829	B	http://www.journals.elsevier.com/journal-of-systems-and-software/
11	Information and Software Technology (IST)	2.73	B	http://www.journals.elsevier.com/information-and-software-technology/
12	International Journal of Software Engineering and Knowledge Engineering (IJSEKE)	1.47	C	http://www.worldscientific.com/worldscinet/ijseke
13	Software Quality Journal (SQJ)	1.642	C	http://www.springer.com/computer/swe/journal/11219

表 1.2 软件测试领域相关会议

序号	英文名称	中文名称	CCF分类
1	ACM SIGSOFT Symposium on the Foundation of Software Engineering/ European Software Engineering Conference (FSE/ESEC)	ACM SIGSOFT 软件工程基础研讨会 / 欧洲软件工程会议	A
2	International Conference on Software Engineering (ICSE)	软件工程国际会议	A
3	International Conference on Automated Software Engineering (ASE)	自动化软件工程国际会议	A

（续）

序号	英 文 名 称	中 文 名 称	CCF分类
4	International Symposium on Software Testing and Analysis (ISSTA)	软件测试和分析国际研讨会	A
5	European Joint Conferences on Theory and Practice of Software (ETAPS)	软件的理论和实践欧洲联合会议	B
6	International Conference on Software Analysis, Evolution, and Reengineering (SANER)	软件分析、进化和再工程国际会议	B
7	International Conference on Software Maintenance and Evolution (ICSME)	软件维护和进化国际会议	B
8	International Conference on Verification, Model Checking and Abstract Interpretation (VMCAI)	验证、模型检查和抽象解释国际会议	B
9	International Static Analysis Symposium (SAS)	静态分析国际研讨会	B
10	International Symposium on Empirical Software Engineering and Measurement (ESEM)	经验软件工程与度量国际研讨会	B
11	International Symposium on Software Reliability Engineering (ISSRE)	软件可靠性工程国际研讨会	B
12	Asia-Pacific Software Engineering Conference (APSEC)	亚太软件工程会议	C
13	International Computer Software and Applications Conference (COMPSAC)	计算机软件及应用国际会议	C
14	International Conference on Software Quality, Reliability and Security (QRS, 原 QSIC)	软件质量，可靠性及安全国际会议	C
15	International Conference on Software Engineering and Knowledge Engineering (SEKE)	软件工程和知识工程国际会议	C
16	International SPIN Workshop on Model Checking of Software (SPIN)	软件模型检查国际SPIN研讨会	C
17	International Symposium on Theoretical Aspects of Software Engineering (TASE)	软件工程的理论方面国际研讨会	C
18	IEEE International Conference on Software Testing, Verification and Validation (ICST)	IEEE软件测试与验证国际会议	C
19	International Symposium on Automated Technology for Verification and Analysis (ATVA)	验证与分析的自动化技术国际研讨会	C
20	IEEE International Symposium on Performance Analysis of Systems and Software (ISPASS)	IEEE系统与软件的性能分析国际研讨会	C
21	IEEE International Working Conference on Source Code Analysis and Manipulation (SCAM)	IEEE源代码分析与操纵国际工作会议	C
22	International Conference on Mining Software Repositories (MSR)	软件知识库挖掘国际会议	C
23	International Conference on Reliable Software Technologies (Ada-Europe)	可靠性软件	
24	IEEE International Conference on Automation, Quality and Testing, Robotics (AQTR)	软件自动化、质量及测试	
25	International Conference in Software Engineering Research and Innovation (CONISOFT)	软件工程研究与革新	
26	International C* Conference on Computer Science & Software Engineering (C3S2E)	计算机科学与软件工程	
27	Software Engineering in Practice (SEIP)	软件工程实践	
28	ACM Symposium on Applied Computing-Track Software Verification and Testing (ACM SAC SVT)	软件验证与测试	

1.6　我国软件测试产业现状

总体来看，我国的软件质量一直没有受到足够的重视，软件质量一直是制约我国软件产业发展的重要因素之一。2019 年，国产基础软件的市场规模约为 427 亿元，重要的原因是故障太多。目前国内软件测试占软件总成本一般都不会超过 20%。但情况正在转变。

近两年来，随着软件市场的成熟，软件行业的竞争越来越激烈，软件行业已从过去的卖方市场转变为现在的买方市场，软件的质量、性能、可靠性等方面正逐渐成为人们关注的焦点。为提高自身的竞争能力，软件企业必须重视和加强软件测试。实际上，软件测试行业在国外已经很成熟了。据统计，欧美软件项目中，软件测试的工作量和费用已占到项目总工作量的 50% 以上。国外成熟软件企业，如微软，软件开发人员与测试人员的比例约为 1:2。2020 年，中国共有软件企业接近 4 万家，我国软件从业人员达 700 多万人，但纯粹的软件测试人员不会超过 30 万人。

随着软件外包行业的逐渐兴起和人们对软件质量保障意识的加强，中国软件企业已开始认识到，软件测试的广度和深度决定了中国软件企业的前途命运。以占中国软件外包总量近85% 的对日软件外包来说，业务内容基本都针对测试环节。软件外包中对测试环节的强化，直接导致了软件外包企业对测试人才的大量需求。近年来，几乎所有的软件企业均存在不同程度的测试人才缺口，软件测试工程师已成为亟待补充的关键技术工种之一。在近期的多场大型招聘会上，IBM、百度、华为、惠普、盛大网络、联想集团等国内外大型 IT 企业均表现出对成熟软件测试人才的期盼，而微软、三星、西门子、思科、华为等多家国内外 IT 巨头则相继在全国各大高校招兵买马，并把软件测试人才的招聘放在了突出的位置。近期无忧指数也显示出，软件测试工程师已经成为近些年来年最紧缺的人才之一。国内软件测试人才紧缺的现状已经凸现出来。据统计，国内软件测试工程师的缺口为 30 万之多。

与此形成对比的是，在此前较长的一段时间内，由于国内软件企业对测试人才的不重视，导致了目前国内软件质量堪忧，因此如何保证完善的软件测试人才的供应体系，从而提高软件质量，将成为国内软件企业持续关注的重点之一。

目前国内软件测试工程师的来源主要有三方面：一是以前专业做软件开发的人员后来转行做软件测试，二是从大学招聘的本科或者研究生，三就是通过培训机构招聘的专业学员。国内软件测试培训教育机构主要分为两类：一类是专门的软件测试培训机构，这些机构只做软件测试方面的培训。如中国软件测评中心、北大测试、北京慧灵科技、赛宝软件评测中心、上海心力教育、上海博为峰、国家软件评测中心培训部等。另一类是社会上的一般 IT 教育培训机构，他们推出的课程比较多，软件测试培训是其中的一个培训栏目，如中科院计算所培训中心、新东方职业教育中心、渥瑞达北美 IT 培训中心、深圳优迈科技等。

近几年以来，我国软件测试行业发展极为迅速，软件测试评测中心如雨后春笋般成长起来。目前，全国大约有 3000 多家软件评测机构或企业，70% 以上的软件企业有自己的测试机构或专职测试人员，数百人以上的中、大型的 IT 企业都有软件评测中心，全国软件测试从业人员目前大约有 30 万人。特别是，近几年来，全国已有几十家以软件测试为主要业务的企业，全国目前软件测试产值大约是数百亿元。

1.7　软件测试工具

为了提高软件测试效率，加快软件开发过程，一些测试工具相继问世，主要有白盒测试工具、黑盒测试工具、测试设计和开发工具、测试执行和评估工具、测试管理工具、代码扫描工具和测试支持工具等几大类。它们的应用范围和功能相差很大，提供辅助的程度也各不相同。

1. 白盒测试工具

白盒测试工具一般是针对被测源程序进行的测试，测试中发现的故障可以定位到代码级，根据测试工具的原理不同，又可以分为静态测试工具和动态测试工具。

（1）静态测试工具

静态测试工具是在不执行程序的情况下，分析软件的特性。静态分析主要集中在需求文档、设计文档以及程序结构上，可以进行类型分析、接口分析、输入输出规格说明分析等。常用的静态分析工具有：McCabe & Associates 公司开发的 McCabe Visual Quality ToolSet 分析工具；ViewLog 公司开发的 LogiScope 分析工具；Software Research 公司开发的 TestWork/Advisor 分析工具；Software Emancipation 公司开发的 Discover 分析工具；北京邮电大学开发的 DTS 缺陷测试工具等。

按照完成的职能不同，静态测试工具有以下几种类型：代码审查、一致性检查、错误检查、接口分析、输入输出规格说明分析、数据流分析、类型分析、单元分析、复杂度分析等。

（2）动态测试工具

动态测试工具与静态测试工具不同，动态测试工具直接执行被测试程序以提供测试支持。它所支持测试的范围十分广泛，包括功能确认与接口测试、覆盖率分析、性能分析、内存分析等。

覆盖率分析可以对测试质量提供定量的分析。换言之，覆盖分析对所涉及的程序结构元素或数据流信息（如变量的定义、变量的定义－使用路径等）进行度量，以确定测试运行的充分性。这种测试覆盖分析工具对所有软件测试机构都是必不可少的，它可以告诉被测软件产品中哪些部分已被测试过，哪些部分还没有被覆盖到，需要进一步的测试。

动态测试工具的代表有 Compuware 公司开发的 DevPartner 软件、Rational 公司研制的 Purify 系列等。

2. 黑盒测试工具

黑盒测试是在已知软件产品应具有的功能的条件下，在完全不考虑被测程序内部结构和内部特性的情况下，通过测试来检测每个功能是否都按照需求规格说明的规定正常使用。黑盒测试工具的代表有 Rational 公司的 TeamTest，Compuware 公司的 QACenter。

常用的黑盒测试工具可分为功能测试工具和性能测试工具两类。

功能测试工具主要用于检测被测程序能否达到预期的功能要求并正常运行。

性能测试工具主要用来确定软件和系统性能，有些工具还可用于自动多用户客户 / 服务器加载测试和性能测量，用来生成、控制并分析客户 / 服务器应用的性能等。

3. 测试设计和开发工具

测试设计是说明测试被测软件特征或特征组合的方法，确定并选择相关测试用例的过程。测试开发是将测试设计转换成具体的测试用例的过程。像制定测试计划一样，对最重要、最费脑筋的测试设计过程来说，工具的作用不大。但测试执行和评估类工具，如捕获 / 回放工具，是有助于测试开发的，也是实施计划和设计合理测试用例的最有效手段。

测试设计和开发工具主要包括：测试数据生成器、基于需求的测试设计工具、捕获 / 回放工具和覆盖分析工具等。

测试数据生成工具非常有用，可以为被测程序自动生成测试数据，减少人们在生成大量测试数据时所付出的劳动，同时还可避免测试人员对一部分测试数据的偏见。其中，路径测试数据生成器是一类常用的测试数据生成工具。主要的测试数据生成工具有：Bender & Associates 公司提供的功能测试数据生成工具 SoftTest、Parasoft 公司提供的 C/C++ 单元测试工具 Parasoft C++test 等。

4. 测试执行和评估工具

测试执行和评估是执行测试用例并对结果进行评估的过程，包括选择用于执行的测试用例、设置测试环境、运行所选择的测试、记录测试执行活动、分析潜在的软件故障并评估测试工作的有效性。评估类工具对执行测试用例和评估结果这一过程起辅助作用。

测试执行和评估工具类型有：捕获 / 回放，覆盖分析和存储器测试。

对于不断地重复运行的测试，我们可求助于捕获 / 回放工具使测试自动化，换言之，它可以根据需要，几个小时、一个晚上或 24 小时不间断地运行测试而不需要值班管理。利用存储器测试工具可以在故障发生之前确认、跟踪并消除故障。存储器测试工具大多是语言专用和平台专业的，有些可用于最常见的环境。这方面最好的工具是非侵入式的，且使用方便、价格合理。

5. 测试管理工具

测试管理工具是指帮助完成测试计划，跟踪测试运行结果等的工具。

测试管理工具主要用于对测试进行管理，包括测试用例管理，缺陷跟踪管理和配置管理。一般而言，测试管理工具对测试计划、测试用例、测试实施进行管理，这类工具还包括有助于需求、设计、编码测试及缺陷跟踪管理的工具。测试管理工具的代表有 Rational 公司的 Test Manager、Compureware 公司的 TrackRecord 等软件。一个小型软件项目可能就有数千个测试用例要执行，使用捕获 / 回放工具可以建立测试并使其自动化执行，但我们还需要测试用例管理工具对成千上万、杂乱无章的测试用例进行管理。

6. 代码扫描工具

自 2000 年以来，代码扫描技术以其故障检测效率高、故障定位准确、易学易用等特点而在全球快速发展起来，美国产的 Coverity、Klocwork 和 Fortify、国产的 DTS（代码缺陷检测工具）目前在中国市场上是主流，占据此类工具 90% 以上的市场。

7. 三大软件测试工具提供商

目前市场上专业开发软件测试工具的公司很多，但以 MI、Rational 和 Compuware 公司开发的软件测试工具为主导，这三家世界著名软件公司的任何一款测试工具都可构成一个完整的软件测试解决方案。

（1）MI 公司产品介绍

MI 公司为行业提供一整套综合的自动软件测试解决方案，其开发的软件测试工具在市场上占有绝对的主导地位。2004 年国际数据统计中心 IDC 的统计数据表明，MI 公司的 4 大主流产品 LoadRunner、WinRunner、TestDirector 和 QTP 在全球市场的占有率达到 55% 以上。

LoadRunner 是一款适用于企业级系统、各种体系架构的自动性能测试工具，它可以建立多个虚拟用户，记录用户的操作，通过模拟实际用户的操作和实时性能监测来确认和查找问题，预测系统行为并优化系统性能。LoadRunner 是跨平台的，可以安装在 Window、Linux 等多种操作系统中。目前，越来越多的国内软件企业使用 LoadRunner 为自己产品进行性能测试。据 MI 公司预测，中国将成为 MI 最大的市场。

WinRunner 是一款基于 MS Windows 操作系统的自动功能测试工具，可以按照预期的设计来执行测试、支持测试脚本的编辑和执行，可保证测试脚本的可重复性，主要用于监测应用程序是否能够达到其预计的功能及正常运行，帮助用户自动处理测试整个过程，提高测试效率和质量。

TestDirector 是一款测试管理工具，包括需求分析、测试计划、运行和缺陷管理四个主要部分。它不仅可以用于对白盒测试进行管理，而且还可以用于对黑盒测试进行管理，是一个基于 Web 的测试管理工具。这就意味着用户可以通过局域网或 Internet 来访问 TestDirector 工具，将使用管理工具的对象从项目管理人员扩大到了软件质量保证部门、用户和其他相关的部门，这是以往的测试管理工具做不到的。

QTP（Quick Test Professional）是另一款功能测试工具，其功能与 WinRunner 类似。

（2）IBM Rational 公司产品介绍

IBM Rational 公司开发的软件测试工具的市场占有率仅次于 MI 公司。但 IBM Rational 公司不仅做软件测试工具，也做软件工程其他领域的产品，如著名的建模工具 Rational Rose。公司意在为客户提供一整套软件生命周期解决方案。其主要测试工具有：Rational Robot（功能 / 性能测试工具）、Rational Purify（白盒测试工具）、Rational Testmanager（测试管理工具）和 Rational ClearQuest（缺陷 / 变更管理工具）等。

Robot 是一个面向对象的软件测试工具，主要针对 Web、ERP 等进行自动功能测试。Robot 的使用非常方便，通过点击鼠标就可以实现 GUI 及各个属性的测试，包括识别和记录应用程序中各种对象；跟踪、报告和图形化测试进程中的各种信息；检测、修改各个问题；记录同时检查和修改测试脚本；测试脚本可跨平台使用等。

Purify 是一款白盒测试工具，属于 Rational PurifyPlus 自动软件测试工具集中的一种，可用来测试 Visual C/C++、VB 和 Java 代码中与内存相关的错误。Purify 可检查的错误类型有：堆栈相关错误；Java 代码中与内存相关的错误；指针错误；Windows API 相关错误；句柄错误；未初始化的局部变量；未申请的内存；使用已释放的内存和数组越界等。

Testmanager 是一款测试管理软件，用于对测试计划、测试用例设计、测试实施、测试结果分析等方面进行管理和控制，使测试人员可以随时了解需求变更对测试的影响。

ClearQuest 是一款极具扩展性的缺陷 / 变更管理工具。不管开发团队使用的是 Windows 平台还是 UNIX 或 Web 平台，都可使用 ClearQuest 进行捕获、跟踪和管理任何类型的变更。ClearQuest 可支持多种企业数据库。

（3）Compuware 公司产品介绍

美国 Compuware 公司是全球第四大软件公司，主要从事应用软件开发流程和技术的研究并开发相应的测试工具，为全球计算机用户提供从开发、集成、测试、运行、管理到维护的全方位服务和保障。其主要测试工具有：自动黑盒测试工具 QACenter、自动白盒测试工具 DevPartner 和 Vantage 应用级网络性能监控管理软件。

黑盒自动测试工具 QACenter 能够自动地帮助管理测试过程，快速分析和调试程序，能够针对回归测试、强度测试、单元测试、并发测试、集成测试、移植测试、容量和负载测试建立测试用例，自动执行测试并产生相应的文档。主要包括：功能测试工具 QARun、性能测试工具 QALoad、可用性管理工具 EcoTools 和性能优化工具 EcoScope。

白盒自动测试工具 DevPartner 是一组功能完善的白盒测试工具套件，主要用于代码开发阶段，检查代码的可靠性和稳定性。它提供了先进的错误检查和调试解决方案，可以充分改善软件的质量。该工具套件主要包括：静态代码审查模块（Static Code Review），错误检测模块（Error Detection），内存分析模块（Memory Analysis），代码覆盖率分析模块（Code Coverage Analysis）和性能分析模块（Performance Analysis）等。

应用级网络性能监控管理软件 Vantage 主要用来帮助网络用户快速发现和解决应用的性能问题，它又分为网络应用性能分析工具 Applocation Expert，网络应用性能监控工具 Network Vantage 和服务器数据库性能监控工具 Server Vantage 等。

8. 国产软件测试工具

国产商用软件测试工具从 20 世纪 90 年代就陆续进入国内市场，最初主要是大学和科研机构做的原型系统，且定向专用。2000 年以来，随着国内对软件测试的需求越来越旺盛，在过去的 20 年中，国内研发了众多软件测试工具。

这包括源代码扫描工具（北京邮电大学的 DTS、北京大学的库博）、单元测试工具（北京邮电大学的 CTS）、集成测试工具（北京邮电大学的 ITS）、功能测试工具、性能测试工具、灰盒测试工具、压力测试工具、负载测试工具、协议测试工具、接口测试工具、测试管理工具等。总体来看，国产工具商业化做得普遍不好，仍有待改进。

习题

1. 什么是软件测试？软件测试的目的和意义是什么？
2. 什么是测试用例？为什么说测试用例的设计和编制是软件测试过程中最重要的活动？
3. 软件测试一般应遵循哪些原则？
4. 对软件测试人员有哪些基本要求？
5. 软件测试与软件开发有何关系？
6. 简述软件测试过程。
7. 是否有必要在软件开发的各个阶段进行测试？若是，测试在软件开发各阶段的作用分别是什么？
8. 简述软件测试过程 V 模型和软件测试过程 W 模型的主要区别。
9. 搭建软件测试环境涉及哪几方面的内容？
10. 请概括静态测试与动态测试的不同点。
11. 系统测试和验收测试有何不同？
12. 我国软件测试的现状如何？
13. 你曾用过哪些测试工具？软件测试工具对软件测试有何影响？

第2章 软件缺陷

从理论上看，软件可靠性只和存在于软件中的缺陷有关。事实上，如果我们知道软件中的所有缺陷及其发生概率，根据概率论知识，我们就可以比较准确地计算出软件的可靠性。但就现在的知识水平，事先我们永远无法知道软件的缺陷到底都在哪里。

软件的缺陷都是人为造成的，在需求、设计、编码、测试软件的各个阶段，人都难免会犯错误。人为什么会犯错误？会犯什么样的错误？这不是本书研究的内容。我们知道的是，不同的人、不同的软件，其缺陷的形态是多种多样的，现在和未来，我们都不大可能用一种科学的方法来准确地描述这个问题。我们所要研究的问题是，在一些看起来没有任何规律的事情上，试图找出一些规律，这包括软件缺陷的分类、缺陷数目的估计、缺陷的分布、缺陷的管理等。虽然这些都是软件缺陷的外围描述，但总比什么都不知道好得多。事实上，通过有效管理软件缺陷，可以大大减少缺陷的密度或数目。

许多大的软件企业、高可信企业，目前都建立了自己的软件缺陷库，比较大的软件缺陷库目前有数千万个条目，记录着这个企业在软件开发中所犯的错误，通过了解这些缺陷，后来人就可以尽可能地避免再犯相同的错误。同时，通过数据挖掘或机器学习，也可以找出缺陷之间的关联，从而可以有效地指导测试。

2.1 软件缺陷概述

2.1.1 软件缺陷的定义

软件缺陷（defect）是指程序中存在的错误，如语法错误、拼写错误或者一个不正确的程序语句。缺陷可能出现在设计中，甚至在需求、规格说明或其他文档中。软件缺陷导致系统或部件不能实现其功能，引起系统失效。软件缺陷包括：

- 软件没有达到产品说明书表明的功能。
- 程序中存在语法错误。
- 程序中存在拼写错误。
- 程序中存在不正确的程序语句。
- 软件出现了与产品说明书中不一致的表现。
- 软件功能超出产品说明书的范围。
- 软件没有达到用户期望的目标。
- 测试员或用户认为软件的易用性差。

按照定义，可以将软件缺陷分为文档缺陷、代码缺陷、测试缺陷、过程缺陷。

- **文档缺陷**：文档缺陷是指对文档进行静态检查过程中发现的缺陷，通过测试需求分析、文档审查，可以发现文档的缺陷。
- **代码缺陷**：代码缺陷是指对代码进行同行评审、审计或代码走查过程中发现的缺陷。
- **测试缺陷**：测试缺陷是指通过测试执行活动发现的被测对象的缺陷（被测对象一般是

指可运行的代码、系统，不包括静态测试发现的问题）。测试活动主要包括内部测试、连接测试、系统集成测试、用户验收测试。

- **过程缺陷**：过程缺陷是指通过过程审计、过程分析、管理评审、质量评估、质量审核等活动发现的关于过程的缺陷和问题。过程缺陷的发现者一般是质量经理、测试经理、管理人员等。

2.1.2 软件缺陷分析

软件缺陷是影响软件质量的关键因素，发现并排除软件缺陷是软件生命周期中的重要工作。每一个软件组织都知道必须妥善处理软件中的缺陷，这是关系到软件组织生存、发展的质量根本。

发现并排除软件缺陷需要花费大量的人力和时间。美国国防部的数据表明，在 IT 产品中，大约 42% 的资金用于与软件缺陷相关的工作上。目前在美国，软件测试的花费占整个软件费用的 53%～87%。因此，对软件缺陷及其相关问题进行研究是极为有价值的。

软件工程师在工作中一般会引入大量的缺陷。统计表明，有经验的软件工程师的缺陷引入率一般是 50～250 个 /KLOC，平均的缺陷引入率在 100 个 /KLOC 以上。即使软件工程师学过软件缺陷管理之后，平均的缺陷引入率也在 50 个 /KLOC 以上。

目前高水平的软件组织所生产的软件的缺陷密度为 2～4 个 /KLOC，一般的软件组织所生产的软件的缺陷密度为 4～40 个 /KLOC，NASA 的软件的缺陷密度可以达到 0.1 个 / KLOC。

开发低缺陷密度的软件需要大量的成本。在 20 世纪 90 年代，NASA 的软件平均一行代码需要 1000 美元，而 CMM5 的软件开发成本一般是 CMM1 的几倍甚至几十到上百倍。

影响软件缺陷数目的因素很多。从宏观上看，包括管理水平、技术水平、测试水平等。从微观上看，包括软件规模、软件复杂性、软件类型、测试工具、测试自动化程度、测试支撑环境、开发成本等。在不同的软件阶段，软件的缺陷密度是不同的。初始的软件缺陷密度一般是靠经验来估计的。

2.1.3 软件缺陷的种类

软件缺陷的分类方法有多种，表 2.1～表 2.5 列出了几种缺陷类型。

表 2.1 输入 / 输出缺陷

类　型	举　　例
输入	不接受正确输入 接受不正确输入 描述有错或遗漏 参数有错或遗漏
输出	格式有错 结果有错 在错误的时间产生正确的结果 不一致或遗漏结果 不合逻辑的结果 拼写 / 语法错误 修饰词错误

表 2.2 逻辑缺陷
遗漏情况
重复情况
极端条件出错
解释有错
遗漏条件
外部条件有错
错误变量的测试
不正确的循环迭代
错误的操作符

表 2.3 计算缺陷
不正确的算法
遗漏计算
不正确的操作数
不正确的操作
括号错误
精度不够
错误的内置函数

表 2.4 接口缺陷
不正确的中断处理
I/O 时序有错
调用了错误的过程
调用了不存在的过程
参数不匹配
不兼容的类型

表 2.5 数据缺陷
不正确的初始化
不正确的存储 / 访问
错误的标志 / 索引值
不正确的打包 / 拆包
使用了错误的变量
错误的数据引用
缩放数据范围或单位错误
不正确的数据维数
不正确的下标
不正确的类型
不正确的数据范围
传感器数据超出限制
不一致数据

2.1.4 软件缺陷的产生

软件的缺陷是多种多样的。从理论上看，软件中的任何一个部分都可能产生缺陷，而这些缺陷的来源不外乎下列四个方面：

- 疏忽造成的错误（Carelessness Defect，CD）
- 不理解造成的错误（Misapprehend Defect，MD）
- 二义性造成的错误（Ambiguity Defect，AD）
- 遗漏造成的错误（Skip Defect，SD）

MD、AD、SD 三类缺陷主要存在于软件开发的前期阶段，如需求分析阶段、设计阶段、编码阶段，而在实施第三方测试时，一般不会存在这三类缺陷，其原因是这三类缺陷的检测概率都比较大，一般是容易测试的。在我们所分析的多个例子中，第三方测试所测试出来的 95 个缺陷，只有 1 个缺陷是 AD 类缺陷。

由疏忽造成的错误是必然的，也是多种多样的，此类错误不可预测也不可估计，因为不同的人、不同的软件、同一个人在不同的时刻都难说会犯什么错误。就编码而言，可能的疏忽有如下两种。

- **显式约束造成的错误**：设 A 是程序中的一个元素（一条语句或语句的一部分，或者是语句的集合），如果在 A 之前或之后必须要跟另外一个动作 B，则称为显式约束。如果 B 不存在或者 B 不是 A 所要求的，则都是错误。例如，存储器泄漏故障，即在某个路径上忘记了释放内存；资源泄漏错误，即在某个路径上忘记了释放资源等。

- **隐式约束造成的错误**：设 A 是程序中的一个元素（一条语句或语句的一部分，或者是语句的集合），根据程序的语义，A 必须满足某些约束，否则就是错误。例如，非法计算类错误、空指针使用错误、数组越界错误、指针使用错误等。

从结果上看，软件缺陷可能来源于软件过程的每一个阶段，包括需求阶段、概要设计阶段、详细设计阶段、编码阶段、测试阶段和维护阶段。软件缺陷产生的原因分布比例如图 2.1 所示。

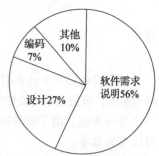

图 2.1　软件缺陷产生的原因分布

2.1.5　软件缺陷数目估计

软件缺陷数目是软件可靠性的一个重要参数，也是软件质量的一个重要参数。软件缺陷数目和很多因素有关，例如，软件规模、软件复杂性、研制人员水平、质量管理水平、语言类型、开发环境、测试时间等。由于这么多因素和缺陷数目相关，因此，就目前的研究水平而言，不太可能给出精确的计算方法。本节将从几个不同的方面讨论如何估计软件的残留缺陷数目，但这仅仅是参考。

1. 撒播模型

撒播模型是利用概率论的方法来估算程序中的错误数目，其基本原理类似于估计一个大箱子中存放的乒乓球（或其他东西）的数目。假设一个大箱子里有 N 个白色的乒乓球，由于太多，难以一个个地数出来，人们可以采用一种变通的办法，即向箱子里放入 M 个黑色的乒乓球，并将箱中的球搅拌均匀，然后从箱子中随机地取出足够多的球，假设白色的乒乓球有 n 个，黑色的乒乓球 m 个，则可以根据下列公式估计 N，即

$$\frac{N}{N+M}=\frac{n}{n+m}$$

则

$$N=\frac{n}{m}M$$

应该说，该估计是比较准确的，特别是当 N 比较大时，这是一个有效的方法。Mills 首先将这种技术用于软件错误数目的估计，其基本原理是：首先用人工随机地向待估算的软件置入错误；然后进行测试，待测试到足够长的时间后，对所测试到的错误进行分类，看看哪个是人工置入的错误，哪个是程序中固有的错误；最后，根据上述公式即可估算出程序中所有的错误。

但这种方法估计程序错误数目的准确性是无法和估计乒乓球数目的准确性相比的，其原因有以下两点：

- 程序中固有的缺陷是未知的，检测每个错误的难易程度也同样是未知的。
- 人工置入的缺陷的检测和程序中存在的缺陷的检测，其难易程度是否一样是未知的。

基于这两条理由，用上述方法来估计程序中的残留缺陷数目的有效性是值得怀疑的。

为克服上述模型存在的缺陷，Hyman 提出了另外一种模型，其基本思想是：假设软件总的排错时间是 X 个月，也就是说，经过 X 个月的排错，假设程序中将不再存在错误。让两个人共同对程序进行排错，假设经过足够长（X 的一半或更少）的排错时间后，第一个人

发现了 n 个错误，第二个人发现了 m 个错误，其中属于两个人共同发现的错误有 m_1 个，则公式为

$$\frac{N}{n}=\frac{m}{m_1}$$

即

$$N=\frac{m}{m_1}n$$

该公式和前一个公式相比，明显更精确，因为首先两个人所排除的故障都是真实的，若很好地组织，该公式是可以使用的。但问题是，由于两个人的水平不一，实际难以实现准确估计。

总体来说，由于软件缺陷的复杂性，靠简单的撒播技术显然是不行的，但所估计的数值可以作为参考。

2. 静态模型

根据软件的规模和复杂性进行估计是人们很容易想到的一种方法。传统上，人们普遍的想法是：软件越大越复杂，其残留的故障数目也就越多，这是很自然的。因此，根据这个思想，人们从不同的理论与实践方面提出了许多模型。

（1）**Akiyama 模型**：$N=4.86+0.018L$

其中：N 是缺陷数；L 是可执行的源语句数目（下同）。

基本的估计是 1KLOC 有 23 个缺陷。这是早期的研究成果。该模型可能对某个人或某类程序有效，但模型的提出明显是一种实践统计结果。该模型太简单了，实际价值不大。

（2）**谓词模型**：$N=C+J$

其中：C 是谓词数目；J 是子程序数目。

程序中的许多错误都来自程序的关系运算、逻辑运算以及二者结合的复合运算等，也就是说，程序的许多错误来自程序中包含的谓词。其原因是：在谓词运算中，往往是将一个无穷域映射到一个有限域，例如，$x>=0\&\&y<=1$，其输入在理论上是无穷的，但输出只有 0 和 1，这当中包含的错误是非常难以测试的。例如，漏掉"="的错误就难以被发现。从这种意义上讲，谓词模型是有理论基础的。但如果为每个谓词和子程序都假定一个错误显然也是不合适的，但也没有其他更好的办法来准确地描述它们之间的关系。总之，该模型具有一定的参考价值。

（3）**Halstead 模型**：$N=V/3000$

其中：$V=x\times\ln y$，$x=x_1+x_2$，$y=y_1+y_2$。x_1 为程序中使用操作符的总次数；x_2 为程序中使用操作数的总次数；y_1 为程序中使用操作符的种类；y_2 为程序中使用操作数的种类。

根据 Halstead 的理论，V 是程序的体积，即程序占内存的位（bit）数目。该模型认为，平均 3000 位就有一个错误。该模型和 Akiyama 模型有些类似，也完全是大量程序的统计结果，很难说清楚哪一个更好。

（4）**Lipow 模型**：$N=L(A_0+A_1\ln L+A_2\ln^2 L)$

Fortran 语言：$A_0=0.004\,7$，$A_1=0.023$，$A_2=0.000\,043$。

汇编语言：$A_0=0.001\,2$，$A_1=0.000\,1$，$A_2=0.000\,002$。

显然，这也是一个统计结果。不同的是，该模型区分了高级语言和低级语言。

（5）**Gaffnev 模型**：$N=4.2+0.001\,5L^{4/3}$

解此方程可推断出一个模块的最佳尺寸是 877LOC。

（6）**Compton and Withrow** 模型：$N=0.069+0.001\,56L+0.000\,000\,47L^2$

由该方程可推断出一个模块的最佳尺寸是 83LOC。

【**例 2.1**】 对某个用汇编语言编写的软件，$L=6488$，$C=1030$，$J=48$，运算符个数为 1091，变量数为 305，常量数为 66。该软件从计划到测试前大约经历了 3 年，其中研制大约 1 年，实验性使用 2 年。对该软件的测试大约花费了 3 个月的时间，共查出了 11 个缺陷。之后，采用随机测试技术，又测试了大约 1000h，尚未发现错误。根据该软件的基本情况，利用上述方法，分别计算的缺陷预测结果为

$$N_{(1)}=121,\ N_{(2)}=1078,\ N_{(4)}=8,\ N_{(5)}=7039,\ N_{(6)}=20$$

这里 $N_{(i)}$ 代表方法（1）～方法（6）。

类似的公式可以给出很多，限于篇幅，这里不一一列举。总体来看，根据软件的规模和复杂性计算软件的缺陷数目是静态观察统计的结果，它可能对某个人、某个软件开发组织、某类软件是有效的，但一般而言，并不具备通用性，其内在规律有待于进一步验证。上述给出的几种典型的公式仅供参考。

3. 基于测试覆盖率的预测模型

白盒测试技术定义了许多覆盖准则，例如，语句覆盖准则、分支覆盖准则、路径覆盖准则等。当执行这些指定的语句、分支、路径等时，它们被执行的比例和缺陷检测的比例到底是什么关系，这是一个非常有用的研究课题。在大量实验的基础上，Malaiya 给出了下列几种曲线的初步研究结果。

（1）错误与时间曲线

如图 2.2 所示，拐点 t_1 表示改用新的测试方法。从 0 到 t_1 这个时间段内，采用一种测试技术，当错误的检测数目缓慢上升时，表示再用该测试技术效果不大，而采用另外的测试技术效果会更好。

（2）错误与覆盖率曲线

如图 2.3 所示，在低覆盖率时，覆盖测试几乎发现不了什么错误，只有当覆盖率大于某个值时，对缺陷的检测效果才比较明显。覆盖率越高，其效果越明显。实践和经验表明，对语句覆盖、分支覆盖等测试方法，只有当覆盖率接近 1 时效果才比较明显。因此，很多软件测试都把 100% 的语句覆盖或分支覆盖作为测试的目标之一。

（3）覆盖率与时间曲线

如图 2.4 所示，该曲线可以从图 2.2 和图 2.3 中推导出来。

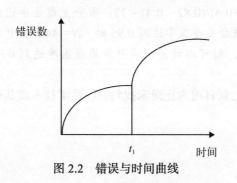

图 2.2 错误与时间曲线

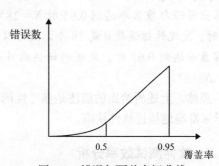

图 2.3 错误与覆盖率间曲线

Pasquini 也在大量程序实验的基础上给出了语句覆盖准则、分支覆盖准则、P 应用覆盖

准则和缺陷检测之间的关系曲线，分别如图 2.5～图 2.7 所示。缺陷数目和覆盖率的关系曲线表明，当测试覆盖率达到某个数值时，缺陷数目和覆盖率呈线性关系。Malaiya 所给出的计算公式为

$$N(C) = A_0 + A_1 * C(C > C_{knee})$$

其中：A_0 和 A_1 是常数。当测试时某些元素的覆盖率 $C > C_{knee}$ 时，缺陷数目随覆盖率线性增长。Malaiya 的实验结果表明：

$C_{knee} = 0.40$，对语句覆盖；

$C_{knee} = 0.25$，对分支覆盖；

$C_{knee} = 0.25$，对 P 应用覆盖。

之所以有 C_{knee}，是因为软件在测试之前，一些简单的缺陷已经被开发者排除。根据覆盖率跟缺陷数之间的线性关系，当覆盖率达到 1 时，即可估算实际的缺陷数。

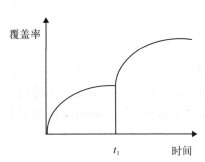

图 2.4   覆盖率与时间曲线

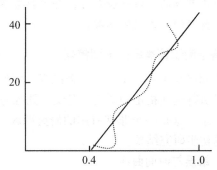

图 2.5   语句覆盖率和被检测的缺陷数目的关系

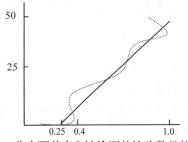

图 2.6   分支覆盖率和被检测的缺陷数目的关系

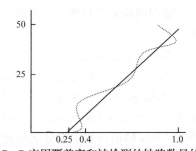

图 2.7   P 应用覆盖率和被检测的缺陷数目的关系

【例 2.2】   某个软件，当语句覆盖率达到 0.82 时，发现的错误数目是 28 个，则可以计算出当语句覆盖率达到 0.95 时 $N = 28 \times (0.95 - 0.4)/(0.82 - 0.4) \approx 37$。当分支覆盖率达到 0.7 时，发现的错误数目是 28 个，则可以计算出当分支覆盖率达到 0.95 时，$N = 44$。当 P 应用覆盖率达到 0.67 时，发现的错误数目是 28 个，则可以计算出当 P 应用覆盖率达到 0.95 时，$N = 47$。

显然，上述所给出的描述是参考性的。事实上到目前为止尚未找到一种数学技术或其他科学来准确地描述软件缺陷。

2.1.6   软件测试效率分析

1. 软件测试的检测能力分析

根据软件的开发过程，软件可以分为需求分析、概要设计、详细设计、编码、测试和

维护六个阶段。软件缺陷可能存在于每个软件开发阶段，不同阶段有不同的测试方法，每种测试方法检测缺陷的能力是不同的，表 2.6 给出了几种软件测试方法的能力。

表 2.6　几种软件测试方法的测试能力

软件测试阶段	测试能力
非形式化的设计检查	25%～40%
形式化的设计检查	45%～65%
非形式化的代码检查	20%～35%
形式化的代码检查	45%～70%
单元测试	45%～65%
功能测试	45%～65%
回归测试	15%～30%
集成测试	25%～40%
系统测试	25%～55%
低强度的 β 测试（＜10 客户）	20%～40%
高强度的 β 测试（＞1000 客户）	60%～85%

2. 影响软件测试效率的因素

（1）人为因素

在缺少自动化程度高的测试工具时，软件测试的许多工作是由人来完成的。因此，人的因素是影响测试效率的重要方面。Basili 和 Selby 的实验数据清楚地揭示出了人为因素的作用。表 2.7 揭示了不同水平的测试人员在发现软件错误和测试效率方面的差异。这里，阶段 1、2 和 3 分别对应单元测试、集成测试和系统测试。

表 2.7　人为因素对测试效率的影响

	阶段	测试者水平层次					
		初级		中级		高级	
		平均值	标准差	平均值	标准差	平均值	标准差
发现错误的个数	1	3.88	1.89	4.07	1.69		
	2	3.04	2.07	3.83	1.64		
	3	3.90	1.83	4.18	1.99	5.00	1.53
发现错误的效率	1	1.36	0.97	2.22	1.66		
	2	1.00	0.85	0.96	0.74		
	3	2.14	2.48	2.53	2.48	2.36	1.61

（2）软件类型

软件类型也是影响测试效率的一个重要因素，表 2.8 是 Basili 和 Selby 的实验数据。P_1～P_4 代表了 4 个不同的程序。

表 2.8 软件类型对测试效率的影响

	阶段	程序							
		P₁		P₂		P₃		P₄	
		平均值	标准差	平均值	标准差	平均值	标准差	平均值	标准差
发现错误的个数	1	4.07	1.62	3.48	1.45	4.28	2.25		
	2	3.23	2.20	3.31	1.97			3.31	1.84
	3	4.19	1.73			5.22	1.75	3.41	1.66
发现错误的效率	1	1.60	1.39	1.19	0.83	2.09	1.42		
	2	0.98	0.67	0.71	0.71			1.05	1.04
	3	2.15	1.10			3.70	3.26	1.14	0.79

（3）缺陷类型

不同的测试方法检测不同错误类型的能力是不同的。错误的分类方法目前有许多种，前面已经给出了比较详细的分类方法。为分析方便，下面给出一种简单的分类方法：

- **初始化错误**：初始化代码中的错误。
- **控制错误**：控制转移的条件或转移地址错误。
- **数据错误**：包括程序中的常数、数据库中的数据错误等。
- **计算错误**：计算代码错误。
- **集成错误**：各模块之间、软件与环境之间的错误。
- **容貌错误**：人机界面、打印格式等错误。

图 2.8 是根据是 Basili 和 Selby 的实验数据整理的。

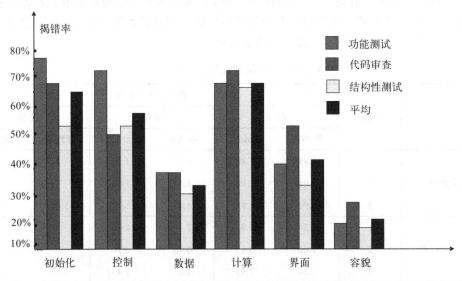

图 2.8 各种测试方法对发现软件不同类型错误的能力

2.2 软件缺陷管理

2.2.1 缺陷管理的目标

软件测试过程简单说就是围绕缺陷进行的，对软件缺陷跟踪管理一般而言要达到以下目标：

1）确保每个发现的缺陷都能够解决。这里"解决"的意思不一定是修正，也可能是其他处理方式（例如，在下一个版本中修正或不修正）。总之，对每个发现的缺陷的处理方式必须在开发组织中达成一致。

2）收集缺陷数据并根据缺陷趋势曲线识别测试过程的阶段。决定测试过程是否结束有很多种方式，通过缺陷趋势曲线来确定测试过程是否结束是常用并且较为有效的一种方式。

3）收集缺陷数据并在其上进行数据分析，作为组织的过程管理财富。在对软件缺陷进行管理时，必须先对软件缺陷数据进行收集，然后才能了解这些缺陷，并找出预防和修复它们的方法，以及预防引入新的缺陷。

2.2.2　缺陷报告

一个完整的缺陷报告需要包含的信息如表 2.9 所示。

表 2.9　缺陷报告信息列表

项　目	内　容
ID	唯一的识别缺陷的序号
标题	对缺陷的概括性描述，方便快速浏览、管理等
前提	在进行实际执行的操作之前所具备的条件
环境	缺陷发现时所处的测试环境，包括操作系统、浏览器等
操作步骤	导致缺陷产生的操作顺序的描述
期望结果	按照客户需求或设计目标事先定义的操作步骤导出的结果。期望结果应与用户需求、设计规格说明书等保持一致
实际结果	按照操作步骤而实际发生的结果。实际结果和期望结果是不一致的，它们之间存在差异
频率	同样的操作步骤导致实际结果发生的概率
严重程度	指因缺陷引起的故障对软件产品使用或某个质量特性的影响程度。其判断完全是从客户的角度出发，由测试人员决定。一般分为 4 个级别，包括：致命、严重、一般、微小
优先级	缺陷被修复的紧急程度或先后次序，主要取决于缺陷的严重程度、产品对业务的实际影响，但要考虑开发过程的需求（对测试进展的影响）、技术限制等因素，由项目管理组（产品经理、测试 / 开发组长）决定。一般分为 4 个级别，包括：立即解决、高优先级、正常排队、低优先级
类型	属于哪方面的缺陷，如功能、用户界面、性能、接口、文档、硬件等
缺陷提交人	缺陷提交人的名字（会和邮件地址联系起来），即发现缺陷的测试人员或其他人员
缺陷指定解决人	估计修复这个缺陷的开发人员，在缺陷状态下由开发组长指定相关的开发人员；自动和该开发人员的邮件地址联系起来。当缺陷被报告出来时，系统会自动发出邮件
来源	缺陷产生的地方，如产品需求定义书、设计规格说明书、代码的具体组件或模块、数据库、在线帮助、用户手册等
产生原因	产生缺陷的根本原因，包括过程、方法、工具、算法错误、沟通问题等，以寻求流程改进、完善编程规范和加强培训等，有助于缺陷预防
构建包跟踪	用于每日构建软件包跟踪，分辨出是新发现的缺陷，还是回归缺陷，基准（baseline）是上一个软件包
版本跟踪	用于产品版本质量特性的跟踪，分辨出是新发现的缺陷，还是回归缺陷，基准是上一个版本
提交时间	缺陷报告提交的时间
修正时间	开发人员修正缺陷的时间

（续）

项　　目	内　　容
验证时间	测试人员验证缺陷并关闭这个缺陷的时间
所属项目 / 模块	缺陷所属哪个具体的项目或模块，要求精确定位至模块、组件级
产品信息	属于哪个产品、哪个版本等
状态	当前缺陷所处的状态，如图 2.9 所示

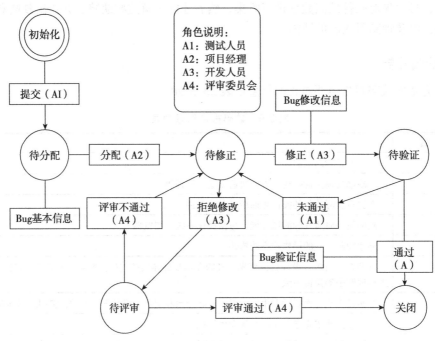

图 2.9　缺陷的一般管理流程

2.2.3　软件缺陷管理流程

根据对国内外著名 IT 公司缺陷管理流程的研究，一般软件缺陷管理流程如图 2.9 所示。

1. 缺陷管理流程中的角色

在缺陷管理流程中有四个角色，如下所示：

1）测试人员 A1：进行测试的人员，并且是缺陷的发现者。

2）项目经理 A2：对整个项目负责，对产品质量负责的人员。

3）开发人员 A3：执行开发任务的人员，完成实际的设计和编码工作，以及对缺陷的修复工作。

4）评审委员会 A4：对缺陷进行最终确认，在项目成员对缺陷不能达成一致意见时，行使仲裁权力。

2. 缺陷管理流程中的缺陷状态

在缺陷管理流程中包含六种缺陷状态，如下所示：

1）初始化——缺陷的初始状态。

2）待分配——缺陷等待分配给相关开发人员处理。

3）待修正——缺陷等待开发人员修正。

4）待验证——开发人员已完成修正，等待测试人员验证。

5）待评审——开发人员拒绝修改缺陷，需要评审委员会评审。

6）关闭——缺陷已被处理完成。

3. 缺陷管理流程描述

软件缺陷管理流程描述如下：

1）测试小组发现新的缺陷，并记录缺陷，此时缺陷状态为"初始化"。

2）测试小组向项目经理提交新发现的缺陷（包括缺陷的基本信息），此时缺陷的状态为"待分配"。

3）项目经理接收到缺陷报告后，根据缺陷的详细信息，确定处理方案，此时缺陷的状态为"待修正"。

4）缺陷报告被分配给相应的开发人员，开发人员对缺陷进行修复，并填写缺陷的修改信息，然后等待测试人员对修复后的缺陷再一次进行验证，此时缺陷的状态为"待验证"。

5）经测试人员验证后，发现缺陷未被修复，则重新交给原负责修复的开发人员，测试缺陷的状态为"待修正"。

6）经测试人员验证后，认为缺陷被修复，则填写缺陷验证信息，缺陷修复完成，此时缺陷的状态为"关闭"。

7）若测试人员验证缺陷未被修复，但是开发人员认为已修复完成拒绝再次修复，则将缺陷报告提交给评审委员会，等待评审委员会的评审，此时缺陷的状态为"待评审"。

8）若评审委员会评审不通过，即软件缺陷未被修复，开发人员需继续修复，此时软件缺陷的状态为"待修正"。

9）若评审委员会评审通过，即软件缺陷被修复，此时缺陷状态为"关闭"。

4. 缺陷管理流程实施的注意事项

在整个缺陷的跟踪管理流程中，为了保证所发现的错误是真正的错误，需要有丰富测试经验的测试人员验证和确定发现的缺陷是否为真正的缺陷，发现的缺陷是由什么引起的，以及测试步骤是否准确、简洁、可重复等。除此之外，由于对软件设计的具体要求不了解，可能无法确认个别软件的测试报告错误是否属于真正的软件错误，本地化服务商需要与软件供应商交流并确认；对于缺陷的处理都要保留处理信息，包括处理者姓名、时间、处理方法、处理步骤、错误状态、处理注释等；对缺陷的拒绝不能由程序员单方面决定，应该由项目经理、测试经理和设计经理组成的评审委员会决定；缺陷修复后必须由报告缺陷的测试人员验证，确认已经修复，才能关闭缺陷。另外，在缺陷跟踪管理流程中，还应注意以下几点：

1）测试小组在提交事务时，应清楚详细地将问题描述出来，便于项目经理处理。

2）项目经理在确定处理方案时，如对测试小组提出的事务有疑问，应及时与测试小组人员沟通，以保证完全理解测试小组提出的事务，确定正确的处理方案。同样，缺陷修复人员在处理事务时，如果对测试小组提出的事务有疑问，也应及时与测试小组人员沟通，以保证准确处理测试小组提交的缺陷。

3）修复人员在处理缺陷时，应将发现原因、解决的途径和方法详细地描述出来，以便日后查阅。

4）测试小组成员应定期整理和归类测试的 Bug，并写成测试报告，向项目经理、技术总监报告测试结果。

2.2.4 缺陷管理工具

缺陷管理工具用于集中管理软件测试过程中发现的错误，是添加、修改、排序、查寻、存储软件测试错误的数据库程序。

缺陷管理工具的使用使得跟踪和监控错误的处理过程和方法更加容易，既可以方便地检查处理方法是否正确，也可以明确处理者的姓名和处理时间，作为统计和考核工作质量的参考。

另外，缺陷管理工具的使用为集中管理提供了支持条件，可大幅提高管理效率，同时提高整个缺陷管理过程的安全性，通过权限设置，不同权限的用户能执行不同的操作，保证只有适当的人员才能执行正确的处理。最重要的是缺陷管理工具具有方便存储的特点。项目结束后的缺陷管理活动的历史过程存档，可以随时或在项目结束后存储，以备将来参考。

下面介绍几款比较流行的缺陷管理工具。

1. TrackRecord（商用）

作为 Compuware 项目管理软件集成的一个重要组成部分，TrackRecord 目前已经拥有众多企业级用户。它基于传统的缺陷管理思想，整个缺陷处理流程完备，界面设计精细，并且对缺陷管理数据进行了初步的加工处理，提供了一定的图形表示。其特点如下：

1）定义了信息条目类型。在 TrackRecord 的数据库中，定义了不同的缺陷、任务、组成员等内容，它们可通过图形界面进行输入。

2）定义规则。规则引擎（Rules Engine）允许管理者对不同信息类型创建不同的规则、规定不同字段的取值范围等。

3）工作流程。一个缺陷、任务或者其他条目，从它被输入到最后清除期间经历的一系列状态。

4）查询。对历史信息进行查询，显示其查询结果。

5）概要统计或图形表示。动态地对数据库中的数据进行统计报告，可按照不同的条件进行统计，同时提供了几种不同的图形显示。

6）网络服务器。允许用户通过网络浏览器访问数据库。

7）自动电子邮件通知。提供报告的缺陷邮件通知功能，并为非注册用户提供远程视图。

2. ClearQuest（商用）

IBM Rational ClearQuest 基于团队的缺陷和变更的跟踪解决方案，是一套高度灵活的缺陷和变更跟踪系统，适用于任何平台、任何类型的项目中，捕获各种类型的变更。

它的强大之处和显著特点表现在以下几个方面：

1）支持微软 Access 和 SQL Server 等数据库。

2）拥有可完全定制的界面和工作流程机制，能适用于任何开发过程。

3）可以更好地支持常见的变更请求（包括缺陷和功能改进请求），并且便于对系统做进一步的定制，以便管理其他类型的变更。

4）提供了一个可靠的集中式系统，该系统与配置管理、自动测试、需求管理和过程指导等工具集成，使项目中每个人都可以对所有变更发表意见，并了解其变化情况。

5）与 IBM Rational 的软件管理工具 ClearCase 完全集成，让用户充分掌握变更需求情况。

6）能适应所需的过程、业务规则和命名约定。可以使用 ClearQuest 预先定义的过程、表单和相关规则，或者 ClearQuest Designer 来定制——几乎系统的所有方面都可以定制，包括缺陷和变更请求的状态转移生命周期、数据库字段、用户界面布局、报表、图表和查询等。

7）强大的报告和图表功能，使用户能直观、简便地使用图形工具定制所需的报告、查询和图表，帮助用户深入分析开发现状。

8）自动电子邮件通知、无须授权的 Web 登录以及对 Windows、UNIX 和 Web 的内在支持，ClearQuest 可以确保团队中的所有成员都被纳入缺陷和变更请求的流程中。

3. Bugzilla（开源）

Bugzilla 作为一个开源免费软件，拥有许多商业软件所不具备的特点，现在已经成为全球许多组织青睐的缺陷管理软件。它的主要特点如下：

1）普通报表生成：自带基于当前数据库的报表生成功能。

2）基于表格的视图：包括一些图形视图，如条形图、线性图、饼图。

3）请求系统：可以根据复查人员的要求对 Bug 进行注释，以帮助他们理解并决定是否接受该 Bug。

4）支持企业组成员设定：管理员可以根据需要定义由个人或者其他组构成的访问组。

5）时间追踪功能：系统自动记录每项操作的时间，并显示规定结束时间的剩余时间。

6）多种验证方法：模型化的验证模块，使用户方便地添加所需系统验证。Bugzilla 已经内建了支持 MySQL 和 LDAP 授权验证的方法。

7）补丁阅读器：增强了与 Bonsai、LXR 和 CVS 整合过程中提交的补丁的阅读功能，为设计人员提供丰富的上下文。

8）评论回复连接：对 Bug 评论提供直接的页面连接，帮助复查人员评审 Bug。

9）视图生成功能：高级的视图特性允许用户在可配置数据集的基础上灵活地显示数据。

10）统一性检测：扫描数据库的一致性。报告错误并允许客户打开与错误相关的 Bug 列表。

4. 其他

1）Buggit（开源）：它是一个十分小巧的 C/S 结构的 Access 应用软件，仅限于 Intranet。它十分钟就可以配置完成，使用十分简单，查询简便，能满足基本的缺陷跟踪功能，包括 10 个用户定制域和 12 种报表输出。

2）Mantis（开源）：它是一款基于 Web 的软件缺陷管理工具，配置和使用都很简单，适合中小型软件开发团队。

3）HP Quality Center（简称 QC，商用）中的缺陷管理模块：它是一个基于 Web 的测试管理工具，可以组织和管理应用程序测试流程的所有阶段，包括指定测试需求、计划测试、执行测试和跟踪缺陷。QC 中一个重要的功能就是缺陷的管理，主要是规范缺陷在其生命周期各个阶段中正常的操作，如缺陷的状态修改、权限控制（用户在操作不同状态下的缺陷时受到权限的影响）等。

习题

1. 什么是软件缺陷？一般是如何描述和分类软件缺陷的？
2. 请列举几种软件缺陷数目的估计方法，并分别说明不同方法的优缺点。
3. 选取一个实例进行测试，收集相关数据，并按照本书所介绍的方法估计其缺陷数目。
4. 什么是软件缺陷管理，缺陷管理报告单包括哪些内容？具有什么特点？
5. 根据自己的理解，画出软件缺陷管理流程图，并解释软件缺陷管理流程图的关键要素。
6. 简述3款缺陷管理工具的功能和特点，并进行比较。

第3章 黑盒测试

黑盒测试是一种常用的软件测试方法，它将被测软件看作一个打不开的黑盒，主要根据功能需求设计测试用例进行测试。本章介绍几种常用的黑盒测试方法和黑盒测试工具，并通过实例介绍各种方法的运用。

3.1 黑盒测试的基本概念

黑盒测试是一种从软件外部对软件实施的测试，也称**功能测试**或**基于规格说明的测试**。其基本观点是：任何程序都可以看作从输入定义域到输出值域的映射，这种观点将被测程序看作一个打不开的黑盒，黑盒里面的内容（实现）是完全未知的，只知道软件要做什么。因无法看到盒子中的内容，所以我们不知道软件是如何实现的，也不必关心黑盒里面的结构，只关心软件的输入数据和输出结果。例如，对于 Windows 的计算器程序，我们只关心当输入 3.141 59 并按 sqrt 键时，输出是否为 1.772 453 102 341 498。我们不关心计算圆周率平方根的程序是如何实现的，需要经历多少复杂运算，而只关心它的运算结果是否正确，这便是黑盒测试的本质。

使用黑盒测试方法，测试人员所使用的唯一信息就是软件的规格说明，在完全不考虑程序内部结构和内部特性的情况下，只依靠被测程序输入和输出之间的关系或程序的功能来设计测试用例，推断测试结果的正确性，即所依据的只是程序的外部特性。因此，黑盒测试是从用户观点出发的测试，其目的是尽可能发现软件的外部行为错误。在已知软件产品功能的基础上进行如下的检测：

1）检测软件功能能否按照需求规格说明书的规定正常工作，是否有功能遗漏。

2）检测是否有人机交互错误，是否有数据结构和外部数据库访问错误，是否能恰当地接收数据并保持外部信息（如数据库或文件）等的完整性。

3）检测行为、性能等特性是否满足要求。

4）检测程序初始化和终止方面的错误等。

黑盒测试着眼于软件的外部特征，通过上述方面的检测，确定软件所实现的功能是否按照软件规格说明书的预期要求正常工作。

可以看出，黑盒测试是一类重要的测试方法，它根据规格说明设计测试用例，并不涉及程序的内部结构。因此黑盒测试有两个显著的优点：

1）黑盒测试与软件具体实现无关，所以如果软件实现发生了变化，测试用例仍然可以使用。

2）设计黑盒测试用例可以和软件实现同时进行，因此可以压缩总的项目开发时间。

如果希望利用黑盒测试方法查出软件中所有的故障，只能采用穷举输入测试。所谓穷举输入测试，就是把所有可能的输入全部用作测试输入的测试方法。例如，我们要对 Microsoft Windows 计算器程序进行测试。我们检验了 1+1 等于 2 后，绝不能保证 Windows 计算器程序能正确地进行所有的加法运算。很可能当计算 1024＋1024 时，计算结果不正确。由于我们把被测程序看成了一个黑盒，所以发现这种问题的唯一途径只能是测试每一种输入情况。要穷举地测试这个 Windows 计算器程序，我们就得考虑所有可能的合法输入。比如，从整数加法开始检测 1＋1 的结果，答案是 2，结果正确。然后检测 1＋2 的结果。因为计算器可以处理 32 位的数字，所以必须测试所有的可能性，直至检测到 1＋99 999 999 999 999 999 999 999 999 999 为止。这一组数据测试完成后，还需要测试输入 2＋1，2＋2，以此类推。最后输入 99 999 999 999 999 999 999 999 999 999＋99 999 999 999 999 999 999 999 999 999。下一步考虑测试小数，例如，1.0＋0.1，1.0＋1.1 等。为了确保能检查出所有的故障，人们不仅要测试所有合法的输入，还要对所有可能的非法输入进行测试。即常规数字相加正确无误之后，我们还应考虑错误输入是否都得到了相应的处理。例如，按了任意键，输入 1＋a，Z＋I，1a1＋2b2 等，这样的组合可谓成千上万。同时，经过修改的输入也必须再次进行测试。计算器程序允许输入退格键和删除键，就应该考虑"5＜退格键＞7＋2＝"的情况。对前面测试过的每一个数字还要逐个按退格键重新进行测试。此外，还得考虑 3 个数相加、4 个数相加等的情况。输入组合实在太多了，无法进行完全测试，即使使用大型计算机来填数也无济于事。这仅仅是加法，还有减法、乘法、除法、求平方根、百分数和倒数等运算。因此，要穷举地测试这个 Windows 计算器程序，实际上就得给出无穷多个测试用例。

这样简单的 Windows 计算器都已使人感到头痛，何况大程序的穷举测试呢？可以设想一下，如果要对 C 编译程序进行黑盒穷举测试，会是怎样的情景。我们不仅要编制所有合法 C 程序（实际上是个无穷的量）的测试用例，而且还要编制出所有不合法的 C 程序的测试用例，以确保编译程序能检查出这些程序是非法的（例如成功地编译了一个语法有错的程序）。对于那些具有"记忆"功能的程序（例如操作系统、数据库系统、航空服务系统等，问题就更严重了）。在这类程序中，作业的执行要受以前作业的影响，例如对一个数据的询问、预订某航班飞机票等。这样，人们不仅要检测所有单个合法的、非法的作业，还要检测所有可能的作业序列。可见，穷举输入测试是不现实的。这就需要我们认真研究测试方法，以便能开发出尽可能少的测试用例，发现尽可能多的软件故障。

常用的黑盒测试方法有等价类划分、边界值分析、决策表测试等，掌握和采用这些方法并不困难，但是，每种方法各有所长，我们应针对软件开发项目的具体特点，选择合适的测试方法，有效地解决软件开发中的测试问题。

3.2　等价类划分法

等价类划分法是一种典型的黑盒测试方法，它完全不考虑程序的内部结构，只根据程序规格说明书对输入范围进行划分，把所有可能的输入数据，即程序输入域划分为若干个互不相交的子集，称为**等价类**，然后从每个等价类中选取少数具有代表性的数据作为测试用例进行测试。

3.2.1　等价类划分法的原理

在使用等价类划分法进行测试时，首先应在分析需求规格说明的基础上划分等价类，再根据等价类设计出测试用例。

等价类对于测试有两个非常重要的意义，表示整个输入域提供了一种形式的完备性，而互不相交则可保证一种形式的无冗余性。由于等价类由等价关系决定，因此等价类中的元素有一些共同的特点：如果用等价类中的一个元素作为测试数据进行测试不能发现程序中的故障，那么使用集合中的其他元素进行测试也不可能发现故障。也就是说，对揭露程序中的故障来说，等价类中的每个元素是等效的。如果测试数据全都从同一个等价类中选取，除去其中一个测试数据对发现程序故障有意义外，使用其余的测试数据进行测试都是徒劳的，它们对测试工作的进展没有任何益处。我们不如把测试的时间花在其他等价类元素的测试中。

1. 划分等价类

软件不能都只接收有效的、合理的数据，还要经受意外的考验，即接收无效的或不合理的数据，这样软件才能具有较高的可靠性。因此，在考虑等价类时，应注意区别两种不同的情况：

- 有效等价类——指符合程序规格说明书，有意义的、合理的输入数据所构成的集合。利用有效等价类，可以检验程序是否实现了规格说明预先规定的功能和性能。在具体问题中，有效等价类可以是一个，也可以是多个。
- 无效等价类——指不符合程序规格说明书，不合理或无意义的输入数据所构成的集合。利用无效等价类，可以检查软件功能和性能的实现是否有不符合规格说明要求的地方。对于具体的问题，无效等价类至少应有一个，也可能有多个。

2. 常用的等价类划分原则

如何确定等价类，是使用等价类划分方法的一个重要问题。以下给出几条确定等价类的原则：

（1）按区间划分

如果规格说明规定了输入条件的取值范围或值的数量，则可以确定一个有效等价类和两个无效等价类。例如，如果软件规格说明"学生允许选修 5 到 8 门课"，则一个有效等价类可取"选课 5 到 8 门"，无效等价类可取"选课不足 5 门"和"选课超过 8 门"。

（2）按数值划分

如果规格说明规定了一组输入数据，而且程序要对每一个输入值分别进行处理，则可为每一个输入值确立一个有效等价类，针对这组值确立一个无效等价类，它是所有不允许输入值的集合。

（3）按数值集合划分

如果规格说明规定了输入值的集合，则可确定一个有效等价类和一个无效等价类（该集合有效值之外）。例如，某程序要求输入为 TOM、DICK 或 HARRY 这些名字之一，那么定义一个有效等价类（采用有效名字之一）和一个无效等价类（采用有效名字之外的名字，如JOE）。

（4）按限制条件或规则划分

如果规格说明规定了输入数据必须遵守的规则或限制条件，则可以确立一个有效等价类（符合规则）和若干个无效等价类（从不同角度违反规则）。例如，若某个输入条件说明了一个必须成立的情况（如输入数据必须是数字），则可划分一个有效等价类（输入数据是数字）和一个无效等价类（输入数据为非数字）。

（5）细分等价类

等价类中的各个元素在程序中的处理若不相同，则可将此等价类进一步划分成更小的等价类。

在确立了等价类之后，可按表 3.1 的形式列出所有划分出的等价类表。

表 3.1　等价类表

输 入 条 件	有效等价类	无效等价类
…	…	…
…	…	…

同样，也可按照输出条件，将输出域划分为若干个等价类。

3. 等价类划分测试用例设计

在设计测试用例时，应同时考虑有效等价类和无效等价类测试用例的设计。根据等价类表设计测试用例，具体步骤如下：

1）为每个等价类规定一个唯一的编号。

2）设计一个新的测试用例，尽可能多地覆盖尚未被覆盖的有效等价类，重复这一步，直到测试用例覆盖了所有有效等价类。

3）设计一个新的测试用例，使其覆盖并且只覆盖一个还没有被覆盖的无效等价类。重复这一步，直至测试用例覆盖了所有无效等价类。

每次只覆盖一个无效等价类，是因为一个测试用例若覆盖多个无效等价类，那么某些无效等价类可能永远不会被检测到，因为第一个无效等价类的测试可能会屏蔽或终止其他无效等价类的测试执行。例如，软件规格说明规定"每类科技参考书 50～100 册……"，若一个测试用例为"文艺书籍 10 册"，在测试中，很可能检测出书的类型错误，而忽略了书的册数错误。

3.2.2　等价类划分法的测试运用

1. 三角形问题的等价类测试

【例 3.1】　三角形问题是软件测试文献中使用最广泛的一个例子。输入三个整数 a、b 和 c 分别作为三角形的 3 条边，通过程序判断由这 3 条边构成的三角形类型是等边三角形、等腰三角形、一般三角形还是非三角形（不能构成一个三角形）。

假定 3 个输入 a、b 和 c 在 1～100 之间取值，三角形问题可以更详细地描述为"输入 3 个整数 a、b 和 c 分别作为三角形的三条边，要求 a、b 和 c 必须满足以下条件"：

Con1. $1 \leqslant a \leqslant 100$

Con2. $1 \leqslant b \leqslant 100$

Con3. $1 \leqslant c \leqslant 100$

Con4. $a < b + c$

Con5. $b < a + c$

Con6. $c < a + b$

程序输出的是由这 3 条边构成的三角形类型：等边三角形、等腰三角形、一般三角形或非三角形。如果输入值不满足前 3 个条件中的任何一个，则程序给出相应的提示信息，例如，"请输入 1～100 之间的整数"等。如果 a、b 和 c 满足 Con1、Con2 和 Con3，则输出下列 4 种情况之一：

- 如果不满足条件 Con4、Con5 和 Con6 中的任何一个，则程序输出为"非三角形"。
- 如果三条边相等，则程序输出为"等边三角形"。
- 如果恰好有两条边相等，则程序输出为"等腰三角形"。
- 如果三条边都不相等，则程序输出为"一般三角形"。

显然，这四种情况相互排斥。

三角形问题包含了清晰而又复杂的逻辑关系，这正是它经久不衰的主要原因之一。

仔细分析三角形问题，我们可得出其等价类表，如表 3.2 所示。根据等价类表，可设计覆盖上述等价类的测试用例。

表 3.2　三角形问题的等价类

	有效等价类	编号	无效等价类	编号
输入 3 个整数	整数	1	一边为非整数	4
			二边为非整数	5
			三边均为非整数	6
	3 个数	2	只有一条边	7
			只有二条边	8
			多于三条边	9
	$1 \leq a \leq 100$ $1 \leq b \leq 100$ $1 \leq c \leq 100$	3	一边为 0	10
			二边为 0	11
			三边为 0	12
			一边<0	13
			二边<0	14
			三边<0	15
			一边>100	16
			二边>100	17
			三边>100	18

测试用例 Test1=（3，4，5）便可覆盖有效等价类 1～3。

覆盖无效等价类的测试用例如表 3.3 所示。

表 3.3　三角形问题的无效等价类测试用例

测试用例	输入 a，b，c	期望输出	覆盖等价类
Test2	1.5，4，5	提示"请输入 1～100 之间的整数"	4
Test3	3.5，2.5，5	提示"请输入 1～100 之间的整数"	5
Test4	2.5，4.5，5.5	提示"请输入 1～100 之间的整数"	6
Test5	3	提示"请输入三条边长"	7
Test6	4，5	提示"请输入三条边长"	8
Test7	2，3，4，5	提示"请输入三条边长"	9
Test8	3，0，8	提示"边长不能为 0"	10
Test9	0，6，0	提示"边长不能为 0"	11
Test10	0，0，0	提示"边长不能为 0"	12
Test11	−3，4，6	提示"边长不能为负"	13
Test12	2，−7，−5	提示"边长不能为负"	14

（续）

测试用例	输入 a, b, c	期 望 输 出	覆盖等价类
Test13	−3, −5, −7	提示"边长不能为负"	15
Test14	101, 4, 8	提示"请输入 1～100 之间的整数"	16
Test15	3, 101, 101	提示"请输入 1～100 之间的整数"	17
Test16	101, 101, 101	提示"请输入 1～100 之间的整数"	18

在大多数情况下从被测程序的输入域划分等价类，但也可以从输出域定义等价类。事实上，这对于三角形问题是最简单的划分方法。三角形问题有四种可能输出：等边三角形，等腰三角形，一般三角形和非三角形。利用这些信息从输出（值域）划分等价类为：

R1＝{⟨a, b, c⟩：边为 a, b, c 的等边三角形 }
R2＝{⟨a, b, c⟩：边为 a, b, c 的等腰三角形 }
R3＝{⟨a, b, c⟩：边为 a, b, c 的一般三角形 }
R4＝{⟨a, b, c⟩：边 a, b, c 不能形成三角形 }

4 个等价类测试用例如表 3.4 所示。

表 3.4   三角形问题的 4 个等价类测试用例

测试用例	a	b	c	预期输出
Test1	5	5	5	等边三角形
Test2	2	2	3	等腰三角形
Test3	3	4	5	一般三角形
Test4	4	1	2	非三角形

2. 保险公司人寿保险保费计算程序的等价类测试

【例 3.2】某保险公司人寿保险的保费计算方式为：

保费＝投保额 × 保险费率

其中，保险费率根据年龄、性别、婚姻状况和抚养人数的不同而有所不同，体现在不同年龄、性别、婚姻状况和抚养人数，点数设定不同，10 点及 10 点以上保险费率为 0.6%，10 点以下保险费率为 0.1%；而点数又是由投保人的年龄、性别、婚姻状况和抚养人数来决定的，具体规则如表 3.5 所示。

表 3.5   保险公司计算保费费率的规则

年　　龄			性　　别		婚　　姻		抚养人数
20～39	40～59	其他	M	F	已婚	未婚	1 人扣 0.5 点，
6 点	4 点	2 点	4 点	3 点	3 点	5 点	最多扣 3 点

分析程序规格说明中给出和隐含的对输入数据的要求，可以得出：
- 年龄：一位或两位非零整数，取值的有效范围为 1～99。
- 性别：一位英文字符，只能取"M"或"F"值。
- 婚姻：字符，只能取"已婚"或"未婚"。
- 抚养人数：空白或字符"无"或 1～9 之间的一位非零整数。

- 点数：一位或两位非零整数，取值范围为 8～19。

通过对规格说明输入数据的取值分析，可以得出保险公司人寿保险保费计算程序的等价类如表 3.6 所示（包括有效等价类和无效等价类）。

表 3.6　保险公司人寿保险保费计算程序的等价类表

输入条件	有效等价类	编号	无效等价类	编号
年龄	20～39 岁	1		
	40～59 岁	2		
	1～19 岁	3	小于 1	12
	60～99 岁		大于 99	13
性别	M	4	除 M 和 F 之外的其他字符	14
	F	5		
婚姻	已婚	6	除"已婚"和"未婚"之外的其他字符	15
	未婚	7		
抚养人数	空白	8	除空白和"无"和数字之外的其他字符	16
	无	9		
	1～6 人	10	小于 1	17
	6～9 人	11	大于 9	18

根据表 3.6 中的等价类，假设投保额为 1 万元，保险公司人寿保险保费计算程序的等价类测试用例如表 3.7 所示。

表 3.7　保险公司人寿保险保费计算程序的等价类测试用例

测试用例编号	输入数据				预期输出
	年龄	性别	婚姻	抚养人数	保费
1	27	M	已婚	空白	60
2	50	F	未婚	无	60
3	70	M	已婚	1	10
4	27	F	未婚	7	60
5	0	M	已婚	空白	提示"年龄在 1～99 之间"
6	100	F	未婚	无	提示"年龄在 1～99 之间"
7	50	男	已婚	4	提示"性别输入为 M/F"
8	27	M	离婚	7	提示"婚姻为已婚 / 未婚"
9	45	F	已婚	没有	提示"抚养人数为空或无或 1～9 之间整数"
10	62	M	未婚	0	提示"抚养人数为空或无或 1～9 之间整数"
11	30	F	已婚	10	提示"抚养人数为空或无或 1～9 之间整数"

等价类测试存在两个问题：一是规格说明往往没有定义无效测试用例的期望输出应该是什么样的，因此，测试人员需要花费大量时间来定义这些测试用例的期望输出；二是强类型语言没有必要考虑无效输入。传统等价类测试是诸如 FORTRAN 和 COBOL 这样的语言占统治地位年代的产物，那时这种无效输入的故障很常见。事实上，正是由于经常出现这种错误，才促使人们使用强类型语言。

3.3　边界值分析法

大量的软件测试实践表明，故障往往出现在定义域或值域的边界上，而不是其内部。为检测边界附近的处理专门设计测试用例，通常都会取得很好的测试效果。因此边界值分析法是一种很实用的黑盒测试用例方法，具有很强的发现故障的能力。

3.3.1　边界值分析法的原理

1. 边界条件

在软件测试中，边界指一些特殊情况。程序在处理大量中间数值时都是正确，但是在边界处可能出现错误。比如，在进行三角形判断时，要输入三角形的三个边长 a、b 和 c。我们知道：当满足 $a+b>c$、$a+c>b$ 及 $b+c>a$ 时才能构成三角形。但如果把三个不等式的任何一个大于号"$>$"错写成大于等于号"$\geq$"，那就无法构成三角形了。问题恰恰出现在那些容易被疏忽的边界上。

应用边界值分析法设计测试用例，首先要确定边界情况。当边界情况很复杂的时候，要找出适当的边界，还需要针对问题的输入域、输出域边界，耐心细致地逐个进行考虑。刚开始时，我们可能意识不到一组给定数据包含了多少边界。但是仔细分析总可以找到一些不明显的、有趣的或可能产生软件故障的边界。实际上，边界条件就是软件计划的操作界限所在的边缘条件。

一些可能与边界有关的数据类型有数值、速度、字符、地址、位置、尺寸和数量等。同时，考虑这些数据类型的下述特征：

第一个和最后一个，最小值和最大值，开始／完成，超过和在内，空／满，最短／最长，最慢和最快，最早和最迟，最高／最低，相邻／最远等。

这是一些可能出现的边界条件。每一个软件测试问题各不相同，可能包含各式各样的边界条件，应视具体情况而定。

其实边界值和等价类密切相关，输入等价类和输出等价类的边界也是要着重测试的边界情况。在等价类的划分过程中产生了许多等价类边界，边界是最容易出错的地方，所以，从等价类中选取测试数据时应该关注边界值。在等价类划分基础上进行边界值分析测试的基本思想是，选取正好等于、刚刚大于或刚刚小于等价类边界的值作为测试数据，而不是选取等价类中的典型值或任意值作为测试数据。

2. 边界值分析测试

边界值分析测试的基本原理是：错误往往出现在输入变量的边界值附近。例如，当循环条件本应当判断"$\leq$"时，却写成了"$<$"；计数器常常少记一次等。美国陆军（CECOM）对其软件进行了研究，发现有相当一部分故障是由边界值引起的。

为便于理解，这里讨论一个有两个变量 x_1 和 x_2 的程序 P。假设输入变量 x_1 和 x_2 在下列范围内取值：

$$a\leq x_1\leq b, c\leq x_2\leq d$$

边界值分析利用输入变量的最小值（min），稍大于最小值（min+），域内任意值（nom），稍小于最大值（max-）和最大值（max）来设计测试用例。即通过使所有变量取正常值，只使一个变量分别取最小值、稍大于最小值、稍小于最大值和最大值来进行，那么，有两个

输入变量的程序 P 的边界值分析测试用例共有 9 个，分别为 $<x_{1nom}, x_{2min}>$，$<x_{1nom}, x_{2min+}>$，$<x_{1nom}, x_{2nom}>$，$<x_{1nom}, x_{2max-}>$，$<x_{1nom}, x_{2max}>$，$<x_{1min}, x_{2nom}>$，$<x_{1min+}, x_{2nom}>$，$<x_{1max-}, x_{2nom}>$，$<x_{1max}, x_{2nom}>$，如图 3.1 所示。

一个含有 n 个变量的程序，保留其中一个变量，让其余变量取正常值，这个被保留的变量依次取为 min、min+、nom、max- 和 max。对每个变量都重复进行。那么，对于一个 n 变量的程序，边界值分析测试会产生 $4n+1$ 个测试用例。

不管采用什么语言，变量的 min、min+、nom、max-、max 值都根据语境可以很清楚地确定。如果没有显式地给出边界，例如三角形问题，可以人为地设定一个边界。显然，边长

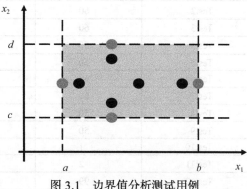

图 3.1 边界值分析测试用例

的下界是 1（边长为负没有什么意义）。但如何来确定上界呢？在默认情况下，可以取最大可表示的整型值（某些语言里称为 MAXINT），或者规定一个数作为上界，如 100 或 1000。

3. 健壮性边界值测试

健壮性测试是边界值分析的一种扩展：变量除了取 min、min+、nom、max-、max 五个边界值外，还要考虑采用一个略超过最大值（max+）以及一个略小于最小值（min-）的取值，看看超过极限值时系统会出现什么情况。对于一个有两个输入变量的程序而言，健壮性测试用例的选取如图 3.2 所示。对于一个含有 n 个变量的程序，保留其中一个变量，让其余变量取正常值，这个被保留的变量依次取值 min-、min、min+、nom、max-、max 和 max+，每个变量重复进行，则健壮性边界值测试将产生 $6n+1$ 个测试用例。

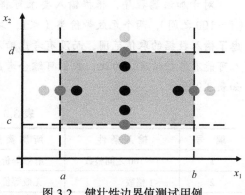

图 3.2 健壮性边界值测试用例

边界值分析的大部分讨论都可直接用于健壮性测试。健壮性测试最有意义的部分不是输入，而是预期的输出，观察例外情况如何处理。例如，当物理量超过其最大值时会出现什么情况？如果是飞机机翼的仰角超过其最大值，则飞机可能失控；如果是公共电梯的负荷能力超过其最大值，可能出现可怕的情形。对于强类型语言，健壮性测试可能比较困难。例如在 C 语言中，如果给定变量的取值范围，则超过这个范围的取值都会产生故障。

3.3.2 边界值分析法的测试运用

1. 三角形问题的边界值分析测试用例设计

【例 3.3】 在三角形问题中，除了要求边长是整数外，没有给出其他的限制条件。可假设输入在 1～100 之间取值，则边长下界为 1，上界为 100。表 3.8 给出了其边界值分析测试用例。

表3.8　边界值分析测试用例

测 试 用 例	*a*	*b*	*c*	预 期 输 出
Test1	60	60	1	等腰三角形
Test2	60	60	2	等腰三角形
Test3	60	60	60	等边三角形
Test4	50	50	99	等腰三角形
Test5	50	50	100	非三角形
Test6	60	1	60	等腰三角形
Test7	60	2	60	等腰三角形
Test8	50	99	50	等腰三角形
Test9	50	100	50	非三角形
Test10	1	60	60	等腰三角形
Test11	2	60	60	等腰三角形
Test12	99	50	50	等腰三角形
Test13	100	50	50	非三角形

2. 加法器边界值测试用例设计

【例3.4】 加法器程序计算两个1～100之间整数的和。

对于加法器程序，根据输入要求可将输入空间划分为三个等价类，即一个有效等价类（1～100之间），两个无效等价类（<1，>100）。但这种等价类划分不是很完善，我们只考虑了输入数据的取值范围，而没有考虑输入数据的类型，我们认为输入应为整数，但用户输入可能有各种情况。为此，我们可综合考虑输入数据的取值范围和类型划分等价类，其结果如表3.9所示。

表3.9　加法器等价类

编　号	输 入 条 件	所 属 类 别	编　号	输 入 条 件	所 属 类 别
1	1～100之间整数	有效等价类	5	非数值（字母）	无效等价类
2	<1整数	无效等价类	6	非数值（特殊字符）	无效等价类
3	>100整数	无效等价类	7	非数值（空格）	无效等价类
4	小数	无效等价类	8	非数值（空白）	无效等价类

在等价类划分基础上进行边界值分析测试，着重测试的是等价类的边界。在表3.9加法器等价类的基础上进行边界值测试，每次使一个变量取边界值，其他变量取正常值，可设计出如表3.10所示的边界测试用例。

表3.10　加法器边界测试用例

测 试 用 例	输 入 数 据		预 期 输 出
	加数1	加数2	和
Test1	1	50	51
Test2	2	50	52
Test3	99	50	149
Test4	100	50	150

（续）

| 测试用例 | 输入数据 | | 预期输出 |
	加数 1	加数 2	和
Test5	50	1	51
Test6	50	2	52
Test7	50	99	149
Test8	50	100	150
Test9	0	50	提示"请输入 1~100 间的整数"
Test10	50	0	提示"请输入 1~100 间的整数"
Test11	101	50	提示"请输入 1~100 间的整数"
Test12	50	101	提示"请输入 1~100 间的整数"
Test13	0.2	50	提示"请输入 1~100 间的整数"
Test14	50	0.2	提示"请输入 1~100 间的整数"
Test15	A	50	提示"请输入 1~100 间的整数"
Test16	50	A	提示"请输入 1~100 间的整数"
Test17	@	50	提示"请输入 1~100 间的整数"
Test18	50	@	提示"请输入 1~100 间的整数"
Test19	空格	50	提示"请输入 1~100 间的整数"
Test20	50	空格	提示"请输入 1~100 间的整数"
Test21		50	提示"请输入 1~100 间的整数"
Test22	50		提示"请输入 1~100 间的整数"

应用边界值分析法进行测试用例设计时，应遵循以下一些原则：

1）如果输入条件对取值范围进行了限定，则应以边界内部以及刚超出范围边界外的值作为测试用例。

2）如果对取值的个数进行了界定，则应分别以最大、稍小于最大、稍大于最大、最小、稍小于最小、稍大于最小的个数作为测试用例。

3）对于输出条件，同样可以应用上面提到的两条原则来进行测试用例设计。

4）如果程序规格说明书中指明输入或者输出域是一个有序的集合，如顺序文件、表格等，则应注意选取有序集合中的第一个和最后一个元素作为测试用例。

3.4　因果图法

等价类划分法和边界值分析方法都是着重考虑输入条件，如果程序输入之间没有什么联系，采用等价类划分和边界值分析是一种比较有效的方法。但如果输入之间有关系，例如，约束关系、组合关系，这种关系用等价类划分和边界值分析是很难描述的，测试效果难以保障，因此必须考虑使用一种适合于描述对于多种条件的组合，产生多个相应动作的测试方法，因果图正是在此背景下提出的。

3.4.1 因果图法的原理

采用因果图分析方法可以帮助测试人员按照一定的步骤，高效率地开发测试用例，以检测程序输入条件的各种组合情况。它是将自然语言规格说明转化成形式语言规格说明的一种严格的方法，还可以指出规格说明中存在的不完整性和二义性。

1. 因果图

因果图中使用了简单的逻辑符号，以直线连接左右结点。左结点表示输入状态（或称原因），右结点表示输出状态（或称结果）。因果图用 4 种符号分别表示规格说明中的 4 种因果关系。图 3.3 给出了因果图中常用的 4 种符号所代表的因果关系。图 3.3 中 c_i 表示原因，通常位于图的左部；e_i 表示结果，位于图的右部。c_i 和 e_i 都可取值 0 或 1，0 表示某状态不出现，1 表示某状态出现：

- 恒等：若 c_1 是 1，则 e_1 也是 1；否则 e_1 为 0。
- 非（～）：若 c_1 是 1，则 e_1 是 0；否则 e_1 为 1。
- 或（∧）：若 c_1 或 c_2 或 c_3 是 1，则 e_1 是 1；否则 e_1 为 0。"或"可以有任意个输入。
- 与（∨）：若 c_1 和 c_2 都是 1，则 e_1 为 1；否则 e_1 为 0。"与"也可以有任意个输入。

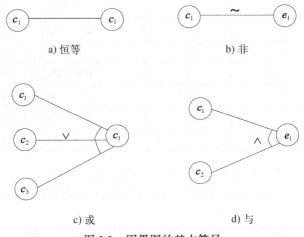

图 3.3　因果图的基本符号

在实际问题中，输入状态之间还可能存在某些依赖关系，称之为**约束**。例如，某些输入条件不可能同时出现。而这些关系对测试来说是非常重要的，多个输出之间也可能有强制的约束关系，在因果图中，用特定的符号标明这些约束，如图 3.4 所示。

对于输入条件的约束有以下 4 类：

- **E 约束**（Exclusive，异或）：a 和 b 中最多只能有一个为 1，即 a 和 b 不能同时为 1。
- **I 约束**（Inclusive，或）：a、b 和 c 中至少有一个为 1，即 a、b 和 c 不能同时为 0。
- **O 约束**（Only one，唯一）：a 和 b 必须有一个，且仅有一个为 1。
- **R 约束**（Require，要求）：a 是 1 时，b 必须是 1，即当 a 是 1 时，b 不能是 0。

输出条件的约束只有 M 约束；

M 约束（Mask，强制）：若结果 a 是 1，则结果 b 强制为 0。

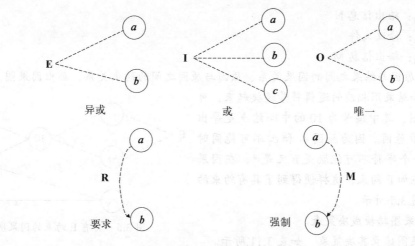

图 3.4　约束符号

2. 因果图法测试用例的设计步骤

因果图法基于这样的一种思想：一些程序根据输入条件的组合情况规定相应的操作。因此，可以考虑从程序规格说明书的描述中找到因（输入条件）和果（输出条件或程序状态的改变）的关系，通过因果图转换为决策表，最后为决策表中的每一列设计一个测试用例，以便测试程序在输入条件的某种组合下的输出是否正确。这种方法考虑到输入情况的各种组合以及各个输入情况之间的制约关系。在实际测试工作中，对于较为复杂的问题，这个方法常常十分有效，能够顺利确定测试用例。

利用因果图生成测试用例的基本步骤如下：

1）确定软件规格中的原因和结果。分析规格说明中哪些是原因（即输入条件或输入条件的等价类），哪些是结果（即输出条件），并给每个原因和结果赋予一个标识符。

2）确定原因和结果之间的逻辑关系。分析软件规格说明中的语义，找出原因与结果之间、原因与原因之间对应的关系，根据这些关系画出因果图。

3）确定因果图中的各个约束。由于语法或环境的限制，有些原因与原因之间、原因与结果之间的组合情况不可能出现。为表明这些特殊情况，在因果图上用一些记号标明约束或限制条件。

4）把因果图转换为决策表。

5）根据决策表设计测试用例。

3.4.2　因果图法的测试运用

【例 3.5】 某软件规格说明书规定：输入的第一个字符必须是 # 或 *，第二个字符必须是一个数字，在此情况下进行文件的修改；如果第一个字符不是 # 或 *，则给出信息 N，如果第二个字符不是数字，则给出信息 M。

测试设计步骤如下：

1）分析软件规格说明书，找出原因和结果。

原因：c_1：第一个字符是 #

　　　c_2：第一个字符是 *

　　　c_3：第二个字符是一个数字

结果：e_1：给出信息 N

e_2：修改文件

e_3：给出信息 M

2）找出原因与结果之间的因果关系、原因与原因之间的约束关系，画出因果图。

将原因和结果用相应的逻辑符号连接起来，可得到其因果图，其中编号为 10 的中间结点是导出结果的进一步原因。因为原因 c_1 和 c_2 不可能同时为 1，即第一个字符不可能既是 # 又是 *，在因果图上可对其施加 E 约束，这样便得到了具有约束的因果图，如图 3.5 所示。

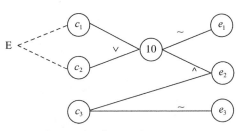

3）将因果图转换成决策表。

图 3.5　具有 E 约束的因果图

根据因果图建立其决策表，如表 3.11 所示。

表 3.11　根据因果图建立的决策表

	1	2	3	4	5	6	7	8
条件：								
c_1	1	1	1	1	0	0	0	0
c_2	1	1	0	0	1	1	0	0
c_3	1	0	1	0	1	0	1	0
10			1	1	1	1	0	0
动作：								
e_1							√	√
e_2			√		√			
e_3				√		√		√
不可能	√	√						

4）根据决策表设计测试用例的输入数据和预期输出。

表 3.11 中 8 种情况的最左面两列，原因 c_1 和 c_2 同时为 1，这是不可能的，故应排除这两种情况。根据该表，我们可设计出 6 个测试用例，如表 3.12 所示。

表 3.12　依据决策表设计的测试用例

测试用例编号	输入数据	预期输出
1	#3	修改文件
2	#A	给出信息 M
3	*6	修改文件
4	*B	给出信息 M
5	A1	给出信息 N
6	GT	给出信息 N 和信息 M

以上只是因果图应用的一个简单例子，但不要以为因果图是多余的。事实上，在较为复杂的问题中，这个方法常常十分有效，它能帮助我们检查输入条件组合，设计出非冗余、高效的测试用例。当然，如果开发项目在设计阶段就采用了决策表，就不必再画因果图，可以直接利用决策表设计测试用例。

3.5　决策表法

在所有的黑盒测试方法中，基于决策表的测试是最严格、最具有逻辑性的测试方法。

3.5.1　决策表法的原理

决策表并不是因果图的一个辅助工具，在一个程序中，如果输入输出比较多，输入之间、输出之间相互制约的条件比较多，在这种情况下应用决策表很合适，它可以更清楚地表达它们之间的各种复杂关系。从 20 世纪 60 年代初以来，决策表一直被用来表示和分析复杂的逻辑关系，描述不同条件集合下采取行动的若干组合情况。

1. 决策表

决策表是把作为条件的所有输入的各种组合值以及对应输出值都罗列出来而形成的表格。它能够将复杂的问题按照各种可能的情况全部列举出来，简明并避免遗漏。因此，利用决策表能够设计出完整的测试用例集合。例如，表 3.13 是本书的一张名为"阅读指南"的决策表，若回答肯定，标注"Y"（取真值），若回答否定，标注"N"（取假值）。

表 3.13　本书"阅读指南"

规　则		选　项															
		1	2	3	4	5	6	7	8	9	10	11	12	13	14	15	16
问题	能编写程序?	N	N	N	N	N	N	N	N	Y	Y	Y	Y	Y	Y	Y	Y
	熟悉软件工程?	N	N	N	N	Y	Y	Y	Y	N	N	N	N	Y	Y	Y	Y
	对书中内容感兴趣?	N	N	Y	Y	N	N	Y	Y	N	N	Y	Y	N	N	Y	Y
	理解书中内容?	N	Y	N	Y	N	Y	N	Y	N	Y	N	Y	N	Y	N	Y
建议	学习 C/C++ 语言		√	√	√		√	√									
	学习软件工程		√	√							√		√				
	继续阅读		√	√			√	√	√							√	√
	放弃学习	√				√								√	√		

决策表通常由条件桩、条件项、动作桩和动作项 4 部分组成，如图 3.6 所示。

- **条件桩**：列出所有可能的问题（条件）。
- **条件项**：针对条件桩给出的条件列出所有可能的取值。
- **动作桩**：列出问题规定可能采取的操作。
- **动作项**：指出在条件项的各组取值情况下应采取的动作。

动作项和条件项紧密相关，指出在条件项的各组取值情况下应采取的动作。我们把任何一个条件组合的特定取值及其相应要执行的操作称为一条规则。在决策表中贯穿条件项和动作项的一列就是一条规则。显然，决策表中列出多少组条件取值，就有多少条规则。

除了某些问题对条件的先后次序有特定的要求外，通常决策表中列出的条件其先后次序无关

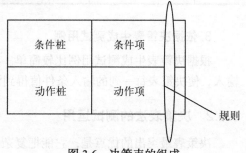

图 3.6　决策表的组成

紧要，动作桩给出操作的排列顺序一般也没有什么约束，但为了便于阅读，也可令其按适当的顺序排列。

2. 决策表的构造及化简

构造决策表可采用以下 5 个步骤：

1）列出所有的条件桩和动作桩。

2）确定规则的个数。

3）填入条件项。

4）填入动作项，得到初始决策表。

5）简化决策表，合并相似规则。

对于 n 个条件的决策表，相应有 2^n 个规则（每个条件分别取真、假值），当 n 较大时，决策表很烦琐。实际使用决策表时，常常先将它简化。决策表的简化是以合并相似规则为目标。即若表中有两条以上规则具有相同的动作，并且在条件项之间存在极为相似的关系，便可以合并。

例如，在决策表 3.13 中，第 2、4 条规则其动作项一致，条件项中只是第 3 个条件取值不同，其他 3 个条件取值都一致。这一情况表明，无论第 3 个条件取值如何，当其他 3 个条件分别取 N，N，Y 值时，都执行"学习 C/C++ 语言""学习软件工程"和"继续阅读"操作，即要执行的动作与第 3 个条件的取值无关。于是，便可将这两个规则合并，合并后的第 3 个条件项用符号"–"表示与取值无关，称为"无关条件"或"不关心条件"。与此类似，具有相同动作的规则还可进一步合并。简化后的"阅读指南"如表 3.14 所示。

表 3.14　化简后的"阅读指南"

规　　则		选　　项							
		1, 5	2, 4	3	6, 7, 8	9, 11	10, 12	13, 14	15, 16
问题	能编写程序?	N	N	N	N	Y	Y	Y	Y
	熟悉软件工程?	—	N	N	Y	N	N	Y	Y
	对书中内容感兴趣?	N	—	Y	—	—	—	N	Y
	理解书中内容?	N	Y	N	—	N	Y	—	—
建议	学习 C/C++ 语言		√	√	√			—	
	学习软件工程		√	√		√	√		
	继续阅读		√		√		√		√
	放弃学习	√						√	

3. 依据决策表生成测试用例

根据决策表生成测试用例比较简单。在简化或最后的决策表给出之后，只要选择适当的输入，使决策表每一列的输入条件值得到满足即可生成测试用例。

3.5.2 决策表法的测试运用

决策表最突出的优点是，它能把复杂的问题按各种可能的情况一一列举出来，简明而易于理解，同时可以避免遗漏。因此利用决策表可以设计出完整的测试用例集合。使用决策表设计测试用例，可以把条件解释为输入，把动作解释为输出。

下面以 NextDate 函数为例，讨论决策表测试用例的设计。

【**例 3.6**】　NextDate 函数输入为 month（月份）、day（日期）和 year（年），输出为输入后一天的日期。例如，如果输入为 1964 年 8 月 16 日，则输出为 1964 年 8 月 17 日。要求输入变量 month、day 和 year 都是整数值，并且满足以下条件：

Con1. 1≤month≤12

Con2. 1≤day≤31

Con3. 1900≤year≤2050

在 NextDate 函数中有两种复杂性来源：一是所讨论输入域的复杂性，二是确定闰年的规则。一年有 365.242 2 天，因此，闰年被用来解决"额外天"的问题。

NextDate 函数的三个变量之间存在一定的逻辑依赖关系，由于等价类划分和边界值分析测试都假设变量是独立的，如果采用上述两种方法设计测试用例，那么这些依赖关系在机械地选取输入值时可能会丢失。而采用决策表法则可以通过使用"不可能动作"的概念表示条件的不可能组合，来强调这种依赖关系。

为了获得下一个日期，NextDate 函数需要执行的操作只有如下 5 种：

• day 变量值加 1

• day 变量值复位为 1

• month 变量值加 1

• month 变量值复位为 1

• year 变量值加 1

如果将注意力集中到 NextDate 函数的日和月问题上，并仔细研究动作桩。可以在以下的等价类集合上建立决策表：

M_1：{month：month 有 30 天 }

M_2：{month：month 有 31 天，12 月除外 }

M_3：{month：month 有 12 月 }

M_4：{month：month 是 2 月 }

D_1：{day：1≤day≤27}

D_2：{day：day=28}

D_3：{day：day=29}

D_4：{day：day=30}

D_5：{day：day=31}

Y_1：{year：year 是闰年 }

Y_2：{year：year 不是闰年 }

建立 NextDate 函数的决策表如表 3.15 所示，共有 22 条规则。其中规则 1～5 处理有 30 天的月份，规则 6～10 和规则 11～15 处理有 31 天的月份（规则 6～10 处理 12 月之外的月份，规则 11～15 处理 12 月），不可能规则也在决策表中列出，比如规则 5（在有 30 天的月份中考虑 31 日）。最后 7 条规则关注的是 2 月和闰年。

表 3.15   NextDate 函数的决策表

选 项		规 则										
		1	2	3	4	5	6	7	8	9	10	11
条件	C_1: month 在	M_1	M_1	M_1	M_1	M_1	M_2	M_2	M_2	M_2	M_2	M_3
	C_2: day 在	D_1	D_2	D_3	D_4	D_5	D_1	D_2	D_3	D_4	D_5	D_1
	C_3: year 在	—	—	—	—	—	—	—	—	—	—	—
动作	A_1: 不可能					√						
	A_2: day 加 1	√	√	√			√	√	√	√		√
	A_3: day 复位				√						√	
	A_4: month 加 1				√						√	
	A_5: month 复位											
	A_6: year 加 1											

选 项		规 则										
		12	13	14	15	16	17	18	19	20	21	22
条件	C_1: month 在	M_3	M_3	M_3	M_3	M_4	M_4	M_4	M_4	M_4	M_4	M_4
	C_2: day 在	D_2	D_3	D_4	D_5	D_1	D_2	D_2	D_3	D_3	D_4	D_5
	C_3: year 在	—	—	—	—	—	Y_1	Y_2	Y_1	Y_2	—	—
动作	A_1: 不可能									√	√	√
	A_2: day 加 1	√	√	√		√	√					
	A_3: day 复位				√			√	√			
	A_4: month 加 1							√	√			
	A_5: month 复位				√							
	A_6: year 加 1				√							

可进一步简化这 22 个测试用例。如果决策表中两条规则的动作项相同，则一定至少有一个条件能够把两条规则用不关心条件合并。例如，规则 1、2 和 3 涉及有 30 天的月份的 day 类 D_1、D_2 和 D_3，并且它们的动作项都是 day 加 1，则可以将规则 1、2 和 3 合并。类似地，有 31 天的月份的 day 类 D_1、D_2、D_3 和 D_4 也可以合并，2 月的 D_4 和 D_5 也可以合并。简化后的决策表如表 3.16 所示。

表 3.16   NextDate 函数的简化决策表

选 项		规 则												
		1~3	4	5	6~9	10	11~14	15	16	17	18	19	20	21~22
条件	C_1: month 在	M_1	M_1	M_1	M_2	M_2	M_3	M_3	M_4	M_4	M_4	M_4	M_4	M_4
	C_2: day 在	D_1~D_3	D_4	D_5	D_1~D_4	D_5	D_1~D_4	D_5	D_1	D_2	D_2	D_3	D_3	D_4, D_5
	C_3: year 在	—	—	—	—	—	—	—	—	Y_1	Y_2	Y_1	Y_2	—
动作	A_1: 不可能			√									√	√
	A_2: day 加 1	√			√		√		√	√				
	A_3: day 复位		√					√			√	√		
	month 加 1		√								√	√		
	month 复位							√						
	A_6: year 加 1							√						

根据简化后的决策表 3.16，可设计测试用例如表 3.17 所示。

表 3.17 NextDate 函数的决策表测试用例

测 试 用 例	month	day	year	预 期 输 出
Test1～3	6	16	2001	17/6/2001
Test4	6	30	2001	1/7/2001
Test5	6	31	2001	不可能
Test6～9	1	16	2001	17/1/2001
Test10	1	31	2001	1/2/2001
Test11～14	12	16	2001	17/12/2001
Test15	12	31	2002	1/1/2002
Test16	2	16	2001	17/2/2001
Test17	2	28	2004	29/2/2004
Test18	2	28	2001	1/3/2001
Test19	2	29	2004	1/3/2004
Test20	2	29	2001	不可能
Test21～22	2	30	2001	不可能

3.6 黑盒测试方法的比较与选择

上面讨论了几种典型的黑盒测试方法，这些测试方法的共同特点是，它们都把程序看作一个打不开的黑盒，只知道输入到输出的映射关系，根据软件规格说明设计测试用例。在等价类分析测试中，通过等价类划分来减少测试用例的绝对数量。边界值分析方法则通过分析输入变量的边界值域设计测试用例。在因果图测试方法和决策表测试中，通过分析被测程序的逻辑依赖关系构造决策表，进而设计测试用例。那么，哪种测试方法最好？如何有效地选择测试方法？下面从测试工作量、测试有效性两方面来讨论，它们是进行有效测试的关键。

1. 测试工作量

主要以边界值分析、等价类划分和决策表测试方法来讨论它们的测试工作量，即生成测试用例的数量与开发这些测试用例所需的工作量。图 3.7 给出了这三种测试方法的测试用例数量的曲线。

边界值分析测试方法不考虑数据或逻辑依赖关系，它机械地根据各边界生成测试用例。等价类划分测试方法则关注数据依赖关系和函数本身，需要借助于判断和技巧，考虑如何划分等价类，随后也是机械地从等价类中选取测试输入，生成测试用例。决策表技术最精细，它要求测试人员既要考虑数据，又要考虑逻辑依赖关系。当然，也许要经历几次尝试才能得到令人满意的决策表，但是如果有了一个良好的条件集合，所得到的测试用例就是完备的，在一定意义上讲也是最少的。图 3.8 则说明了由每种方法设计测试用例的工作量曲线。由此可以看出，决策表测试用例生成所需的工作量最大。

边界值分析测试方法使用简单，但会生成大量测试用例，机器执行时间很长。如果将精力投入更精细的测试方法，如决策表方法，那么测试用例生成花费了大量的时间，但生成的测试用例数少，机器执行时间短。这一点很重要，因为一般测试用例都要执行多次。测试方法研究的目的就是在开发测试用例工作量和测试执行工作量之间做一个令人满意的折中。

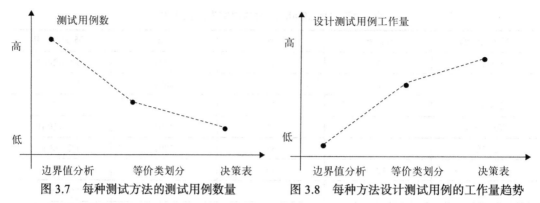

图 3.7   每种测试方法的测试用例数量   图 3.8   每种方法设计测试用例的工作量趋势

2. 测试有效性

关于测试用例集合，人们真正想知道的是它们的测试效果如何，即一组测试用例找出程序中缺陷的效率如何。但是，解释测试有效性很困难。因为我们不知道程序中的所有故障，也不可能知道给定方法所产生的测试用例是否能够发现这些故障。我们所能做的，只是根据不同类型的故障，选择最有可能发现这种缺陷的测试方法（包括白盒测试）。根据最可能出现的故障种类，分析得到可提高测试有效性的实用方法。通过跟踪所开发软件中的故障的种类和密度，也可以改进这种方法。当然，这需要测试经验和技巧。

最好的办法是利用程序的已知属性，选择处理这种属性的测试方法，在选择黑盒测试方法时，一些经常用到的属性有：

- 变量表示物理量还是逻辑量？
- 在变量之间是否存在依赖关系？
- 是否有大量的例外处理？

下面给出一些黑盒测试方法选取的初步的"专家系统"：

- 如果变量引用的是物理量，可采用边界值分析测试和等价类测试。
- 如果变量是独立的，可采用边界值分析测试和等价类测试。
- 如果变量不是独立的，可采用决策表测试。
- 如果可保证是单缺陷假设，可采用边界值分析和健壮性测试。
- 如果可保证是多缺陷假设，可采用边界值分析测试和决策表测试。
- 如果程序包含大量例外处理，可采用健壮性测试和决策表测试。
- 如果变量引用的是逻辑量，可采用等价类测试和决策表测试。

3.7   黑盒测试工具介绍

黑盒测试工具是指测试软件功能和性能的工具，主要用于集成测试、系统测试和验收测试。本节主要介绍几款常用的功能测试工具，性能测试工具则在第 6 章中介绍。

3.7.1   黑盒测试工具概要

黑盒测试是在已知软件产品应具有的功能的条件下，在完全不考虑被测程序内部结构和内部特性的情况下，通过测试来检测每个功能是否都按照需求规格说明的规定正常使用。

黑盒测试工具又分为功能测试工具和性能测试工具。

- **功能测试工具**主要用于检测被测程序能否达到预期的功能要求并能正常运行。

- **性能测试工具**主要用于确定软件和系统性能。例如，用于自动多用户客户 / 服务器加载测试和性能测量，用来生成、控制并分析客户 / 服务器应用的性能等。这类测试工具在客户端主要关注应用的业务逻辑、用户界面和功能测试方面，在服务器端主要关注服务器的性能、系统的响应时间、事务处理速度和其他对时间敏感的方面的测试。

功能测试工具一般采用脚本录制（Record）/ 回放（Playback）原理，模拟用户的操作，然后将被测系统的输出记录下来，并同预先给定的标准结果进行比较。在回归测试中使用功能测试工具，可以大大减轻测试人员的工作量，提高测试效果。比如，如果我们对某软件设计了 1000 个测试用例，并在其 1.0 版本上执行了这 1000 个测试用例。当回归测试 2.0 版本时，则要重新测试这 1000 个测试用例。如果软件有 10 个版本，理论上则应测试 10×1000 个测试用例。如果能利用功能测试工具，将在 1.0 版本中所做的测试录制下来，则在后续的回归测试中就可以用工具去自动回放，进行测试，将测试人员从单调、重复的工作中解脱出来。但因版本之间的改动，可能会导致上一个版本所录制的脚本不一定完全适用于新的版本，这就要求测试人员根据变动来修改测试脚本和测试用例。因此，功能测试工具不太适合于版本变动较大的软件。

目前市场上专业开发黑盒测试工具的公司很多，但以 Mercury Interactive、IBM Rational 和 Compuware 公司开发的软件测试工具为主导，这 3 家世界著名软件公司的任何一款黑盒测试工具都可以构成一个完整的软件测试解决方案。

下面主要介绍这三家公司的一些主流黑盒功能测试工具，如 Mercury Interactive 公司的 WinRunner，IBM Rational 公司的 TeamTest 和 Robot，Compuware 公司的 QACenter 等。

3.7.2 黑盒功能测试工具——QTP

QTP（QuickTest Professional）是 MI 公司继 WinRunner 之后开发的又一款功能测试工具。近两年 QTP 的市场占有率逐渐提高，大有取代传统霸主 WinRunner 之势。QTP 与 WinRunner 的使用方法很相似，但拥有更强大的竞争力。

QTP 属于新一代自动化测试解决方案，能够支持所有常用环境的功能测试，包括 Windows 标准应用程序、各种 Web 对象、.Net、Visual Basic 应用程序、ActiveX 控件、Java、Siebel、Oracle、PeopleSoft、SAP 应用和终端模拟器等。QTP 提供有演示版、单机版和网络版。演示版拥有 14 天的使用权，安装单机版的机器则必须购买一个单独的 License，网络版则需要安装在服务器上，只要服务器安装了网络版的 QTP，局域网中的其他用户就可以通过服务器来使用 QTP，所支持的最大用户数由网络版的序列号决定。

QTP 的主界面如图 3.9 所示（与 WinRunner 的主界面明显不同），界面中主要部分元素如下：

- 文件工具栏：包含基本的文件操作快捷方式。
- 测试工具栏：包含与测试脚本相关联的功能按钮，如"开始录制""停止录制""运行脚本"等。
- 测试面板：是显示测试结果的主体部分，包括两个标签，即关键字视图（控件视图）和专家视图（脚本视图）。图中显示的是关键字视图，录制生成的脚本可以在脚本视图中看到，可以在此视图中直接修改生成的脚本，适合对 VB 脚本和 QTP 函数比较熟悉的测试人员使用。
- 数据表格：用于存储和管理某个测试对象的各种不同数值，提供自动化测试脚本所

需的输入数据或者校验数据。实际上是一个 Excel 文件，指向测试脚本文件目录下的
Default.xls 文件，可以直接在 Excel 中编辑数据，将测试对象的数值参数化。

• 活动屏幕：录制脚本时生成。运行脚本时，能够实时显示运行软件的各个界面。

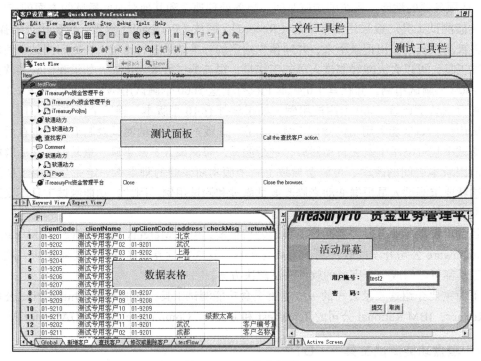

图 3.9　QTP 的主界面

在关键字视图中共有四列内容，分别是 Item、Operation、Value 和 Documentation。
Item 是指录制过程中的窗体、控件等各种对象，有对话框、文本框、命令框、下拉列表等。
选择某个对象，可以改变对象的类型。Operation 是指用户对对象的操作动作，用户可以加
以修改。比如，对文本框有 Set 操作，对于下拉列表有 Select 操作等。Value 是对象所对应
的具体值。用户可直接在上面进行修改，也可对某个对象进行参数化设置。Documentation
是对该操作的文字说明。

QTP 的测试流程与 WinRunner 类似，大致分为设计测试用例、创建测试脚本、编辑测
试脚本、运行测试和分析测试结果五个步骤。

1. 设计测试用例

QTP 是一个功能测试工具，可以帮助测试人员完成软件的功能测试，与其他测试工具
一样，QTP 不能完全取代测试人员的手工操作。在测试用例计划阶段，首先要做的就是分
析被测应用的特点，决定应该对哪些功能点进行测试，设计出相应的测试用例。然后根据
QTP 的功能特点和实现成本，决定哪些用例手工执行，哪些用例使用 QTP 执行，并分析那
些需要实现的自动化测试过程，合理安排录制脚本的顺序，尽量使生成的脚本可以复用，当
然，这需要经验的积累。

2. 创建测试脚本

当在 Web 页面或者其他应用程序执行操作时，QTP 的自动录制机制能够将测试人员的

每一个操作步骤及被操作的对象记录下来，自动生成测试脚本语句。与 WinRunner 录制脚本有所不同的是，QTP 除了生成脚本语句以外，还将被操作的对象及相应的动作按照层次和顺序保存在一个基于表格的关键字视图中。图 3.10 为一个操作录制完毕后的关键字视图。

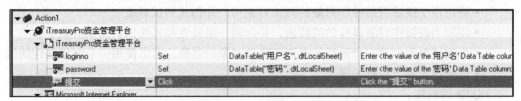

图 3.10　一个操作录制完毕后的关键字视图

3. 编辑测试脚本

录制脚本只是实现创建或者设计脚本的第一步，基本的脚本录制完毕后，测试人员可以根据需要增加一些扩展功能，QTP 允许测试人员通过在脚本中增加或更改测试步骤来修正或自定义测试流程，如增加多种类型的检查点功能，这样 QTP 既可以检查程序在某个特定位置或对话框中是否出现了要求的文字，还可以检查一个链接是否返回了正确的 URL 地址等。QTP 还可以在数据表格中输入预先设计好的多组测试数据，使用多组不同的数据驱动整个测试过程。

4. 运行测试

在数据表格中输入预先设计好的测试数据后，就可以执行编辑好的测试脚本。QTP 从脚本的第一行开始执行语句，运行过程中会对设置的检查点进行验证，用实际数据代替参数值，并给出相应的输出结果信息。测试过程中测试人员还可以调试自己的脚本，直到脚本完全符合要求为止。测试脚本的运行过程中，可以在 QTP 的主界面右下角的"活动屏幕"中看到每个界面的截图。

5. 分析测试结果

执行完测试数据或意外中断，测试执行结束，QTP 会自动生成一份详细完整的测试结果报告。测试报告也是一个树形结构，需要注意标记为"X"的报告项。如果有标记为"X"的报告项，则可能是执行脚本出错，也可能是检查点校验没有通过，可能是一个缺陷，这时需要查看出错的原因或重新录制。

通过录制的方法生成测试脚本，往往不能把页面的所有 Web 对象都录下来，需要手动添加一些对象和步骤。一般来说，QTP 提供了两种添加步骤的方式来创建测试或组件：

- 在应用程序或网站上录制会话。
- 建立对象库并使用这些对象在关键字视图或专家视图中手动添加步骤。

QTP 中所有的操作都是基于对象来完成的，如果想在关键字视图或者专家视图中手动添加步骤，则必须对对象模型有一定的了解。所以，QTP 涉及的关键技术有：

1）测试对象模型——测试对象模型是 QTP 用来描述应用程序或 Web 页面中对象的一组对象类。每个测试对象类都有一个可以唯一确定该类对象的属性列表，以及一组 QTP 可以对其进行录制的方法，包括测试对象和运行时对象。

2）测试对象——测试对象是 QTP 在测试中创建的用于描述应用程序实际对象的对象，QTP 存储这些信息用来在运行时识别和检查对象。

3）运行时对象——运行时对象是应用程序中的实际对象，对象的方法将在运行中被执行。

4）QTP 的录制：

- 确定用于描述当前操作对象的测试对象类，并创建测试对象。
- 读取当前操作对象属性的当前值，并存储一组属性和属性值到测试对象中。
- 为测试对象创建一个独特的有别于其他对象的名称，通常使用一个突出属性的值。
- 记录在对象上执行的操作。

5）QTP 的回放：

- 根据对象的名称到对象存储库中查找相应的对象。
- 读取对象的描述，即对象的属性和属性值。
- 基于对象的描述，QTP 在应用程序中查找相应的对象。
- 执行相关的操作。

QTP 采用了关键字驱动测试的理念，能自动将应用程序的所有操作记录下来，将窗体中的各种控件对象存储在对象仓库中，简化了测试的创建和维护工作。

此外，QTP 适合测试版本比较稳定的软件产品，在一些界面变化不大的回归测试中非常有效，但对于界面变化频率较大的软件，则体现不出 QTP 的优势。

3.7.3　黑盒功能测试工具——Selenium

Web 应用的自动化功能测试指的是完全模拟用户行为，打开浏览器输入网址，进行一些特定的操作并且验证结果。

Selenium 是 ThoughtWorks© 编写的用于 Web 应用程序进行功能测试的工具。Selenium 测试直接运行在浏览器中，能够模拟真实的用户的操作。这个工具的主要功能包括：测试与浏览器的兼容性——测试你的应用程序是否能够很好地工作在不同浏览器和操作系统之上。测试系统功能——创建回归测试检验软件功能和用户需求。利用 Selenium 框架可以在多种平台（Windows、Linux 和 Macintosh）内核（Internet Explorer、Mozilla、Firefox、Safari）的浏览器中测试 Web 应用，使应用更加可靠。

1. 原理

Selenium 的核心是一个名为 Browser bot 的命令执行器，Browser bot 是用 Java Script 语言开发的，利用 JavaScript 对浏览器进行操作，由此实现了对不同浏览器的支持。Selenium 提供两种模式与 Browser bot 进行通信：Test Runner 模式、Driven 脚本模式。

Test Runner 模式——Selenium test runner 脚本，也称测试用例（test case），是用 HTML 语言通过一个简单的表布局编写的，可以通过 Selenium IDE 进行录制，直接操作 Browser bot。Test Runner 模式直接运行在浏览器中，相对 Driven 脚本模式更加直观，但是能够实现的功能有限。

Driven 脚本模式——Selenium driven 脚本是用多种受支持的高级编程语言编写的，目前可用的有 Java、Ruby 和 Python，只需要引入相应的扩展包，就可以在高级编程语言中操作 Browser bot。Driven 脚本模式需要在浏览器之外的进程运行，与浏览器中的 Browser bot 进行通信来驱动浏览器。为了驱动不同的浏览器，有时还需要借助额外的 Browserdriver 程序。因此 Driven 脚本模式相对 Test Runner 模式更加复杂，因为驱动浏览器以及验证结果的工作需要在 Driven 脚本中完成，一个 Driven 脚本的流程包括：

1）启动服务器。

2）部署所测试的应用程序。

3）部署测试脚本。

4）启动浏览器。

5）发送命令到 Browser bot。

6）验证 Browser bot 执行的结果。

Driven 脚本由于是用高级编程语言编写，所以便于作为测试文件集成在工程目录中进行集成和迭代，可以实现的功能也更加复杂。

2. Selenium 的特点

测试兼容性：Selenium 可以在多种 PC 平台的浏览器上运行，对于测试 Web 应用的兼容性而言十分重要。

移动领域的自动化支持：越来越多的 Web 应用出现在移动平台上，Selenium 可以支持多种移动平台的浏览器。

便于集成在工程项目中：测试脚本可以保存成高级语言用以和工程代码集成在一起，并且支持 Debug 和设置断点。

自动化截图：翻译验证测试是全球化测试的重要组成部分，翻译验证测试的技术支持人员常常需要截取大量的浏览器图片发给各个国家的协同工作人员，自动化截图功能能够极大地提高工作效率。

3. 安装过程

1）以 Firefox 的 Selenium IDE 插件版为例进行说明。登录网站 http://docs.seleniu mhq. org/download/，找到 Selenium IDE，下载完成后 Firefox 会提示是否安装此插件，安装完成之后需要重启 Firefox 使插件生效。

2）在 Firefox 的"附加组件管理器"中可以看到 Selenium IDE，如图 3.11 所示。

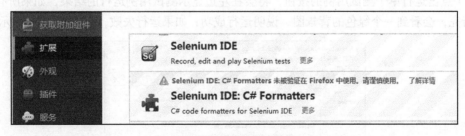

图 3.11 浏览附加组件

3）通过"菜单→开发者"可以打开 Selenium IDE，主窗口如图 3.12 所示。"Base URL"为待测系统开始的 URL 地址。

滑块可以在 Fast 和 Slow 之间移动，控制脚本运行的速度。

运行 IDE 中所有的测试脚本。

运行单个测试脚本和暂停当前测试脚本。

暂停后单步运行。

录制按钮，注意在打开 Selenium IDE 的时候录制按钮已经被按下。

图 3.12   Selenium IDE 主窗口

4. 执行一个测试

现在就可以生成一个测试用例了。这里使用 Selenium IDE 录制 Test runner 模式的测试用例，以上述下载 Selenium 的流程为例。

1）打开 Selenium IDE，修改 Base URL 为待测系统的 URL 地址。在这里输入 http://docs.seleniumhq.org/。

2）单击"Download Selenium"。

3）单击网页中 Selenium Client 的 Java 版本的"Download"链接。

4）测试用例录制成功之后，将会看到图 3.13 所示的结果，在 Selenium IDE 的命令列表中，看到一系列操作以及对应的目标。

5）点击运行单个测试用例的按钮，将会在左边显示测试用例运行的结果，如果所有的命令运行完，会看到一个绿色的背景图，说明运行成功；如果运行失败，Failures 将会显示为 1。

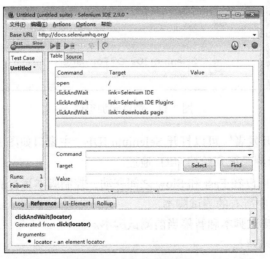

图 3.13   测试用例显示

在实践中，直接录制的脚本可以得到基本的工作流程，利用 Command 的下拉菜单中的其他命令，可以实现更加复杂的定位、验证、断言等操作。

当版本发生变化时执行已有的测试脚本，可以检测新上线的页面是否符合规范说明的要求，提高回归测试的效率。

3.7.4 其他常用功能测试工具

IBM Rational 公司开发的软件测试工具市场占有率仅次于 MI 公司，其功能测试工具主要有 Robot 和 TeamTest。Compuware 公司是全球第四大软件公司，主要从事应用软件开发流程和技术的研究以及相应测试工具的研发，提供以 QACenter 为代表的功能测试工具。

1. IBM Rational 公司的功能测试工具 Robot

Robot 是一个面向对象的软件测试工具，主要针对 Web、ERP 等进行自动功能测试。使用 Robot 非常方便，通过点击鼠标就可以实现 GUI 及各个属性的测试，包括：

- 识别和记录应用程序中的各种对象。
- 跟踪、报告和图形化测试进程中的各种信息。
- 检测、修改各个元素的问题。
- 在记录的同时检查和修改测试脚本。
- 测试脚本可跨平台使用。

利用 Robot 可完成大多数软件的功能和性能测试，它主要通过编写脚本的方式提供自动化测试，可以开发三种测试脚本：用于功能测试的 GUI 脚本，用于性能测试的 VU（虚拟用户）以及 VB（VBScript）脚本。通过记录和回放遍历应用程序的脚本，测试在检查点处的对象状态，Robot 可以测试应用程序的每一个对象以及它们成百上千的属性，执行完整的功能测试，并且这些脚本与平台无关。Robot 可支持各种环境和语言，包括 HTML、DHMTL、Java、Microsoft Visual Basic、Visual C++、Oracle Developer/2000、Delphi、SAP、PeopleSoft 和 Sybase PowerBuilder 等。

此外，Rational TeamTest 是一个针对整个功能测试流程（从编写和维护需求，到创建有效的测试脚本，直至缺陷跟踪），提供全面解决方案的团队测试工具。TeamTest 可以帮助软件开发团队的所有成员实施一套完整有效的测试方法，确保在部署软件之前对其进行全面有效的测试。

使用 TeamTest，测试人员可以为应用程序创建、修改和运行自动化的功能测试和回归测试，这些应用程序可以使用各种语言建立，例如 Java、HTML 和 DHTML、Visual Basic、C++，也可以应用于各种集成开发环境（IDE），例如测试所有本机 Microsoft Studio.NET 控件、Oracle、PeopleSoft 和 PowerBuilder 等。TeamTest 所创建和使用的所有测试资料都存储在中心测试库中，Rational TestManager 提供了对该库的直接访问，并包括了一个功能强大的报告书写器和图形引擎，可以编写各种简明易懂的测试报告。TeamTest 附带的 IBM Rational ClearQuest 是一个功能强大且高度灵活的缺陷和变更跟踪系统，它可以捕获、跟踪和管理所有类型的变更请求。整个项目团队都可以通过 Rational TestManager 来访问这个内置的缺陷跟踪系统，方便了测试人员与开发人员、分析人员以及项目经理之间共享缺陷信息。

2．Compuware 公司的自动黑盒测试工具 QACenter

长期以来，Compuware 一直是为整个企业提供应用测试产品的主要供应商。QACenter 这个主要包括应用测试产品的家族，能够自动地帮助管理测试过程，快速分析和调试程序，能够针对回归测试、强度测试、单元测试、并发测试、集成测试、移植测试、容量和负载测试建立测试用例，自动执行测试并产生相应的文档。

QACenter 主要包括：功能测试工具 QARun、性能测试工具 QALoad、可用性管理工具 EcoTools 和性能优化工具 EcoScope。

（1）功能测试工具 QARun

在 QACenter 测试产品套件中，QARun 模块主要用于客户 / 服务器应用客户端的功能测试。在功能测试中，主要包括对系统的 GUI（图形用户界面）进行测试以及对客户端事物逻辑进行测试。不断变化的需求将导致不同版本的产生，每一个版本都需要进行测试，而且每一个被修改的地方往往是最容易发生故障的地方，回归测试是测试中最重要的测试，QARun 可以为回归测试提供支持。

QARun 的测试实现方式是通过鼠标移动、键盘点击操作被测系统，既而得到相应的测试脚本，对该脚本进行编辑和调试。在记录过程中针对被测系统中所包含的功能点进行基线值的建立，换句话说就是在插入检查点的同时建立期望输出值。通常，检查点在 QARun 提示目标系统执行一系列事件之后被执行。检查点可以确定实际结果与期望结果是否相同。

（2）性能测试工具 QALoad

QALoad 是一个负载测试工具，该工具支持的范围广、测试的内容多，可以帮助软件测试人员，开发人员和系统管理人员对于分布式的被测程序进行有效的负载测试。负载测试能够模拟大批量用户的活动，从而发现在大量用户负载下对 C/S 系统的影响。

测试人员只需操作被测系统，执行关键性能的事务处理，然后在 QALoad 脚本中通过服务器调用系统的需求类型，开发相应的事务处理，创建完整的功能脚本。QALoad 的测试脚本开发由捕获会话、转换捕获会话到脚本，以及修改和编译脚本等一系列过程组成。一旦脚本编译通过，使用 QALoad 的机构把脚本分配到测试环境的相应机器上，驱动多个 play agent 模拟大量用户的并发操作，实施系统的负载测试，完全减轻了以往大量的人工工作，节省了时间，提高了效率。

（3）可用性管理工具 EcoTools

性能测试完成之后，应对系统的可用性进行分析。很多因素影响系统的可用性，用户的桌面、网络、服务器、数据库环境以及各式各样的子组件都可以链接在一起。任何一个组件都可能造成整个系统对最终用户不可用。

EcoTools 提供了一个范围广泛的打包的 Agent 和 Scenarios，可以在测试或生产环境中激活，计划和管理以商务为中心的系统的可用性，当在服务器上设置加载测试时，QALoad 是一个很好的工具，但不能承担诊断问题的工作。而 QALoad 与 EcoTools 集成可以为所有加载测试和计划项目需求能力提供全方位的解决方案，允许在图形中查看 EcoTools 资源利用率。

EcoTools 工具包括数百个 Agent，可以监控服务器资源，尤其是监控 Windows NT、UNIX 系统、Oracle、Sybase、SQL Server 和其他应用包。

（4）性能优化工具 EcoScope

EcoScope 是一套定位于应用系统及其所依赖的网络资源的性能优化工具。EcoScope 可以提供应用视图，并给出应用系统是如何与基础架构相关联的。这种视图是其他网络管理工具所不能提供的。EcoScope能解决在大型企业复杂环境下分析与测量应用性能的难题。通过提供应用的性能级别及其支撑架构的信息，EcoScope能帮助IT部门就如何提高应用系统的性能提出多方面的决策方案。

EcoScope使用综合软件探测技术无干扰地监控网络，可以自动跟踪在LAN/WAN上的应用流量，采集详细的性能指标，并将这些信息关联到一个交互式的用户界面中，自动识别低性能的应用系统、受影响的服务器与用户性能低下的程度。用户界面允许以一种智能方式访问大量的EcoScope数据，所以能很快地找到性能问题的根源，并在几小时内解决令人烦恼的性能问题，而不是几周甚至几个月。

习题

1. 分析黑盒测试方法的实质及测试用例设计的要点，掌握黑盒测试用例设计的主要思路。

2. 试用等价类分析方法，对实例程序进行测试。

3. 试用边界值分析方法，对实例程序进行测试。

4. 试用决策表方法，对实例程序进行测试。

5. 启动Word程序并从File菜单中选择Print命令，打开打印对话框，左下角显示的Print Range（打印区域）存在什么样的边界条件？

6. 对三角形问题的一种常见补充是检查直角三角形。如果满足毕达哥拉斯（Pythagorean）关系（$c^2 = a^2 + b^2$），则三条边构成直角三角形。试针对包含了直角三角形的扩展三角形问题来设计标准等价类测试用例。

7. 试为三角形问题中的直角三角形开发一个决策表和相应的测试用例。注意，会有等腰直角三角形。

8. 学习安装WinRunner或QTP，并实践其自带的"机票预定系统"，掌握该软件测试工具的基本使用方法和主要功能。

9. 试编辑一个测试脚本，并进行测试实践。

10. 用WinRunner或QTP来测试一个网上购物系统，要求：

　　1）录制整个购物流程。

　　2）练习插入各种检查点。

11. 运用WinRunner或QTP，对本校校园网站进行测试并分析测试结果。

12. 从网上搜索一款免费黑盒测试工具，下载安装在计算机上，学习其使用方法，并选一个被测程序进行测试实践。

第4章 白盒测试

白盒测试又称为**结构测试**、**逻辑驱动测试**或**基于程序的测试**。它一般用来分析程序的内部结构。它依赖于对程序细节的严密验证，针对特定条件和循环设计测试用例，对程序的逻辑路径进行测试。通过在程序的不同点检验程序状态，来判定其实际情况是否和预期的状态一致。

用这种方法进行程序测试时，测试者可以看到被测程序，并利用其分析程序的内部构造。因此，白盒测试要求对被测程序的结构特性做一定程度的覆盖，并以软件中的某类成分是否都已经得到测试为准则来判断软件测试的充分性，这也称为**基于覆盖的测试技术**。例如，语句覆盖是一种逻辑覆盖准则，它要求选择测试数据使得程序中所有语句都得到运行，并根据是否所有语句都得到了运行来决定测试是否可以终止。到目前为止，已提出了几十种覆盖技术。

语句覆盖准则被广泛接受，它是 ANSI 标准 178B 强制要求的，从 20 世纪 70 年代以来曾经被成功地使用过。但目前大多数质量机构都把分支覆盖准则作为测试覆盖的最低可接受级别。

4.1 控制流测试

4.1.1 基本概念

在介绍控制流测试方法前，先了解一下相关的概念和术语。

由于非结构化的程序会给测试、排错和维护带来许多不必要的麻烦，因此人们有理由要求写出的程序是结构良好的。自 20 世纪 70 年代以来，结构化程序的概念逐渐被人们普遍接受。用控制流图来刻画程序结构已有很长的历史，对用结构化程序语言书写的程序，则可以通过使用一系列规则从程序推导出其对应的控制流图。因此，控制流图和程序是一一对应的，而且控制流图更容易使人们理解程序。

定义 4.1 有向图：$G=(V, E)$，V 是顶点的集合，E 是有向边（本文简称边）的集合。$e=(T(e), H(e)) \in E$ 是一对有序的邻接节点，$T(e)$ 是尾，$H(e)$ 是头。如果 $H(e)=T(e')$，则 e 和 e' 是临界边。$H(e)$ 是 $T(e)$ 的后继节点，$T(e)$ 是 $H(e)$ 的前驱节点，indegree(n) 和 outdegree(n) 分别是节点 n 的入度和出度。

【例 4.1】 下面给出一个用 C 语言编写的 Euclid 算法计算最大公约数的程序及其控制流图（见图 4.1 和图 4.2）。

```
main()
{ int x, y;
    scanf("%d%d", &x, &y);
    while(x>0&&y>0)
    { if(x>y) x=x-y;
        else y=y-x;
    }
```

```
Printf(%d\n",x+y);
}
```

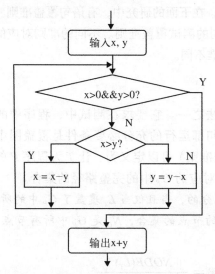

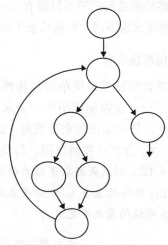

图 4.1 求最大公约数程序的控制流图   图 4.2 简化的控制流图

在用控制流图描述程序结构的时候，程序的运行过程可以用流图中的路径来刻画。

定义 4.2 路径：如果 $P=e_1e_2\cdots e_q$，且满足 $T(e_i+1)=H(e_i)$，则 P 称为路径，q 为路径长度。

定义 4.3 完整路径：如果 P 是一条路径，且满足 $e_1=e_0$，$e_q=e_k$（e_0 是程序的原节点，e_k 是其汇节点），则 P 称为完整路径。如果存在输入数据使得程序按照该路径运行，这样的路径称为可行完整路径，否则称为不可行完整路径。

程序设计要尽量避免不可行完整路径，因为这样的路径往往隐含错误。

定义 4.4 可达：如果 e_i 到 e_j 存在一个路径，则称 e_i 到 e_j 是可达的。

定义 4.5 简单路径：若路径上所有的节点都是不同的，则称为简单路径。

定义 4.6 基本路径：任意有向边最多出现一次的路径称为基本路径。

定义 4.7 子路径：如果满足 $1\leq u\leq t\leq q$，路径 $A=e_ue_u+1\cdots e_t$ 是 $B=e_1e_2\cdots e_q$ 的子路径。

定义 4.8 回路：若路径 $P=e_ue_u+1\cdots e_q$ 满足 $T(e_1)=H(e_q)$，则 P 称为回路。除了第一个和最后一个节点外，其他节点都不同的回路称为简单回路。

定义 4.9 无回路路径：若一条路径中不包含回路子路径，则称为无回路路径。

定义 4.10 A 连接 B：若 $A=e_ue_{u+1}\cdots e_t$，$B=e_ve_{v+1}\cdots e_q$ 为两条路径，如果 $H(e_t)=T(e_v)$ 且 $e_ue_{u+1}\cdots e_ve_{v+1}\cdots e_q$ 为路径，则称 A 连接 B，记为 $A*B$。

当一条路径是回路时，它可以和自己连接，记作 $A^1=A$，$A^{k+1}=A*A^k$。

定义 4.11 路径 A 覆盖路径 B：如果路径 B 中所含的有向边均在路径 A 中出现，则称路径 A 覆盖路径 B。

注意：如果是没有回路的路径和子路径，则路径 A 覆盖路径 B，实际上，B 是 A 的子路径。但如果存在回路，则情况未必如此。如图 4.3 所示，$A=e_1e_2e_3e_4e_5e_6e_7$ 是一个路径，$B=e_5e_3e_4$ 也是一个路径，显然 A 覆盖 B，但 B 并不是 A 的子路径。覆盖关系是一个比子路径的含义更广的概念。

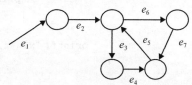

图 4.3 路径覆盖关系举例

4.1.2 控制流覆盖准则

测试覆盖准则是指覆盖测试的标准。例如，在下面的研究中，有语句覆盖准则、分支覆盖准则和路径覆盖准则等。目前有 30 余种不同的测试覆盖准则。不同的准则对应的要测试的对象或程序元素不同，也就代表了测试的标准不同。

1. 语句覆盖准则

语句覆盖测试是最简单的结构性测试方法之一。它要求在测试中，程序中的每条语句都得到运行。在控制流图中，要求所有语句都运行的充分必要条件是覆盖图中的所有节点。因此，语句测试的充分准则（语句覆盖准则）可以定义为：让 T 为程序 P 的一个测试数据集，G_P 为 P 的控制流图，L_T 为与 T 相对应的 G_P 中的完整路径的集合。

定义 4.12   测试数据集 T 称为语句覆盖充分的，当且仅当 L_T 覆盖了 G_P 中的所有节点。让 $NODE(L_T)$ 为路径集合 L_T 中所覆盖的 G_P 中的节点的集合，N_G 是 G_P 中所有节点的集合，则语句覆盖测试的覆盖率定义为

$$语句覆盖测试的覆盖率 = \frac{\| NODE(L_T) \|}{\| N_G \|}$$

【例 4.2】   求解一元二次方程程序如下：对于该程序选择 3 个测试用例 {2，5，3}，{1，2，1}，{4，2，1} 就能覆盖所有的节点，也就是说，这 3 个测试用例对语句覆盖来说是充分的，图 4.4 是其简化控制流图。

```
main( )
{ float a,b,c,x1,x2,mid;
    Scanf( "%f,%f,%f",&a,&b,&c);
    if(a!=0)
        { mid=b*b-4*a*c;
            if(mid>0)
                { x1=(-b+sqrt(mid))/(2*a);
                    X2=(-b-sqrt(mid))/(2*a);
                    Printf( "two real roots\n" );
                }
            else
                { if(mid==0)
                    { x1=-b/2*a;
                            Printf( "one real
root\n" );
                    }
                else
                    { x1=-b/(2*a);
                        X2=sqrt(-mid)/(2*a);
                        printf( "two complex roots\n" );
                    }
                }
            printf( "x1=%f,x2=%f\n",x1,x2);
        }
}
```

图 4.4   一元二次方程求根程序控制流图

2. 分支覆盖准则

语句覆盖测试是最基本的覆盖测试技术，但就检测软件的错误而言，这远远不够。在例 4.2 中，虽然 3 个测试用例能保证所有语句都执行，但并不能保证 $a=0$ 这条分支测试执行。因此，一些更强的覆盖测试技术被提出。分支测试要求在软件测试中，每个分支都至少获得一次"真"值和一次"假"值，也就是使程序中的每个取"真"分支和取"假"分支都至少经历一次。在控制流图中，分支表现为图中的一条有向边，因此，分支测试的充分性准则（分支覆盖准则）定义如下。

定义 4.13 测试数据集 T 称为分支覆盖充分的，当且仅当 L_T 覆盖了 G_P 中的所有有向边。让 $EDGE(L_T)$ 为路径集合 L_T 中所覆盖的 G_P 中的有向边的集合，E_G 是 G_P 中所有边的集合，则分支覆盖测试的覆盖率定义为

$$分支覆盖测试的覆盖率 = \frac{\| EDGE(L_T) \|}{\| E_G \|} \times 100\%$$

【例 4.3】 在图 4.4 中，选择 4 个测试用例 {2, 5, 3}，{1, 2, 1}，{4, 2, 1}，{0, 2, 1} 就能覆盖所有的分支，如表 4.1 所示。也就是说，这 4 个测试用例对分支覆盖来说是充分的。

表 4.1 分支覆盖测试用例

测试用例	a, b, c	$a!=0$	mid>0	mid$==0$
测试用例 1	2, 5, 3	真	真	假
测试用例 2	1, 2, 1	真	假	真
测试用例 3	4, 2, 1	真	假	假
测试用例 4	0, 2, 1	假	—	—

需要注意的是，上述测试用例在满足分支覆盖的同时，还满足了语句覆盖，因此分支覆盖要比语句覆盖更强一些，称**分支覆盖测试包含语句覆盖测试**。

3. 谓词测试

一个分支的条件是由谓词组成的。单个谓词称为原子谓词，例如在例 4.2 中，$a!=0$、mid>0 等都是原子谓词。而原子谓词通过逻辑运算符可以构成复合谓词，常见的逻辑运算符包括"与""或""非"等。对复合谓词而言，分支测试不是有效的。例如，对下列由复合谓词构成的语句：

```
if(math>=9||lang>=80||poli>=75)  x=1
```

采用分支测试技术，只要原子谓词中的任何一个被满足，则该分支为真，而不管其他的两个是否被满足。为此，提出了原子谓词覆盖准则、分支 - 谓词覆盖准则和复合谓词覆盖准则。

（1）原子谓词覆盖准则

原子谓词测试要求在软件测试中，每个复合谓词所包含的每一个原子谓词都至少获得一次"真"值和一次"假"值。定义如下：

定义 4.14 测试数据集 T 称为原子谓词覆盖充分的（原子谓词覆盖准则），如果对任意一个分支中的任意一个原子谓词，T 中存在一个测试数据使其在运行时为真、为假至少各一次。设 $ATOM(P)$ 是程序 P 中所有原子谓词的集合，$ATOMRUN(T)$ 是对测试集 T 而言运行过

程中原子谓词为真和为假的个数，则原子谓词的覆盖率定义为

$$原子谓词覆盖测试的覆盖率 = \frac{\|ATOMRUN(T)\|}{\|2 \times ATOM(P)\|} \times 100\%$$

这里，分母中的 2 是指真假各一次。

【例 4.4】　程序实现下列需求：输入 3 个正整数，作为三角形的 3 边长，构成三角形，并指出三角形的类型。若为不等边三角形，使标志量置 1；若为等腰三角形，使标志量置 2；若为等边三角形，使标志量置 3；若无法构成三角形，使标志量置 4，控制流图如图 4.5 所示。

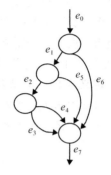

图 4.5　判断三角形类型的控制流图

```
main()
{ int i,j,k,match;
      scanf("%d%d%d", &i, &j, &k);
      if(i<=0||j<=0||k<=0||i+j<=k||i+k<=j||j+k<=i)
          match=4;
        else if(i==j&&i==k&&j==k)  match=1;
              else if(i==j||i==k||j==k)
              match=2;
                    else  match=3;
      printf("match=%d\n",match);
}
```

对于该程序的测试，满足原子谓词覆盖准则的测试用例是：

{–1, 2, 2} ∪ {2, –1, 2} ∪ {2, 2, –1} ∪ {1, 1, 2} ∪ {2, 1, 1} ∪ {1, 2, 1} ∪ {2, 2, 2} ∪ {2, 2, 3} ∪ {2, 3, 2} ∪ {3, 2, 2} ∪ {5, 3, 4}

其原子谓词的取值情况如表 4.2 所示。

表 4.2　原子谓词覆盖测试用例

测试用例	变量	原子谓词								
	i, j, k	i<=0	j<=0	k<=0	i+j<=k	i+k<=j	j+k<=i	i==j	i==k	j==k
用例 1	–1, 2, 2	真	假	假	真	真	假	—	—	—
用例 2	2, –1, 2	假	真	假	真	假	真	—	—	—
用例 3	2, 2, –1	假	假	真	假	真	真	—	—	—
用例 4	1, 1, 2	假	假	假	真	假	假	—	—	—
用例 5	2, 1, 1	假	假	假	假	假	真	—	—	—
用例 6	1, 2, 1	假	假	假	假	真	假	—	—	—
用例 7	2, 2, 2	假	假	假	假	假	假	真	真	真
用例 8	2, 2, 3	假	假	假	假	假	假	真	假	假
用例 9	2, 3, 2	假	假	假	假	假	假	假	真	假
用例 10	3, 2, 2	假	假	假	假	假	假	假	假	真
用例 11	5, 3, 4	假	假	假	假	假	假	假	假	假

需要注意的是：原子谓词覆盖准则和语句覆盖准则相互之间没有包含关系，与分支覆盖准则相互之间也没有包含关系，因为原子谓词强调的是原子谓词的真假，而不考虑语句或分

支是否被执行。例如，下面的语句：

```
if(x>0||y<0)  x + +;
    else x - -;
```

当 $x=1$ 且 $y=1$ 和 $x=-1$ 且 $y=-1$ 时，满足原子谓词覆盖准则，但不满足语句覆盖准则，因为 $x--$ 这条语句没有执行，同样也不满足分支覆盖准则。

因此，就原子谓词本身的测试而言，意义并不大。

（2）分支－谓词覆盖准则

分支－谓词覆盖测试要求在软件测试中，不仅每个复合谓词所包含的每一个原子谓词都至少获得一次"真"值和一次"假"值，而且每个复合谓词本身也至少获得一次"真"值和一次"假"值。定义如下：

定义 4.15 测试数据集 T 称为分支－谓词覆盖充分的（分支－谓词覆盖准则），前提是对任意一个分支和所包含的任意一个原子谓词，T 中存在一个测试数据在运行时为真、为假至少各一次。设 $BRATOM(P)$ 是程序 P 中所有分支及原子谓词的集合，$BRATOMRUN(T)$ 是对测试集 T 而言运行过程中分支和原子谓词为真和为假的个数，则分支－谓词的覆盖率定义为

$$\text{分支} - \text{谓词覆盖测试的覆盖率} = \frac{\|BRATOMRUN(T)\|}{\|2 \times BRATOM(P)\|} \times 100\%$$

【例 4.5】 对于例 4.4 中程序的测试，可以观察到三个复合谓词本身也都取到了"真"值和"假"值，如表 4.3 所示，因此，上例中的测试用例同时也满足了分支－谓词覆盖准则。

表 4.3 分支－谓词覆盖测试用例

测试用例	变 量	复合谓词		
	i, j, k	$i<=0\|\|j<=0\|\|k<=0\|\|i+j<=k\|\|$ $i+k<=j\|\|j+k<=i$	$i==j\&\&i==k\&\&j==k$	$i==j\|\|i==k\|\|j==k$
用例 1	-1, 2, 2	真	—	—
用例 2	2, -1, 2	真	—	—
用例 3	2, 2, -1	真	—	—
用例 4	1, 1, 2	真	—	—
用例 5	2, 1, 1	真	—	—
用例 6	1, 2, 1	真	—	—
用例 7	2, 2, 2	假	真	—
用例 8	2, 2, 3	假	假	真
用例 9	2, 3, 2	假	假	真
用例 10	3, 2, 2	假	假	真
用例 11	5, 3, 4	假	假	假

从定义 4.15 中可看出：分支－谓词覆盖准则包含语句覆盖准则、分支覆盖准则和原子谓词覆盖准则。

（3）复合谓词覆盖准则

在许多情况下，如果分支的条件比较复杂，则仅有上述几种覆盖准则是不够的，于是人们又提出了复合谓词覆盖准则。复合谓词测试要求在软件测试中，每个谓词中条件的各种可

能都至少出现一次。定义如下：

定义 4.16 测试数据集 T 称为复合谓词覆盖充分的（复合谓词覆盖准则），前提是任意一个分支，对该分支所包含的谓词的任意一个可行的真假组合，T 中都存在一个测试数据，该数据使该组合谓词运行时，原子谓词的取值恰好为该真假值组合。设 $COMATOM(P)$ 是程序 P 中所有复合谓词的集合，令 $COMATOMRUN(T)$ 是对测试集 T 而言，运行过程中复合谓词为真和为假的个数，则复合谓词测试的覆盖率定义为

$$复合谓词覆盖测试的覆盖率 = \frac{\|COMATOMRUN(T)\|}{\|2 \times COMATOM(P)\|} \times 100\%$$

【例 4.6】 对于例 4.4 中程序的测试，满足复合谓词覆盖准则的测试用例是：

{-1, -1, -1} ∪ {-1, 2, 2} ∪ {2, -1, 2} ∪ {2, 2, -1} ∪ {1, 1, 2} ∪ {2, 1, 1} ∪ {1, 2, 1} ∪ {2, 2, 2} ∪ {2, 2, 3} ∪ {2, 3, 2} ∪ {3, 2, 2} ∪ {5, 3, 4}

其谓词的取值情况如表 4.4 所示。

表 4.4   复合谓词覆盖测试用例

测试用例	变量	原子谓词								
	i, j, k	$i<=0$	$j<=0$	$k<=0$	$i+j<=k$	$i+k\leq j$	$j+k\leq i$	$i==j$	$i==k$	$j==k$
用例 1	-1, -1, -1	真	真	真	真	真	真	—	—	—
用例 2	-1, -2, 2	真	真	假	真	假	假	—	—	—
用例 3	2, -1, -2	假	真	真	假	假	真	—	—	—
用例 4	2, 2, -1	假	假	真	假	真	真	—	—	—
用例 5	1, 1, 2	假	假	假	真	假	假	—	—	—
用例 6	2, 1, 1	假	假	假	假	假	真	—	—	—
用例 7	1, 2, 1	假	假	假	假	真	假	—	—	—
用例 8	2, 2, 2	假	假	假	假	假	假	真	真	真
用例 9	2, 2, 3	假	假	假	假	假	假	真	假	假
用例 10	2, 3, 2	假	假	假	假	假	假	假	真	假
用例 11	3, 2, 2	假	假	假	假	假	假	假	假	真
用例 12	5, 3, 4	假	假	假	假	假	假	假	假	假

复合谓词覆盖准则包含语句覆盖准则、分支覆盖准则、原子谓词覆盖准则、分支-谓词覆盖准则。

可以用图 4.6 所示的图形表示上面各种覆盖准则之间的关系，其中→表示准则之间的包含关系。

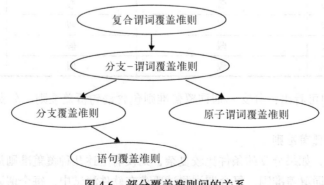

图 4.6   部分覆盖准则间的关系

4. 路径覆盖准则

对任意给定的程序，程序的执行是：先给定输入，然后沿着不同的路径走向输出。因此，人们自然就想到了路径测试技术。路径测试技术是上面所给出的测试技术的强化。它要求观察程序运行的整个路径，要求程序的运行覆盖所有的完整路径。路径覆盖准则的定义如下：

定义 4.17 当且仅当 L_T 覆盖了 G_P 中的所有完整路径，测试数据集 T 称为路径覆盖充分的。让 $E_P(G_P)$ 为控制流图中的所有完整路径的集合，则路径覆盖测试的覆盖率定义为

$$路径覆盖测试的覆盖率 = \frac{||L_T||}{||E_P(G_P)||} \times 100\%$$

【例 4.7】 对于例 4.4 中程序的测试，满足路径覆盖准则的测试用例是：

$\{-1, 2, 2\} \cup \{2, 2, 2\} \cup \{2, 2, 3\} \cup \{5, 3, 4\}$

其路径的覆盖情况如表 4.5 所示。

表 4.5 路径覆盖测试用例

测试用例	i, j, k	执行路径
用例 1	−1, 2, 2	$e_0 e_6 e_7$
用例 2	2, 2, 2	$e_0 e_1 e_5 e_7$
用例 3	2, 2, 3	$e_0 e_1 e_2 e_4 e_7$
用例 4	5, 3, 4	$e_0 e_1 e_2 e_3 e_7$

路径覆盖准则包含了分支覆盖准则。但路径覆盖准则和原子谓词、分支 – 谓词和复合谓词之间没有包含关系。

路径覆盖准则需要测试的路径数目对许多程序来说往往是天文数字。例如，对于相互连接的 32 个双分支的程序，其分支的数目仅为 32 个，但路径的数目却是 2^{32} 个。因此，对一般的程序来说，要达到 100% 的路径覆盖率几乎是不可能的。再者，判断不可行路径也是非常困难的，而程序中往往存在大量的不可行路径，这也是路径测试不太实用的主要原因。因此，实际使用时往往采取路径测试的一些简化测试技术，如简单路径覆盖准则和基本路径覆盖准则等。

考虑到一个有向图，其中的完整简单路径数目和完整基本路径数目往往也是很多的，完全的测试也是非常困难的。应用划分技术将大问题划分成小问题，也是一个比较可行的方法。如图 4.7 所示，这是一个经常可以碰到的控制流图，节点每增加一个，路径数目则成倍增长。例如，当节点数目 $n = 20$ 时，路径数目为 2^{20}（100 万以上），测试这么多的路径是不值得的，一是代价太大，二是也未必会发现更多的错误。如果限制路径的长度小于 10，则可以从中间将其划分开，使每一部分包括的路径数目均为 2^{10}（1024），这是可以接受的。

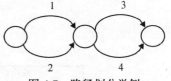

图 4.7 路径划分举例

在上面的讨论中，都没有涉及循环的概念。包括循环的控制流图的测试则更为复杂，因为考虑到循环的执行次数，这使得路径的数目会急剧增加。因此，一般在使用过程中，要限制循环的次数，例如，让循环执行一次、两次等。再者，如果循环中包括复杂的程序结构，例如分支、内循环等，由于每次经过循环体时运行相同或不同的路径，因此存在于循环体内

部的一些程序可能永远执行不了，所以，在实际使用时，到底让循环执行多少次，要具体问题具体分析。

4.2   数据流测试

4.2.1   基本概念

控制流测试是面向程序结构的测试。控制流图和测试覆盖准则一旦给定，即可产生测试用例，至于程序中每个语句是如何实现的它并不关心。与控制流的测试思想不同，数据流测试面向程序中的变量。

根据程序设计的理论，程序中的变量有两种不同的作用，一是将数据存储起来，二是将所存储的数据取出。这两种作用通过变量在程序中所处的位置来决定。例如，当一个变量出现在赋值语句

$$y = x_1 + x_2$$

的左边时，表示把赋值语句右边的计算结果存放在该变量所对应的存储空间内，也就是将数据与变量相绑定。当一个变量出现在赋值语句右边的表达式中时，表示该变量中所存储的数据被取出，参与计算，即与该变量相绑定的数据被引用。

定义 4.18   变量的定义性出现：若一个变量在程序中的某处出现，使数据与该变量相绑定，则称该出现是定义性出现。

定义 4.19   变量的引用性出现：若一个变量在程序中的某处出现，使与该变量相绑定的数据被引用，则称该出现是引用性出现。

一个变量被引用时，一般可以有两种用途：一种是用于计算新的数据，或为输出结果，或为中间计算结果等，这样的引用性出现称为计算性引用；另一种是用于计算判断控制转移方向的谓词，如出现在条件转移语句

```
if P then s else t
```

中的谓词 P，这样的引用性出现称为**谓词性引用**。

为方便分析，可将前边所论述的控制流图加以改造，即把控制流图中的判断框去掉，把其中的谓词放在边上，这种图称为具有数据流信息的控制流图。

【**例 4.8**】 例 4.1 中计算最大公约数的程序对应的具有数据流信息的控制流图（见图 4.8）：

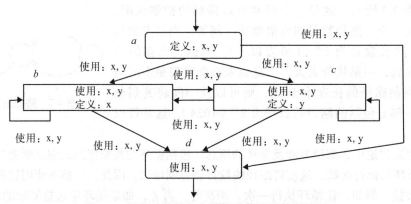

图 4.8   程序对应的具有数据流信息的控制流图

数据流测试的着眼点是测试程序中数据的定义与使用是否正确，也就是说，运行程序中从数据被绑定到一个变量之处到这个数据被引用之处的路径，即测试这样的路径，通过它把一个变量的定义性出现传递到该定义的一个引用性出现。在具有数据流信息的控制流图中，一个变量的定义传递到该变量的一个引用可定义如下。

定义 4.20 让 $\langle n_1, n_2, \cdots, n_k \rangle$ 是具有数据流信息的控制流图 G_P 中的一条路径，x 是程序中的一个变量，如果节点 $n_i (i = 1, 2, \cdots, k)$ 都不包含 x 的定义性出现，则该路径称为对于 x 来说是无定义的。

让 n_0，n_k 为 G_P 中的节点，n_0 中包含变量 x 的定义性出现，n_k 中包含变量 x 的计算性引用出现。如果路径 $\langle n_1, n_2, \cdots, n_{k-1} \rangle$ 对于 x 来说是无定义的，则称 x 在 n_0 中的定义可传递到 n_k 中的计算性引用，如果存在这样的传递路径，则从节点 n_0 到节点 n_k 的路径 $\langle n_0, n_1, \cdots, n_k \rangle$ 称为一条将 x 在 n_0 中的定义传递到 n_k 中的计算性引用的路径。

类似地，可以定义变量的一个定义性出现传递到一个谓词性引用的概念以及这样的传递路径。

4.2.2 数据流覆盖准则

最简单的数据流测试方法着眼于测试每一个数据的定义的正确性。通过考察每一个定义的一个使用结果来判断该定义的正确性。定义如下：

定义 4.21 定义覆盖测试准则：测试数据集 T 对测试程序 P 满足定义覆盖测试准则，如果对具有数据流信息的控制流图 G_P 中的每一个变量 x 的每一个定义性出现，若该定义性出现能够传递到该变量的某一个引用性出现，那么 L_T 中存在一条路径 A，它包含一条子路径 A'，使得 A' 将该定义出现传递到某一个引用性出现。

【例 4.9】 对图 4.9，路径：$A_1 = \langle a, b, d, e \rangle$，$A_2 = \langle a, c, e \rangle$ 覆盖了变量的所有定义性出现。因为对每一个变量的每一个定义性出现，都存在一条子路径，通过它使该定义传递到它的某一个引用。例如，变量 a 在节点 b 上的定义传递到有向边 $\langle b, d \rangle$ 上的谓词性引用，其传递路径是 A_1 的一条子路径。

因为一个定义可能传递到多个引用，一个定义不仅要对某一个引用是正确的，而且要对所有的引用都是正确的。定义覆盖准则只要求测试数据对每一个定义检查一个引用，显然，它是一个很弱的充分性准则。改进的途径之一是要求每一个可传递到的引用都进行检查。

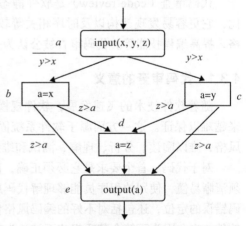

图 4.9　具有数据流信息的控制流图举例

定义 4.22 引用覆盖测试准则：测试数据集 T 对测试程序 P 满足引用覆盖测试准则，如果对具有数据流信息的控制流图 G_P 中每一个变量 x 的每一个定义 n，以及该定义的每一个能够可行地传递到的引用 n'，L_T 中都存在一条路径 A，A 包含一条子路径 A'，使得 A' 将 n 传递到 n'。

【例 4.10】 对图 4.8，有 3 个节点包含变量的定义性出现，这些节点是 a、b 和 c。

变量 x 在节点 a 上的定义性出现可传递到在节点 b、c 和 d 上的 x 的计算性引用，它还可以传递到有向边 $\langle a, b \rangle$，$\langle a, c \rangle$，$\langle a, d \rangle$，$\langle c, b \rangle$，$\langle c, c \rangle$ 上的谓词性引用。

变量 y 在节点 a 上的定义性出现可传递到在节点 b、c 和 d 上 y 的计算性引用，它还可以传递到有向边 $\langle a, b\rangle$、$\langle b, b\rangle$、$\langle a, c\rangle$、$\langle a, d\rangle$、$\langle b, c\rangle$、$\langle b, d\rangle$ 上的谓词性引用。

变量 x 在节点 b 上的定义性出现可传递到在节点 b、c 和 d 上 x 的计算性引用，它还可以传递到有向边 $\langle b, c\rangle$、$\langle b, b\rangle$、$\langle b, d\rangle$、$\langle c, c\rangle$、$\langle c, d\rangle$ 上的谓词性引用。

变量 y 在节点 c 上的定义性出现可传递到在节点 b、c 和 d 上 y 的计算性引用，它还可以传递到有向边 $\langle c, b\rangle$、$\langle b, b\rangle$、$\langle b, c\rangle$、$\langle c, c\rangle$、$\langle c, d\rangle$ 上的谓词性引用。

引用覆盖准则要求上述引用都被测试。下面是一个引用覆盖充分的测试路径集合：

$\{\langle a, b, b, c, c, b, b, d\rangle, \langle a, d\rangle, \langle a, c, c, b, b, c, d\rangle\}$

引用覆盖准则的不足之处是路径集合中可能存在回路，这样的路径可能是无穷的，因此，下列的定义 - 引用覆盖测试准则只检查无回路或只包含简单回路的路径。

定义 4.23　定义 - 引用（all-use）覆盖测试准则：测试数据集 T 对测试程序 P 满足定义 - 引用覆盖测试准则，如果对具有数据流信息的控制流图 G_P 中的任意一条从定义传递到其引用的路径 A，若 A 是无回路的或者 A 只是开始节点和结束节点相同，那么 L_T 中存在一条路径 B，使得 A 是 B 的子路径。

实际使用时，定义 - 引用覆盖测试准则可以分为计算性引用的覆盖测试准则（即 c-use 覆盖测试准则）和谓词性引用的覆盖测试准则（即 p-use 覆盖测试准则）。

这些覆盖测试准则之间的包含关系如下：

- 定义 - 引用覆盖测试准则包含引用覆盖测试准则。
- 引用覆盖测试准则包含定义覆盖测试准则。

4.3　代码审查

代码审查（code review）是软件静态测试中常用的软件测试方法之一，和 QA 测试相比，它更容易发现架构以及时序相关等较难发现的问题，还可以帮助团队成员统一编程风格，提高编程技能等。代码审查被公认为是一个提高代码质量的有效手段。

4.3.1　代码审查的意义

随着软件技术的飞速发展，软件规模不断增大，软件复杂性越来越高，软件质量也越来越难以保证。这一方面源于软件系统固有的复杂性，另一方面源于软件代码缺少良好的风格，难以阅读、分析、理解、测试和维护。因此，必须对代码进行必要的审查。

对于代码，首个要求是它必须正确，能够按照程序员的真实思想去运行；其次是代码必须清晰易懂，使别的程序员能够理解代码所进行的实际工作。因而代码审查并不局限在对代码错误的定位，还包括对不好的编码风格代码的检查。可以运行，甚至在测试中表现稳定的软件，也会因为不符合某项规范而被认为有问题。

有三个方面决定了代码审查的重要性：

- **可靠性**：事实证明按照某种标准或规范编写的代码比不这样做时写出的代码更可靠，软件缺陷更少。
- **可读性 / 维护性**：符合标准和规范的代码易于阅读、理解和维护。
- **移植性**：代码经常需要在不同的硬件上运行，或者使用不同的编译器编译。如果代码符合标准，迁移到另一个平台就会轻而易举，甚至完全没有障碍。

4.3.2　代码审查的内容

代码审查是在不执行软件的条件下，有条理地仔细审查软件代码，从而找出软件缺陷的过程。它主要依靠有经验的程序设计人员根据软件设计文档，通过阅读程序来发现软件错误和缺陷。

代码审查一般按代码审查单阅读程序，查找错误。其目的是在程序开发的早期发现和定位在源程序代码中可能存在的错误，加以纠正，从而减少测试和维护的代价。审查内容主要涵盖：检查代码和设计的一致性；检查代码的标准性、可读性；检查代码逻辑表达的正确性和完整性；检查代码结构的合理性等。一般可包括如下内容。

（1）可追溯性

- 代码是否遵循详细设计？
- 代码是否与需求一致？

（2）逻辑

- 表示优先级的括号用法是否正确？
- 代码是否依赖赋值顺序？
- "if…else" 和 "switch" 语句是否正确、清晰？
- 循环能否结束？
- 复合语句是否正确地用花括号括起来？
- "case" 语句是否考虑了所有可能出现的情况？
- 是否使用 "goto" 语句？

（3）数据

- 变量在使用前是否已初始化？
- 变量的声明是否按组划分为外部的和内部的？
- 除最明显的声明外，是否所有声明都有注释？
- 每个命名是否仅有一个用途？
- 常量名是否都大写？
- 常量是否都是通过 "#define" 定义的？
- 用于多个文件中的常量是否在一个头文件中定义？
- 头文件中是否存在可执行的代码？
- 定义为指针的变量是否作为指针使用（而不是作为整数）？
- 指针是否初始化？
- 释放内存后是否将指针立即设置为 null（或 0）？
- 传递指针到另一个函数的代码是否首先检查了指针的有效性？
- 通过指针写入动态分配内存的代码是否首先检查了指针的有效性？
- 宏的命名是否都大写？
- 数组是否越界？

（4）接口

- 在所有的函数及过程调用中，参数的个数都正确吗？
- 形参与实参类型匹配吗？
- 参数顺序正确吗？
- 如果访问共享内存，是否具有相同的共享内存结构模式？

（5）文档

- 软件文档是否与代码一致？

（6）注释

- 注释与代码是否一致？
- 用于理解代码的注释是否提供了必要的信息？
- 是否对数组和变量的作用进行了描述？

（7）异常处理

- 是否考虑了所有可能出现的错误？

（8）内存

- 在向动态分配的内存写入之前是否检查了内存申请是否成功？
- 若采用动态分配内存，内存空间分配是否正确？
- 当内存空间不再需要时，是否被明确地释放？

（9）其他

- 是否检查了函数调用返回值？
- 所有的输入变量都用到了吗？
- 所有的输出变量在输出前都已赋值了吗？

代码审查所用的检查单应根据所使用的语言和编码规范进行设计，例如，表 4.6 为 C++/C 语言的代码审查检查单。

表 4.6　代码审查检查单示例

文件结构

重要性	审查项	结论
	头文件和定义文件的名称是否合理？	
	头文件和定义文件的目录结构是否合理？	
重要	头文件是否使用了 ifndef/define/endif 预处理块？	
	……	

程序的版式

重要性	审查项	结论
	空行是否得体？	
	代码行内空格是否得体？	
	"{" 和 "}" 是否各占一行且对齐于同一列？	
重要	一行代码是否只做一件事？如只定义一个变量，只写一条语句	
重要	if、for、while、do 等语句自占一行，不论执行语句多少都要加 "{}"	
	注释是否清晰并且必要？	
	……	

命名规则

重要性	审查项	结论
	标识符是否直观且可以拼读？	
重要	程序中是否出现相同的局部变量和全局变量？	
	类名、函数名、变量名、参数名、常量的书写格式是否遵循一定的规则？	
	静态变量、全局变量、类的成员变量是否加前缀？	
	……	

（续）

命名规则		

表达式与基本语句

重要性	审查项	结论
重要	如果代码行中的运算符比较多，是否已经用括号清楚地确定表达式的操作顺序？	
重要	case 语句的结尾是否忘了加 break？	
重要	是否忘记写 switch 的 default 分支？	
	……	

函数设计

重要性	审查项	结论
	参数命名、顺序是否合理？	
	是否使用了类型和数目不确定的参数？	
	函数名字与返回值类型在语义上是否冲突？	
	……	

内存管理

重要性	审查项	结论
重要	用 malloc 或 new 申请内存之后，是否立即检查指针是否为 NULL？（防止使用指针值为 NULL 的内存）	
重要	是否忘记为数组和动态内存赋初值？	
重要	动态内存的申请与释放是否配对？	
	……	

其他常见问题

重要性	审查项	结论
重要	文件以不正确的方式打开吗？	
重要	没有正确关闭文件吗？	
	……	

4.3.3　代码审查的过程

代码审查过程可分为：代码审查策划阶段、代码审查实施阶段以及代码审查总结阶段。

1. 代码审查策划阶段

1）项目负责人分配代码审查任务。

2）确定代码审查策略：依据软件开发文档，确定软件关键模块，作为代码审查重点；将复杂度高的模块也作为代码审查的重点。

3）确定代码审查单。

4）确定代码审查进度安排。

2. 代码审查实施阶段

1）代码讲解：软件开发人员详细向测试人员讲解代码实现情况，测试人员提出问题和建议。通过代码讲解，测试人员对被审查的软件有了一个全面的认识，为后续代码审查打下良好的基础。

2）静态分析：一般采用静态分析工具进行，主要分析软件的代码规模、模块数、模块调用关系、扇入、扇出、圈复杂度、注释率等软件质量度量元。静态分析在代码审查时应优先进行，有利于软件测试人员在后续代码审查时对软件建立宏观认识，在审查中做到有的放矢，更易于发现软件代码中的缺陷。

3）规则检查：采用静态分析工具对源程序进行编码规则检查，对于工具报出的问题再由人工进行进一步的分析以确认软件问题，是一种比较有效的方法。

4）正式代码审查：代码审查可分两步进行：独立审查和会议审查。根据情况，这两步可以反复进行多次：

- 独立审查：测试人员根据项目负责人的工作分配，独自对自己负责的软件模块进行代码审查。测试人员根据代码审查单，对相关代码进行阅读、理解和分析后，记录发现的错误和疑问。
- 会议审查：项目负责人主持召开会议，测试人员和开发人员参加；测试人员就独立审查发现的问题和疑问与开发人员沟通，并讨论形成一致意见；对发现的问题汇总，填写软件问题报告单，提交开发人员处理。

5）更改确认：开发人员对问题进行处理，代码审查人员对软件的处理情况进行确认，验证更改的正确性，并防止出现新的问题。

3. 代码审查总结阶段

代码审查工作结束后，项目负责人总结代码审查结果，编写测试报告，对软件代码质量进行评估，给出合理建议。

详细记录代码审查提出的所有问题及最终结论，以供其他软件项目代码审查人员借鉴。必要时，可建立常见软件代码缺陷数据库，为软件代码审查人员培训和执行代码审查提供数据支持，也可以为软件编码规则制定规范提供实践依据。

4.4　代码走查

代码走查（code walkthrough）是软件静态测试方法之一，是通过对代码的阅读，发现程序代码中的问题。具体方法是：由测试人员组成小组，准备一批有代表性的测试用例，集体扮演计算机的角色，沿程序的逻辑逐步运行测试用例，查找被测软件的缺陷。

4.4.1　代码走查的意义

经验表明，代码走查通常能够有效地查找出 30%～70% 的逻辑设计和编码错误。相比于其他测试方法，代码走查的优点在于：一旦发现错误，通常就能在代码中对其进行精确定位，这就降低了调试的成本。另外，代码走查过程通常可以发现成批的错误，这样错误就可以一同得到修正。而基于计算机的动态测试通常只能暴露出错误的某个表征（程序不能停止，或打印出了一个无意义的结果），且错误通常是逐个被发现并得到纠正的。

4.4.2　代码走查小组的组成

代码走查一般采用持续一至两个小时的不间断会议的形式。走查小组由三至五人组成，其中一个人扮演类似代码检查过程中"协调人"的角色，一个人担任秘书（负责记录所有查出的错误）的角色，还有一个人担任测试人员。关于小组的组成结构，一般建议包括：

- 一位极富经验的程序员。
- 一位程序设计语言专家。
- 一位程序员新手（可以给出新颖、不带偏见的观点）。
- 最终维护程序的人员。
- 一位来自其他不同项目的人员。
- 一位来自该软件编程小组的程序员。

4.4.3　代码走查的过程

代码走查的过程与代码审查大体相同，但是规程稍微有所不同，采用的错误检查技术也不一样。其不同于代码审查的地方在于：不能够仅阅读程序或使用错误检查列表，而是在走查过程中"使用人脑模拟的计算机"。

1）准备阶段：在走查会议前几天分发有关材料，走查小组详细阅读材料，认证研究程序。

2）生成实例：小组中被指定为测试人员的那个人应提前准备好一些书面的有代表性的测试用例。

3）执行走查：在走查会议期间，每个测试用例都在人们脑中进行推演。也就是说，把测试数据沿程序的逻辑结构走一遍。程序的状态（如变量的值）记录在纸张或白板上以供监控。

4）形成报告：会后将发现的错误形成报告，并交给程序开发人员。对发现错误较多或发现重大错误的代码，在改正错误后再次进行会议走查。

走查过程中对于测试用例的要求是：这些测试用例必须结构简单、数量较少，因为人脑执行程序的速度比计算机执行程序的速度慢上若干量级。因此，这些测试用例本身并不起到关键的查错作用，它们的作用是提供了启动代码走查和质疑程序员逻辑思路及其设想的手段。在大多数的代码走查中，很多问题是在向程序员提问的过程中发现的，由测试用例本身直接发现的。

4.5　程序变异测试

程序变异（program mutation）测试技术的提出始于20世纪70年代末期。它是一种错误驱动测试，是针对某种类型的特定程序错误而提出来的。经过若干年的测试理论和软件测试的实践，人们逐渐发现要想找出程序的所有错误几乎是不可能的，比较现实的解决办法是将错误的搜索范围尽可能地缩小，以利于专门测试某类错误是否存在。这样做的好处是，便于集中目标对付对软件危害最大的可能错误，而暂时忽略危害较小的可能错误。这样可以取得较高的测试效率。程序变异测试有两种，即**程序强变异测试**和**程序弱变异测试**。

4.5.1　程序强变异测试

程序强变异通常简称为程序变异。一般认为，当程序被开发出来并经过简单的测试后，残留在程序中的错误不再是那些很重大的错误，而是一些难以发现的小错误。也就是说，程序基本上实现了软件需求说明中给出的功能，程序的结构一般不存在错误。一些小错误包括漏掉了某个操作、分支谓词规定的边界不正确等。

程序变异测试技术的基本思想是：

对于给定的程序 P，先假定程序中存在一些小错误，每假设一个错误，程序 P 就变成 P'，如果假设了 n 个错误 e_1，e_2，$\cdots$，e_n，则对应有 n 个不同的程序 P_1，P_2，$\cdots$，P_n，这里 P_i 称为 P 的变异因子。

理论上，如果 P 是正确的，则 P_i 肯定是错误的，也就是说，存在测试数据 C_i，使得 P 和 P_i 的输出结果是不同的。因此，根据程序 P 和每个变异的程序，可以求得 P_1，P_2，$\cdots$，P_n 的测试数据集 $C=\{C_1,\ C_2,\ \cdots,\ C_n\}$。

运行 C，如果对每一个 C_i，P 都是正确的，而 P_i 都是错误的，这说明 P 的正确性较高，随着 n 的增大，P 的正确性也会越来越高。如果对某个 C_i，P 是错误的，而 P_i 是正确的，这说明 P 存在错误，而错误就是 e_i。

变异体测试技术的关键是如何产生变异因子，常用的方法是通过对原来的被测程序作用变异算子来产生变异因子。一个变异算子是一个程序转换规则，它把一种语法结构改变成另一种语法结构，保证转换后程序的语法正确，但不保持语义的一致。

【例 4.11】 对程序中的一个表达式 $a<b$，可以用如下表达式之一来替换，而产生一个变异因子。

$$a>b,\ a==b,\ a\neq b,\ a\geq b,\ a\leq b$$

变异运算是非常复杂的，它是根据程序中可能的错误而得出的，可能有变量之间的替换、变量与常量之间的替换、算术运算符之间的替换、关系运算符之间的替换、关系运算符写得不全、逻辑运算符之间的替换等。可以说，对于一个一般的程序，其变异因子是非常庞大的，使用时要视具体问题而定。

【例 4.12】 对于下面的 C 语言程序：

```
main ( )
{
    int i;
    float e, sum, term, x;
    scanf ( "%f%f", &x, &e);
    printf ( "x=%10.6fe=%10.6f\n", x, e);
    term=x;
    for ( i=3; i<=100&&term>e; i=i+2)
    {
        term=term*x*x/ ( i* ( i-1) );
        if ( i%2==0)    sun=sum+term;
        else   sum=sum-term;
    }
    printf ( "sin ( x) =%8.6f\n", sum);
}
```

下面是它的几个变体：

（1）把变量 x 设成常量 0，产生一个变体

```
main ( )
{
    int i;
    float e, sum, term, x;
    scanf ( "%f%f", &x, &e);
    printf ( "x=%10.6fe=%10.6f\n", x, e);
    term=0;
    for ( i=3; i<=100&&term>e; i=i+2)
```

```
    {
        term=term*x*x/（i*（i-1）);
        if（i%2==0）  sun=sum+term;
        else  sum=sum-term;
    }
    printf（"sin（x）=%8.6f\n", sum）;
}
```

（2）把 i<=100 写成 i>=100，产生一个变体

```
main（）
{
    int i;
    float e, sum, term, x;
    scanf（"%f%f", &x, &e）;
    printf（"x=%10.6fe=%10.6f\n", x, e）;
    term=x;
    for（i=3; i>=100&&term>e; i=i+2）
    {
        term=term*x*x/（i*（i-1）);
        if（i%2==0）  sun=sum+term;
        else  sum=sum-term;
    }
    printf（"sin（x）=%8.6f\n", sum）;
}
```

（3）把常量0换成1，产生一个变体

```
main（）
{
    int i;
    float e, sum, term, x;
    scanf（"%f%f", &x, &e）;
    printf（"x=%10.6fe=%10.6f\n", x, e）;
    term=x;
    for（i=3; i<=100&&term>e; i=i+2）
    {
        term=term*x*x/（i*（i-1）);
        if（i%2==1）  sun=sum+term;
        else  sum=sum-term;
    }
    printf（"sin（x）=%8.6f\n", sum）;
}
```

目前比较普遍的看法是，变异测试方法发现程序中错误的能力较强，并且测试人员可以有选择地使用变异算子的一个子集来完成不同层次的测试分析，增加了测试的灵活性。另外，变异因子与原来程序的差别可以提供十分有用的信息，使我们较容易地发现软件中的错误所在，并排除之，这也成为变异测试的一个优点。

变异测试的缺点是它需要大量的计算机资源来完成测试充分性分析。对于一个中等规模的软件，所需的存储空间也是巨大的，运行大量变异因子也导致了时间上巨大的开销，这些问题从某种程度上限制了变异测试方法的实际应用。

4.5.2 程序弱变异测试

当变异因子比较多时，运用强变异测试技术需要花费大量时间，而实际上，对一般的程序来说，变异因子也确实比较多。为此，提出了程序的弱变异测试技术。

弱变异测试方法的目标仍是查出某一类错误，但把注意力集中在程序中的一系列基本组成成分上，考虑在一个组成成分内部的错误是否可以在某个局部发现。其主要思想是：设 P 是一个程序，C 是 P 的简单组成部分，若有一变异变换作用于 C 而生成 C'，如果 P' 是含有 C' 的 P 的变异因子，则在弱变异方法中要求存在测试数据，当 P 在此测试数据下运行时，C 被执行，且至少在一次执行中，使 C 产生的值与 C' 不同。

从这里可以看出，弱变异和强变异有很多相似之处。其主要差别在于：弱变异强调的是变动程序的组成部分，根据弱变异准则，只要事先确定导致 C 与 C' 产生不同值的测试数据组，则可将程序在此测试数据组上运行，而并不实际产生其变异因子。

在弱变异的实现中，关键的问题是确定程序 P 的组成部分集合以及与其有关的变换。组成部分可以是程序中的计算结构、变量定义与引用、算术表达式、关系表达式以及布尔表达式等。

（1）变量定义与引用

这种变异一般采用变量替换。例如，语句"$A=B$;"可以将 A 和 B 换成其他变量。

（2）算术表达式

设 exp 是一个表达式，一般将其变换成 exp$+C$ 或者 $C*$exp。

（3）关系表达式

$\text{exp}_1\ r\ \text{exp}_2$ 是关系表达式，这里 exp_1 和 exp_2 是算术表达式，r 是关系运算符。r 是出错率最高的，而且也难以发现。例如，$<$变换成$<=$，$<=$变换成$<$，$>$变换成$>=$，$>=$变换成$>$等。

（4）布尔表达式

可以采用耗尽测试或随机测试的方式来进行变换。

弱变异测试方法的主要优点是开销较小，效率较高。然而，无论是强变异测试还是弱变异测试，由于实际使用过程中对所变异的故障类型难以掌握——要么所涉及的故障太多，以至于实际测试这些故障是不可能的，要么涉及的故障太少，以至于对实际故障的检测起不了什么作用——因此，就目前的应用情况来看，变异测试有很大的局限性。

4.6 白盒测试工具

白盒测试的主要内容包括词法分析和语法分析，针对不同覆盖准则生成测试用例、覆盖率统计等，并由此来帮助开发者定位程序中的故障以及维护代码质量。常用的白盒测试工具包括开源的工具 Emma 和 JUnit，Parasoft 公司的 C++test 和 LDRA 公司的 Testbed 等。

4.6.1 Emma

Emma 是一个开源的、面向 Java 程序的测试工具。它通过对编译后的 Java 字节码文件进行插装，在测试执行过程中收集覆盖率信息，并支持通过多种报表格式对覆盖率结果进行展示。但是 Emma 的使用并不方便，需要使用其专用的命令，而 EclEmma 可以看作 Emma 的一个图形界面，其具有 Emma 的基本功能，使用方式更加友好。下文即通过 EclEmma 来进行介绍。

1. 安装方法

EclEmma 是一个集成在 Eclipse 上的开源插件，可以看作 Emma 的图形界面。可以通过 Eclipse 标准的 Update 机制来远程安装 EclEmma 插件。首先打开 Eclipse 环境，如图 4.10
所示，选择菜单栏中的 Help → Eclipse Marketplace，进入图 4.11 所示界面，在搜索框中输入
EclEmma 并点击 Go，再点击 Install 按钮即进入插件安装界面，安装完成后重启 Eclipse 即可。

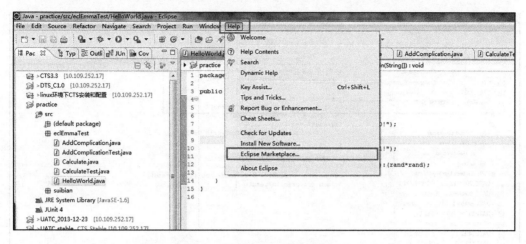

图 4.10　安装 EclEmma 过程 1

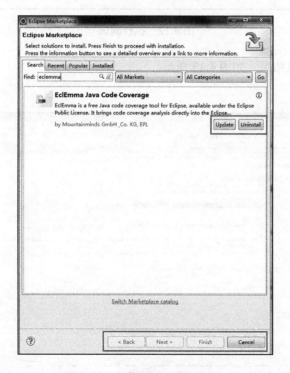

图 4.11　安装 EclEmma 过程 2

2. 测试过程

EclEmma 插件安装成功后，工具栏中会多出一个图标 ，选择要测试的程序后，点
击图标右侧的三角，即可完成相应测试。使用一个较为简单的程序来介绍 EclEmma 测试过
程，它包含较为简单的分支判断和基本输出语句。

（1）测试基本流程

1）选择要测试的程序（practice/src/EclEmmaTest/HelloWorld.java）。

2）点击 ，选择 Coverage as → Java Application，如图 4.12 所示。

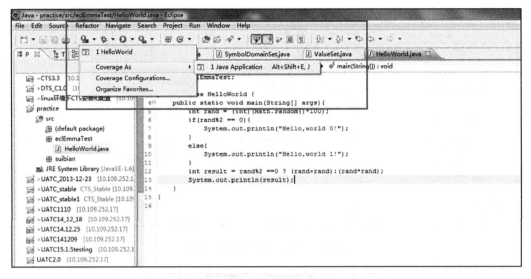

图 4.12　执行测试

3）得到覆盖测试结果，如图 4.13 所示。

4）测试完毕。

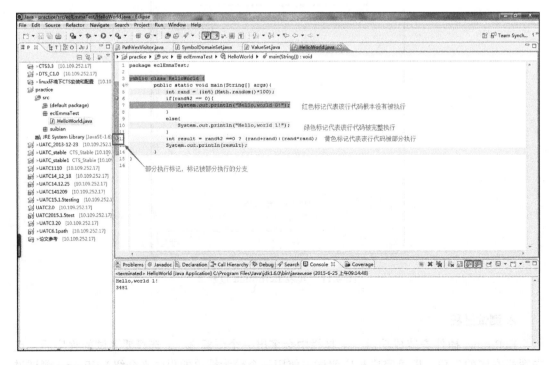

图 4.13　覆盖结果显示

在图 4.13 中，不同的覆盖结果用不同的颜色显示，其中红色表示该行代码根本没有执行，黄色代表该行代码部分执行，绿色表示该行代码完整执行。另外，分支判断对应的代码左侧会标记一个菱形，点击这个标记，会显示该分支的覆盖情况，如果该分支没有完全覆盖，那么标记显示为黄色，如果该分支完全覆盖，那么标记显示为绿色。

（2）Coverage 单独视图

除了对源代码进行着色处理来显示覆盖情况外，EclEmma 还设计了单独的视图来统计对代码的覆盖情况，如图 4.14 所示。

Element	Coverage	Covered Instructions	Missed Instructions	Total Instructions
practice	1.0 %	24	2,419	2,443
src	1.0 %	24	2,419	2,443
(default package)	0.0 %	0	2,128	2,128
suibian	0.0 %	0	280	280
eclEmmaTest	68.6 %	24	11	35
HelloWorld.java	68.6 %	24	11	35
HelloWorld	68.6 %	24	11	35
main(String[])	75.0 %	24	8	32

图 4.14　Coverage 单独视图

在 Coverage 单独视图的右上侧有一系列小的功能图标，它们分别有不同的功能。如图 4.15 所示，从左到右依次为：

Relaunch Sessions（重新测试当前会话）

Dump Execution Sata（转储测试数据）

Remove Active Session（删除当前会话）

Remove All Sessions（删除所有会话）

图 4.15　Coverage 功能图标

Merge Sessions（合并会话）

Select Active Sessions（选择会话）

Collapse All（折叠所有节点）

Link With Current Selection（定位到其他会话视图）

View Menu（更多选项）

其中较为常用的是 Merge Sessions 以及 View Menu。View Menu 选项如图 4.16 所示，包含了覆盖测试的覆盖准则和一些视图的显示设置。Emma 支持多种覆盖准则，包括字节码覆盖、分支覆盖、行覆盖、方法覆盖、类覆盖，选择不同的覆盖准则即可进行相应的覆盖测试。

想在一次运行中覆盖所有的代码通常比较困难，如果能把多次测试的覆盖数据综合起来进行查看，那么就能更方便地掌握多次测试的测试效果。EclEmma 提供了这样的功能。现在重复数次对 HelloWorld 的测试。Coverage 视图总是显示最新完成的一次覆盖测试。事实上，EclEmma 为我们保存了所有的测试结果。通过 Coverage 视图的工具按钮 Merge Sessions 来得到多次覆盖测试的结果。

当多次运行 Coverage 之后，点击 Merge Sessions 按钮，之后弹出图 4.17 所示的对话框，点击 OK，即得到多次覆盖测试的综合结果。图 4.18 显示了经过 Merge Sessions 后的代码覆盖情况，可知经过合并多次测试结果，代码的覆盖率得到了提升。

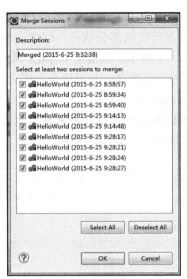

图 4.16   View Menu 选项   图 4.17   Merge Sessions 选项

图 4.18   点击 Merge Session 后的代码覆盖情况

在图 4.18 中的第三行代码始终没有被覆盖，原因在于没有生成 HelloWorld 这个类的任何实例，因此其默认的构造函数没有被调用，而 EclEmma 将这个特殊代码的覆盖状态标记在类声明的第一行。

（3）覆盖测试报告

覆盖测试被执行后，可以导出测试结果，生成测试报告，如图 4.19 所示，在 Coverage 单独视图中选中被测文件，右击 Export Session，即得到目录，如图 4.20 所示，选择报告存储格式即得到完整的测试报告，图 4.21 显示了 HelloWorld.java 的 HTML 格式的测试报告。

（4）EclEmma 对 Junit 单元测试的支持

EclEmma 除了可以进行 Java Application 的测试，还支持 Junit 单元测试。首先需要编写 Junit 单元测试代码，然后对单元测试代码进行覆盖测试。Junit 的测试结果示例如图 4.22 所示，因为测试方法 minus(x,y) 给的测试数据不正确，所以这个方法测试失败，因此此次的覆盖率只有 80%。

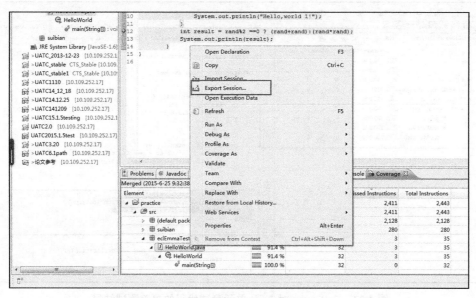

图 4.19　导出测试报告

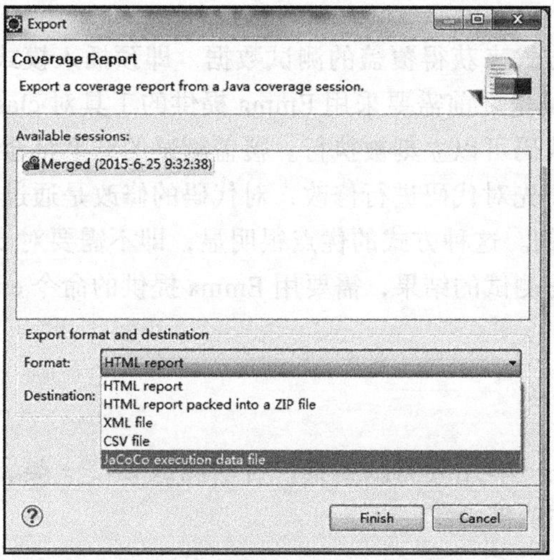

图 4.20　报告导出设置

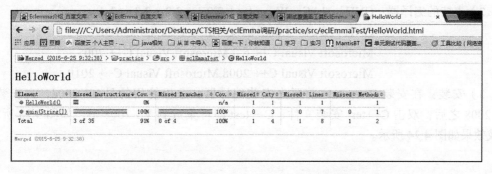

图 4.21　Hello World 的 HTML 格式测试报告

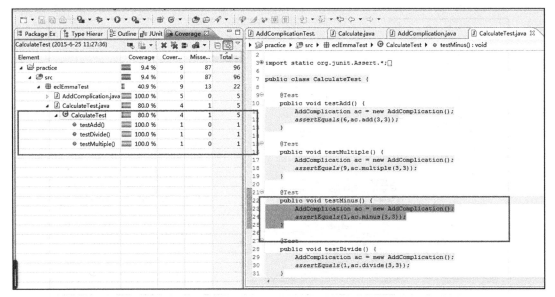

图 4.22　EclEmma 对 Junit 单元测试代码的覆盖测试结果

3. Emma 其他特性

Emma 提供了两种方式来获得覆盖的测试数据，即预插入模式和即时插入模式。预插入模式是指对程序进行测量之前需要采用 Emma 提供的工具对 class 文件或者 jar 文件进行修改。修改完成之后的代码可以立刻被执行。覆盖测试的结果将会被存放到指定的文件中。而即时插入模式不需要事先对代码进行修改，对代码的修改是通过一个 Emma 定制的 Class loader（类载入器）进行的。这种方式的优点很明显，即不需要对 class 或者 jar 文件进行任何修改。缺点是为了获得测试的结果，需要用 Emma 提供的命令 emmarun 来执行 Java 应用程序。

4.6.2　C++test

C++test 是一个 C/C++ 单元级测试工具，自动测试 C/C++ 类、函数或部件，而不需要编写测试用例、驱动程序或桩函数。

运行环境与安装如下：

1）运行环境：Microsoft Windows NT/2000/XP/2003/Vista

2）支持的编译器：GNU and MingW gcc/g++ 2.95.x, 3.2.x,3.3.x, 3.4.x

GNU gcc/g++ 4.0.x, 4.1.x, 4.2.x, 4.3.x,4.4.x, 4.5.x

Microsoft Visual C++ 6.0,Microsoft Visual C++ 2005,

Microsoft Visual C++ 2008,Microsoft Visual C++ 2010

3）安装：在安装 C++test 之前要先安装编译器，这里使用的是 VS 2008，在安装完 VS 2008 之后，双击 C++test 安装文件，C++test 即可集成到 VS 2008 中，如图 4.23 所示。集成效果如图 4.24 所示。

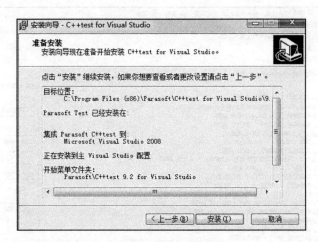

图 4.23 安装过程

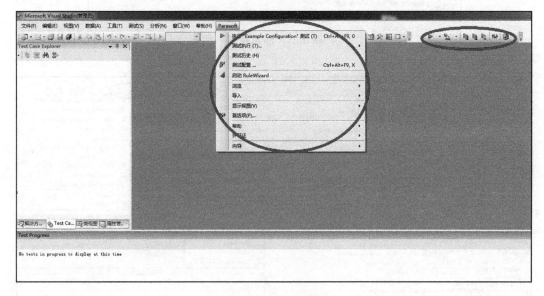

图 4.24 集成效果

1. 软件功能

（1）静态代码检测

C++test 通过静态分析代码来检查与指定代码规范规则的一致性。C++test 插件版内建了 1619 条规则，除了使用内建规则进行静态测试，C++test 还允许用户导入或自定义规则，如图 4.25 所示。

静态代码检测执行步骤如下：

1）在 VS 2008 左侧资源管理器选中要测试的工程或者单个文件。

2）点击右上角测试按钮。

3）选择测试执行→内建→静态分析（Static Analysis），再选择某个静态规则，测试执行，如图 4.26 所示。

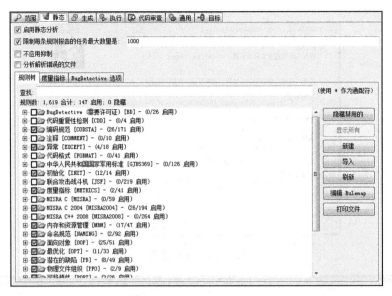

图 4.25　静态规则

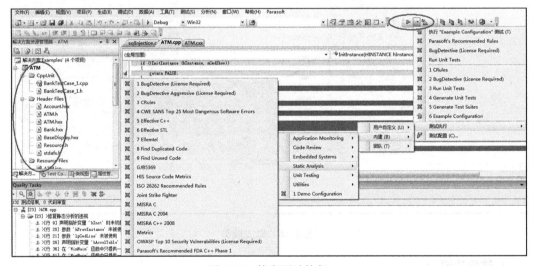

图 4.26　静态测试执行

检测结果在 VS 2008 下部中的质量任务视图中显示，如图 4.27 所示，双击每条检测结果可以直接定位到相应的代码行。

（2）单元测试

C++test 可以自动生成测试用例、驱动函数、桩函数，还可以根据用户配置的 Test-Configuration 自动生成所需要的测试用例、驱动模块、桩模块。

执行步骤如下：

1）在 VS 2008 左侧资源管理器选中要测试的工程或者单个文件。

2）点击右侧测试执行按钮依次选中测试执行→内建→单元测试（Unit Testing）→生成单元测试（Generate Unit Tests），如图 4.28 所示。

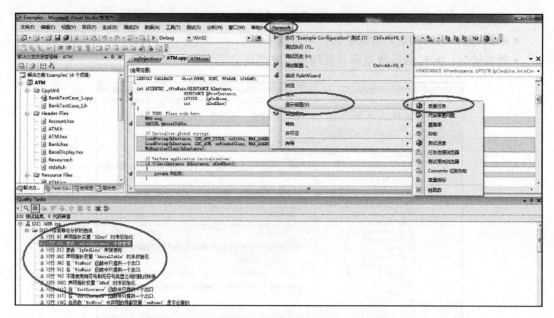

图 4.27　质量任务

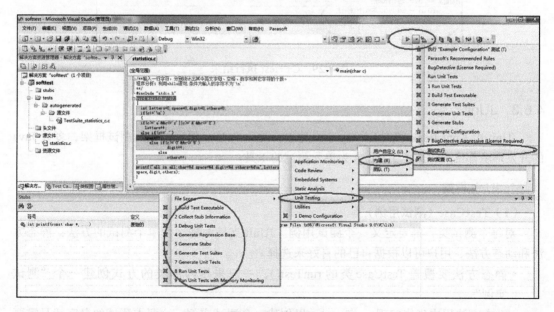

图 4.28　单元测试

3）单元测试执行完成后，可以点击菜单栏的 Parasoft 显示视图，选中相应视图查看覆盖率、测试用例、桩函数等。

2. 测试过程

下面以图 4.29 为例介绍测试的过程。

- 测试文件：Statistics.c（函数功能为输入一行字符，分别统计出其中英文字母、空格、数字和其他字符的个数）。

- 执行时间：5 秒。
- 测试用例：生成 10 个测试用例，均为数字。
- 覆盖情况：90% 的行覆盖率，其他覆盖准则覆盖率为 0。

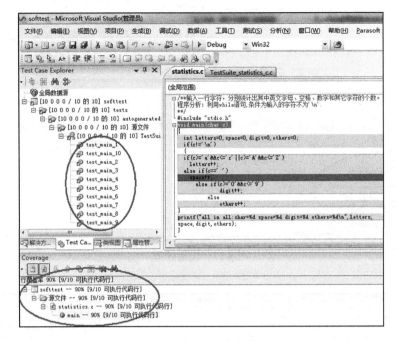

图 4.29　C++test 执行结果

4.6.3　JUnit

JUnit 由 Kent Beck 和 Erich Gamma 建立，是一个 Java 语言的单元测试框架，多数 Java 的开发环境都已经集成了 JUnit 作为单元测试的工具。

1. JUnit 框架

（1）TestCase（测试用例）

对每个测试类，都要定义一个测试用例。JUnit 支持两种运行单个测试的方法：静态方法和动态方法，用户可以根据自己的喜好来选择。

- 静态方法要覆盖 TestCase 类的 runTest()，一般采用内部类的方式创建一个"测试实例"。
- 动态方法用内省来实现 runTest()，以创建一个测试实例。这要求测试的名字就是需要调用的测试方法的名字，JUnit 会动态查找并调用指定的测试方法。

（2）TestSuite

一旦创建了一些测试实例，下一步就是让它们能一起运行，必须定义一个 TestSuite。在 JUnit 中，这就要求在 TestCase 类中定义一个静态的 suite() 方法。suite() 方法就像 main() 方法一样，JUnit 用它来执行测试。在 suite() 方法中，将测试实例加到一个 TestSuite 对象中，并返回这个 TestSuite 对象。一个 TestSuite 对象可以运行一组测试。TestSuite 和 TestCase 都实现了 Test 接口，而 Test 接口定义了运行测试所需的方法。这就允许用 TestCase 和 TestSuite 的组合创建一个 TestSuite。

（3）TestRunner

有了 TestSuite 就可以运行测试了，JUnit 提供了三种界面来运行测试：

```
[Text UI] junit.textui.TestRunner
[AWT UI] junit.awtui.TestRunner
[Swing UI] junit.swingui.TestRunner
```

如果需要在一个或若干个类执行测试，这些类就成了测试的 context，在 JUnit 中被称为 Fixture。通常若干测试用例会使用相同的 Fixture，而每个用例又各自有需要改变的地方。为此，JUnit 提供了两个方法，定义在 TestCase 类中：

```
protected void setUp( ) throws java.lang.Exception
protected void tearDown( ) throws java.lang.Exception
```

覆盖 setUp() 方法，初始化所有测试的 Fixture，将每个测试不同的地方在 testXX() 方法中进行配置。覆盖 tearDown()，释放在 setUp() 中分配的永久性资源。当 JUnit 执行测试时，它在执行每个 testXX() 方法前都调用 setUp()，而在执行每个 testXX() 方法后都调用 tearDown()，由此保证了测试不会相互影响。

（4）Assert

Assert 类中定义了一些 assert 方法，主要有 assert()、assertEquals()、assertNull()、assertSame()、assertNull()、assertTrue() 等。

Failure（失败）是一个期望被 assert 方法检查到的结果，Error（错误）则是由意外的问题引起的。

2. JUnit 的优势

由于具有良好的设计架构，JUnit 平台具有下列优势。

- 不用为单元测试编写重复的程序代码。使用 JUnit 可以让开发人员很轻松地建立测试用例来测试类的方法。事实上，如果搭配某些开发工具，甚至不需要编写任何程序代码就可以进行测试。
- JUnit 的测试用例可以被组织成测试组合（TestSuite）。JUnit 的测试用例组合可以包含多个测试用例或其他测试用例组合，这样开发人员就可以在一个测试动作中完成相关方法的测试。
- JUnit 的测试结果容易收集。JUnit 套件提供了三种基本的测试执行环境。其中 junit.textui.TestRunner 是在文字模式下执行的，junit.awtui.TestRunner 和 junit.swingui.TestRunner 为图形化界面。

4.6.4 Testbed

Testbed 是 LDRA 公司的软件测试工具套件中的一个主要部件。LDRA 公司是专业性软件测试工具与测试技术、咨询服务提供者，其总部位于英国利物浦，中国总代理为上海创景计算机系统有限公司。Testbed 的系统界面如图 4.30 所示。

Testbed 主要由六部分组成：代码评审、质量评审、设计评审、单元测试、测试验证、测试管理，如图 4.31 所示。

图 4.30 Testbed 系统界面

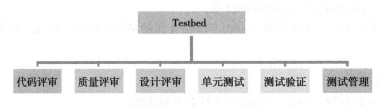

图 4.31 Testbed 组成部分

（1）代码评审

LDRA 工具套件提供编码规则检查功能，帮助用户提高代码评审工作的效率和质量。用户可以选择使用工具自带的编码规则，也可选择使用行业认可的编码规则标准。例如 MISRA C/MISRA-C:2004、GJB5369 等，同时支持用户筛选配置自己的编码规则集，以及根据用户需要添加用户自定义的编码规则。

（2）质量评审

软件质量度量可以帮助对软件质量特性进行评价。LDRA 工具套件能够实现质量评审过程的自动化，能够实现代码的全面可视化、系统级的质量度量以及代码的结构化简，帮助用户提高整个代码的质量。

（3）设计评审

设计评审的目的是对源代码与设计需求之间的一致性进行评审。传统人工方式的设计评审需要花费大量时间和资源，LDRA 工具套件实现了设计评审的自动化。

（4）单元测试

单元测试为开发团队提供了在初始编码阶段发现和修正错误的方法，帮助软件开发团队提高软件单元 / 模块的质量。

（5）测试验证

软件代码覆盖率分析能够帮助用户直观、详细地了解被测试代码的测试覆盖情况，即哪些代码被执行过了，哪些代码没有被执行过，并且通过进一步分析，明确需要如何补充测试用例来验证没有被测试执行过的代码，或者分析代码未被执行的原因，从而帮助发现程序中的缺陷，提高软件质量。

（6）测试管理

LDRA 工具套件可以和常用的版本管理工具进行无缝集成，用户可以直接在 LDRA 工具套件中进行被测试软件版本的 check-out 测试、源代码修改、再测试、确认以及 check-in，从而实现更加高效的测试管理。

4.7 单元测试工具 CTS

CTS 是由北京邮电大学研发的一款具有独立自主知识产权的、面向 C 语言的单元覆盖测试工具，可自动完成对单元的语句、分支、MC/DC 的覆盖测试。程序的预处理、测试用例的生成、测试环境建立与测试执行、故障定位等功能都完全自动化，其系统结构如图 4.32 所示。利用 CTS 可大大提高单元测试的效率与精度，对快速达到指定元素的覆盖率，快速发现故障具有很重要的意义。

图 4.32 CTS 结构图

CTS 的主要操作步骤如下：

第一步，选择"工程"菜单中的"新建工程"命令，出现如图 4.33 所示的对话框。

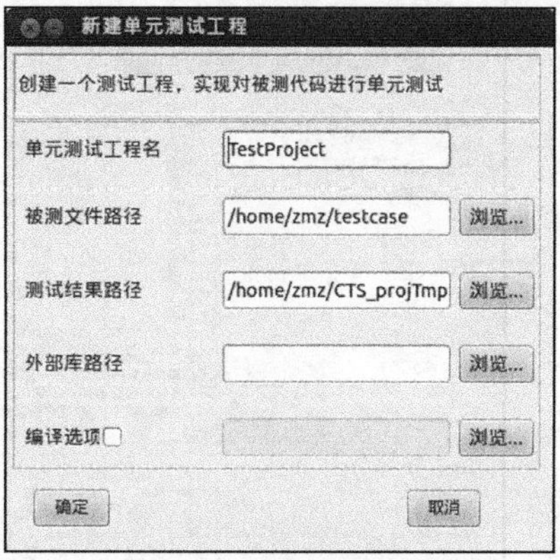

第二步，工程建立完毕后，将出现如图 4.34 所示界面。界面的工程视图中显示了所有的文件信息。

第三步，覆盖准则选择。

点击工具栏或"测试菜单→工程设置"中的"覆盖准则选取"菜单项，将出现如图 4.35 所示界面，选择需要的覆盖准则，点击"确定"。

第四步，点击工具栏中的"模块划分"按钮或工程名右键菜单中的"模块划分"选项，系统将对选定的文件和函数进行模块划分，如图 4.36 所示。

图 4.33 新建工程界面

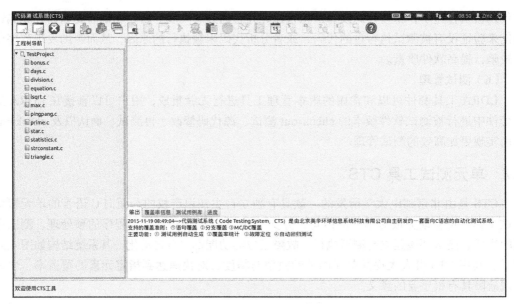

图 4.34　新建工程后界面显示

图 4.35　覆盖准则选取界面

图 4.36　模块划分菜单

第五步，选择测试用例生成方式，有三个选项。这里选择"自动测试"，如图 4.37 所示。

第六步，查看测试结果。

1）在工程视图中选择某个函数后，可以在右下角的测试结果标签中查看覆盖率和测试用例库信息，如图 4.38 和图 4.39 所示。

图 4.37　对工程进行测试

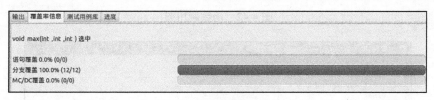

图 4.38　覆盖率显示

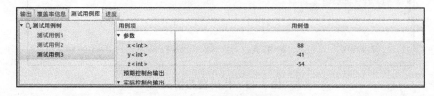

图 4.39　测试用例库

2）在工程视图中右击工程名，用户可以在生成的菜单中选择查看测试结果文件和工程属性，分别如图 4.40 和图 4.41 所示。

3）在工程视图中选择一个文件并右击，弹出文件名右键菜单，用户可以查看文件内的函数调用图（见图 4.42）、代码覆盖情况（见图 4.43）和函数属性（见图 4.44）。

第七步，故障定位。

1）在测试用例库视图下，对每个测试用例的实际返回值与预期返回值进行比对，如果一致则通过，否则为不通过。一旦有测试用例不通过，则故障定位图标从灰色变为可用，如图 4.45 所示。

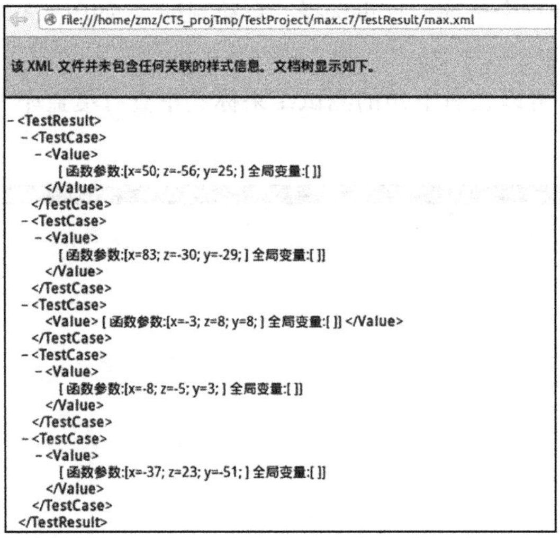

图 4.40   测试结果文件

图 4.41   工程属性

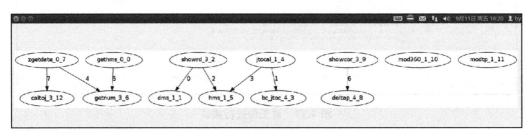

图 4.42   函数调用图

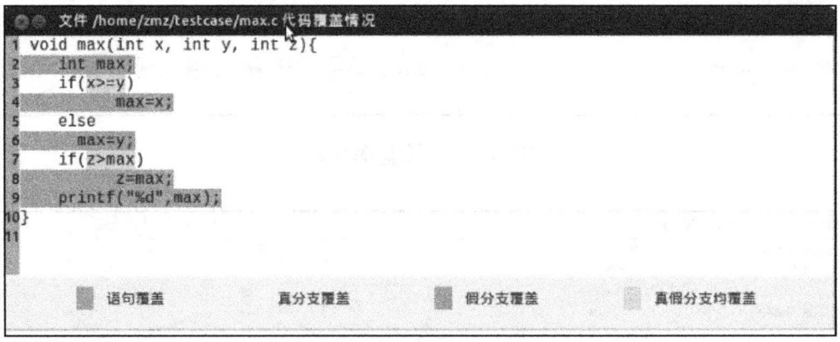

```
文件 /home/zmz/testcase/max.c 代码覆盖情况
 1  void max(int x, int y, int z){
 2      int max;
 3      if(x>=y)
 4          max=x;
 5      else
 6          max=y;
 7      if(z>max)
 8          z=max;
 9      printf("%d",max);
10  }
11
```

图 4.43   代码覆盖情况

图 4.44   函数属性

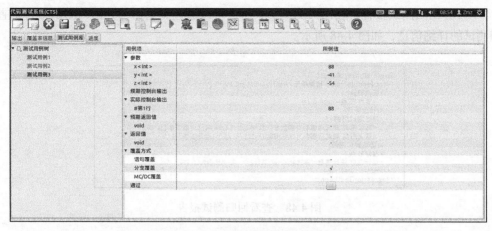

图 4.45　判断测试用例是否通过

2）语句块可疑度排名。点击故障定位图标，则可以查看对可疑语句块的排名，如图 4.46 所示。排名最靠前的语句其可疑度最大。

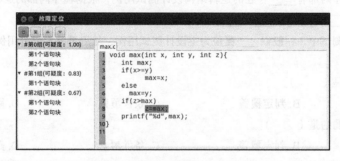

图 4.46　语句块可疑度排名

第八步，回归测试及回归报告查看。

1）进行回归测试。依据定位到的故障语句，对源代码进行修改后，在测试用例生成选项中选择"回归测试"，如图 4.47 所示。

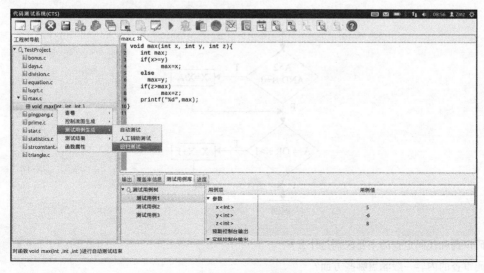

图 4.47　回归测试

2）查看回归测试报告。在回归测试结束后，可以通过浏览器打开回归测试报告来查看回归测试的详细信息，如图 4.48 所示。

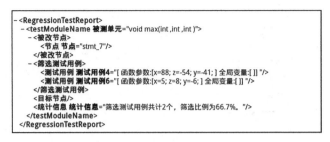

图 4.48　查看回归测试报告

习题

1. 白盒测试是____测试，被测对象是____，以程序的____为基础设计测试用例。

2. 逻辑覆盖是对程序内部有____存在的逻辑结构设计测试用例，根据程序内部的逻辑覆盖程度又可分为____、____、____、____和____6 种覆盖技术。

3. 实际的逻辑覆盖测试中，一般以____覆盖为主设计测试用例，然后再补充部分用例，以达到____覆盖测试标准。

4. 覆盖准则最强的是（　　）。

　　A. 语句覆盖　　　　　　　B. 判定覆盖　　　　　　　C. 条件覆盖　　　　　　　D. 路径覆盖

5. 发现错误能力最弱的是（　　）。

　　A. 语句覆盖　　　　　　　B. 判定覆盖　　　　　　　C. 条件覆盖　　　　　　　D. 路径覆盖

6. 有程序流程图如下图，对该程序段做白盒测试，请分别写出满足以下标准的测试用例集：

　　1）判定覆盖标准。

　　2）条件覆盖标准。

　　3）判定条件覆盖标准。

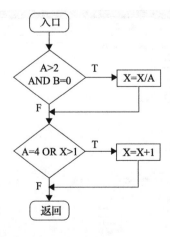

7. 代码审查和代码走查的主要区别是什么？

8. 代码审查的内容一般涵盖哪些方面？

9. 代码审查报告单一般应包含哪些项？

10. 代码走查的小组构成一般包括哪些人员？

11. 代码走查的基本方法是什么？

12. 程序变异测试的基本思想是什么？

第 5 章　基于缺陷模式的软件测试

对任何一种测试理论，最成熟的测试技术是在故障模式的基础之上建立的，机械、电子、控制、IC 等领域无不如此。故障模式要能比较准确地反映被测系统故障发生的情景，大多数故障都能用此模式来描述。例如集成电路中的固定 0/1 故障模式，统计表明，此模式可以检测系统中接近 90% 的故障。

软件中的缺陷比较复杂，而且都是人为造成的。虽然软件测试经历了几十年的发展，但目前关于软件故障模式的研究进展并不是很大，可以想象，未来也很难会有统一的软件故障模式。虽然如此，对软件中的某些故障类型，我们还可以有所作为。

软件中的故障可以描述为功能性的和非功能性的，功能性故障目前对模式的研究尚无进展。非功能性故障，诸如性能方面等故障，也很难模式化。但有一类故障，表现为软件代码上的故障，通过过去十多年的研究，这个方面取得了积极的进展。此类代码上的故障可能会导致系统运行时错误，如存储器泄漏、数组越界、空指针等；还有一类故障会引起安全问题，如未验证的输入等。再者，由于代码上的问题，虽然软件本身没有问题，但可能会隐含了问题。

本章基于北京邮电大学研发的软件缺陷检测系统 DTS，叙述基于软件代码缺陷模式的测试技术，我们将软件缺陷模式分为故障模式、安全漏洞模式、疑问代码模式和违反规则的模式。

5.1　基于缺陷模式的软件测试概述

一种测试理论是否成熟的重要标志是测试对象是否有比较好的缺陷模式（模型），缺陷模式必须满足下列几个条件：

- 该模式下的缺陷是符合实际的。也就是说，该模式下所定义的缺陷在实际工程中是大量存在的。
- 基于该模式的缺陷数目是可以容忍的，一般来讲，缺陷个数跟系统的规模呈线性关系。
- 该模式下的缺陷是可以测试的。应该存在一个算法可以检测出这些缺陷。

由于软件的复杂性和软件缺陷的复杂性，自软件测试技术诞生以来，虽然有很多科学家在软件缺陷模式方面做了大量的工作，但收效甚微。这在很大程度上影响了软件测试技术的发展与进步。进入 21 世纪以来，随着社会对软件测试技术的需求越来越大，软件质量越来越受到重视，软件测试理论也得到快速发展。其中软件测试缺陷模式的研究取得了重要进展。目前市场上已有多个基于缺陷模式的软件测试系统。

2000 年以来，基于缺陷模式的软件测试首先在美国发展起来，目前以此为基础开发的软件测试工具（如 KlockWork、IQA 等）已经投入商业运营，其商业模式包括软件测试工具的销售和软件测试服务，目前已经取得了很大的成功。

与其他测试技术相比，基于模式的软件测试技术具有如下特点：

- **针对性强**：如果说某种模式的缺陷是经常发生的，并且在被测软件中是存在的，则面向缺陷的测试可以检测出此类缺陷，并且它不会有像白盒测试和黑盒测试那样的不确定性。

- **具有特殊性**：基于缺陷模式的软件测试技术往往能发现其他测试技术难以发现的故障，如内存泄漏缺陷、空指针引用缺陷。
- **工具自动化程度高以及测试效率高**：使用 DTS 对 Apache Tomcat v6.0.14 约 30 万行源代码进行空指针引用缺陷测试，所耗时间只需几分钟。
- **缺陷定位准确**：对测试所发现的缺陷能够准确定位。
- **易学、易用**：对 IT 专业专科以上的毕业生，一般经过几天培训即可掌握。

5.2 基于缺陷模式的软件测试指标分析

设 P 是待测程序，将缺陷模式 M 分成类 $M=\{M_1, M_2, \cdots, M_n\}$，每类分成 $M_i=\{M_{i1}, M_{i2}, \cdots, M_{iL}\}$ 种，从 P 中计算出和 M 相匹配的检查点的集合 $IP=\{IP_1, IP_2, \cdots, IP_m\}$，可以定义如下技术指标：

（1）漏报率（ErrorRadio，ER）

设 P 是程序，M 是缺陷模式，A 是算法，$IP(M, A, P)$ 是 IP 总的数目，考虑到测试算法实现过程中的不同假设，会导致 $IP(M, A, P)$ 不同。漏报率定义为：

$$ErrorRatio = \frac{|IP(M, A, P) - IP(M, P)|}{|IP(M, P)|}$$

理论上，在 M 和 P 给定之后，$IP(M, P)$ 是确定的，但是在实践中很难得到 $IP(M, P)$。假设不同的测试工具算法为 $A_1, A_2, \cdots, A_n$，则通常用 $\bigcup_{i=1}^{n} IP(M, A_i, P)$ 表示 $IP(M, P)$。

对于每个 IP 通常需要人工去判定该 IP 是否为真的缺陷，考虑程序的逻辑复杂性以及测试代价等因素，IP 经确认后分为 3 种情况，用 $IP_Y(P, A, M)$、$IP_N(P, A, M)$、$IP_U(P, A, M)$ 分别表示 IP 确认为缺陷的数目，确认为非缺陷的数目，以及不能确定是否缺陷的数目。显然

$$IP_Y(M, A, P) + IP_N(M, A, P) + IP_U(M, A, P) = IP(M, A, P)$$

（2）准确率（Correct Ratio，CR）

$$CR = \frac{IP_Y(M, A, P) + IP_U(M, A, P)}{IP(M, A, P)}$$

（3）误报率（Distort Ratio，DR）

$$DR = \frac{IP_N(M, A, P)}{IP(M, A, P)}$$

（4）缺陷检测率（Defect Detecting Ratio，DDR）

$$DDR = \frac{IP_Y(M, A, P)}{IP(M, A, P)}$$

（5）自动缺陷检测率（ADR）

用 $IP_{AY}(P, A, M)$ 表示不需要人工确认，工具可以自动检测缺陷的个数。

（6）计算复杂性

在理论上，基于缺陷的软件测试技术可以 100% 地检测所定义的缺陷模式。但由于缺陷的检测可以模型化程序的遍历问题，对于大型程序，全部遍历虽然可以提高精度，但需要花费大量时间。因此，该技术有一个性价比的问题，在时间遍历过程中，往往都有一定的限制，如在一个函数内、一个类内、一个文件内等。

5.3 缺陷模式

5.3.1 缺陷模式概述

缺陷模式是和语言本身相关的，不同语言有着不同的缺陷模式。本节以 C++ 语言和 Java 语言为背景来描述其缺陷模式。这些缺陷模式是从大量工程实践中总结出来的，有很强的工程背景。我们将软件的缺陷模式分为四个层次，即故障模式、安全漏洞模式、缺陷模式和规则模式。

（1）故障模式：此类缺陷是故障，一经产生，会导致系统出错。

- 内存泄漏模式
- 资源泄漏模式
- 指针使用错误模式
- 数组越界模式
- 非法计算模式
- 使用未初始化变量模式
- 死循环结构模式
- 死锁模式

（2）安全漏洞模式：此类缺陷会给系统留下安全隐患，为攻击该系统开了绿灯。

- 缓冲区溢出模式
- 被感染的数据模式
- 竞争条件模式
- 风险操作模式

（3）缺陷模式：此类缺陷是不应该发生的，它未必会造成系统的错误，但可能会隐含某些故障，或者是由初级软件工程师不理解造成的。

- 性能缺陷模式：此类缺陷会降低系统的性能
- 疑问代码模式：让人费解的代码

（4）规则模式：软件开发总要遵循一定的规则，某个团队也有一些开发规则，违反这些规则也是不允许的。

- 代码规则
- 复杂性规则
- 控制流规则
- 命名规则
- 可移植性规则
- 资源规则

5.3.2 故障模式

故障模式中给出的故障描述，是程序中可能存在的故障，这些故障一旦被激活，就会使系统发生错误。

1. 存储泄漏的故障模式（Memory Leak Fault，MLF）

定义 5.1 内存泄漏故障：设在程序的某处申请了大小为 M 的空间，凡在程序结束时

MB 或者 MB 的一部分没被释放，或者多次释放 MB 或 MB 的一部分都是内存泄漏故障。

MLF 有三种形式：

- 遗漏故障：是指申请的内存没有被释放。
- 不匹配故障：是指申请函数和释放函数不匹配。
- 不相等的释放错误：是指释放的空间和申请的空间大小不一样。

在 C++ 中，MLF 有以下表现形式。

（1）第 I 类

在完整路径 P_i 申请内存，但在 P_i 上无任何内存释放函数。

【例 5.1】 考虑下列程序：

```
1  listrec *add_list_entry (listrec *entry, int value) {
2  listrec *new_entry = (listrec*) malloc (sizeof (listrec) );
3  if (!new_entry) {
4  return NULL;
5      }
6  new_entry->value = value;
7  if (!entry) {
8  return NULL;
9  }
10 new_entry->next = entry->next;
11 entry->next = new_entry;
12 return new_entry;
13 }
```

在程序的第 2 行，给变量 new_entry 分配了内存，当程序在第 8 行返回时并没有释放该内存。

（2）第 II 类

pointer 是用 malloc 分配的变量，若存在 P_i 且在 P_i 上只存在一个 free (pointer)，则是正确的。反之，如果是存在两个或两个以上 free(pointer)，或者无 free (pointer)，或者存在一个或一个以上的 delete (pointer)，则称为第 II 类 MLF。

【例 5.2】 考虑下列程序结构：

```
…;str=malloc(10);…;delete(str);…
```

（3）第 III 类

pointer 是用 new 分配的变量，若存在 P_i 且在 P_i 上只存在一个 delete (pointer)，则是正确的。反之，如果存在两个或两个以上 delete (str)，或者无 delete (pointer)，或者存在一个或一个以上的 free (pointer)，则是第 III 类 MLF。

【例 5.3】 考虑下列程序结构：

```
…;str=new(10);…;free(str);…
```

（4）第 IV 类

pointer 是用 new[ ] 分配的变量，若存在 P_i 且在 P_i 上只存在一个 delete[ ]，则是正确的。反之，如果是用 delete 或用 free 释放的，则是第 IV 类 MLF。

【例 5.4】 考虑下列程序结构：

```
…;class A { }; t=new A[10]; …;delete t;…
```

（5）第Ⅴ类

多余的 delete 和 free 是第Ⅴ类 MLF。

【例5.5】 考虑下列程序结构：

```
…;char *str=" abc" ,…free(str);…
```

（6）第Ⅵ类

申请内存的 pointer 发生变化后，用 delete 和 free 释放变化后的 pointer 是第Ⅵ类 MLF。

【例5.6】 考虑下列程序结构：

```
…;char *p=malloc(10);…;++p;…;free(p);
```

（7）第Ⅶ类

如果在构造函数中有申请内存的操作、且在其他函数中出现对象的拷贝，如果无拷贝构造函数，则会产生析构函数对内存重复释放的错误。该类错误为第Ⅶ类 MLF。

【例5.7】 考虑下列程序：

```
class base
{    public:
     char *p;
public:
     base()
     {    p=new char[strlen("default value")+1];
          strcpy(p,"default value");
          printf("base constructor is calling\n");
     }
     /*base(base& a)
     {    printf("base copy constructor is calling\n");
          p=new char[strlen(a.p)+1];
          strcpy(p,a.p);
     }*/
     void setp(char *s)
     {    if(p!=NULL) delete []p;
          p=new char[strlen(s)+1];
          strcpy(p,s);
     }
     ~base()
     { if(p) { delete[] p;   p=NULL; }}
};
class derive: public base
{    public:
     derive()
     { }
     derive(derive &a)
     printf("derive copy constructor is calling\n");
};
int main(int argc, char* argv[])
{    derive c;
     c.setp("this is c");
     derive b(c);
     printf("c : %s\n",c.p);
     printf("b : %s\n",b.p);
return 0;
}
```

由于在主程序中有语句 b＝c，如果缺少拷贝构造函数 base(base& a)，则当程序执行析构函数时，对指针 *p 就执行了两次释放操作，可能会造成死机。

（8）第Ⅷ类

如果在构造函数中有申请内存的操作，且在其他程序中有两个对象直接或间接的赋值操作，如果没有对"＝"运算符进行重载定义，则会产生两次释放同一个内存操作的错误。该类错误为第Ⅷ类 MLF。

【例 5.8】 考虑下列程序：

```
class base
{   public:
    char *p;
    base()
    {   p=new char[strlen("default value")+1];
        strcpy(p,"default value");
    }
    /*base &operator =(const base& a)
    {   if(&a==this)        return *this;
        delete[] p;
        p=new char[strlen(a.p)+1];
        strcpy(p,a.p);
        return *this;
    }*/
    void setp(char *s)
    {   p=new char[strlen(s)+1];
        strcpy(p,s);
    }
    ~base()
    { if(p) {  delete[] p; p=NULL;}}
};
int main(int argc, char* argv[])
{   base a,b;
    b=a;
    return 0;
}
```

由于在主程序中有语句 b＝a 的操作，如果没有对"＝"运算符的重载定义，则当程序执行析构函数时，对指针 *p 就执行了两次释放操作，可能会造成死机。

（9）第Ⅸ类

在"＝"重载操作中，如果涉及指针操作，则必须判断两个对象是否为同一个对象，否则当进行释放指针的操作时，就可能产生错误。该类错误称为第Ⅸ类 MLF。

【例 5.9】 考虑下列程序：

```
class MyString
{   public:
        char *mChars;
        MyString()
        {
            mChars=new char[strlen("default value")+1];
            strcpy(mChars,"default value");
        }
        MyString& operator= (const MyString& rhs);
};
```

```
MyString& MyString::operator= (const MyString& rhs)
{   /*if(&rhs==this)
        return *this; */
    if (rhs.mChars != NULL) {
        delete[] mChars;
        mChars = new char [strlen (rhs.mChars)+1];
        strcpy (mChars, rhs.mChars);
    } else {
        mChars = NULL;
    }
    return *this;
}
int main(int argc, char* argv[])
{   MyString a;
    printf("a.mChars is %s\n",a.mChars);
    a=a;
    printf("a.mChars is %s\n",a.mChars);
    return 0;
}
```

如果在上面的程序中缺少 if(&rhs＝＝this) return *this，则会产生指针将被释放两次，从而造成错误。

MLF 故障在 C++ 中非常危险，若在某个函数中有 MLF 故障，则当多次运行该函数时，由于申请的内存没有释放，可能会造成内存空间不足而造成系统死机或异常退出。

2. 数组越界故障的故障模式（Out of Bounds Array Access Fault，OBAF）

定义 5.2　数组越界故障：设某数组定义为 Array[min～max]，若引用 Array[i] 且 $i <$ min 或 $i >$ max 都是数组越界故障。在 C++ 中，若 $i < 0$ 或 $i \geqslant$ max 是数组越界故障。

1）对程序中任何出现 Array[i] 的地方，都要判断 i 的范围，可能有三种情况：

- 若 i 是在数组定义的范围内，则是正确的。
- 若 i 是在数组定义的范围外，则是 OBAF。
- 若 i 是不确定的，则 Array[i] 是否是 OBAF 不能确定。

【例 5.10】 考虑下列程序结构：

```
#define N 10
    ......
int data[N];
for (i = 0; i<=N; ++i) {
    int x = new_data(i);
    data[i] = foo(x);
}
```

程序中的 data[i] 就会产生越界错误。

【例 5.11】 考虑下列程序：

```
int search_slots(int port)
{
    int i = 0;
    while (++i<port) {
        if (slot_table[i]>port)
            return slot_tabe[i];
    }
```

```
    return 0;
}
```

除非能够确定 port 小于 slot_table[ ] 的范围，否则这是一个故障。

2）字符串拷贝过程中存在的数组越界故障：字符串拷贝的一般形式为：

```
copy(dest,source)
```

如果 source 的空间大小大于 dest 的空间大小，则是数组越界故障；否则，则是正确的。在 C++ 中，字符串拷贝的函数可能引起的故障参见表 5.1。

表 5.1　可能产生数组越界的函数

函 数 类 型	故 障 条 件
memccpy(void *dest,const void *src,int c,size_t,n)	n>|dest|
memcpy(void *dest,const void *src,size_t,n)	n>|dest|
memmove(void *dest,const void *src,size_t,n)	n>|dest|
memset(void *dest,int c,size_t,n)	n>|dest|
movmem(void *src,void *dest,unsigned length)	length>|dest|
stpcpy(char *dest,const char *src)	|dest|>|src|
strcat(char *dest,const char *src)	|dest|>|dest|+|src|
strcpy(char *dest,const char *src)	|dest|>|src|
strncat(char *dest,const char *src,size_t maxlen)	|dest|>|src|+maxlen
strncpy(char *dest,const char *src,size_t maxlen)	|dest|>|src|+maxlen
strxfrm(char *dest,char *src,size_t n)	n>|dest|

3）在结构类型中，由于结构体中的成员变量是连续存放的，数组复制过程中，多余的数据会自动地存放在后面所定义的成员变量中，这种情况数组并不产生越界错误。例如：

【例 5.12】　考虑下列程序结构：

```
struct message {
    char word1[8];
    char word2[8];
    char word3[8];
}
…
char buffer[24];
struct message msg;
…
buffer = …;
msg.word1 = strcpy(msg.word1, buffer)
```

这里的数组拷贝并不产生数组越界错误，但这种情况并不提倡使用，在测试过程中，除非特别说明，否则会将上述情况统一作为错误处理。

3. 使用未初始化变量故障模式（Uninitialized Variable Fault，UVF）

定义 5.3　使用未初始化变量故障：存在一个路径，在该路径上使用前面没有被赋初值的变量会出现使用未初始化变量故障。

【例 5.13】 考虑下列程序:

```
1   char *readline(char *buf) {
2       char c;
3       char *savebuf = buf;
4       while (c != EOF && (c = getchar()) != '\n' )
5           *buf++ = c;
6       *buf = '\0';
7       if ( c == EOF && buf == savebuf )
8           return NULL;
9       else
10          return savebuf;
11  }
```

本例中, 第 2 行定义变量 c, 在第 4 行使用该变量时, 该变量没有被赋初值。

但是, 下列几种情况不是使用未初始化变量故障:

1)在 C++ 中, 由于静态变量和全局变量隐含了被赋予初值 0, 因此, 静态变量和全局变量未被赋予初值, 而不是 UVF 类故障。

【例 5.14】 考虑下列程序结构:

```
void main(void) {
    static int t;
    x = t;
}
```

这里, 由于 t 的初值为 0, 故这里并不是 UVF 类故障。

2)当一个未被初始化的变量作为函数的参数时, 该变量可能在函数中被赋予初值, 这种情况也不属于 UVF 类故障。

【例 5.15】 考虑下列程序结构:

```
void main(void) {
    int t;
    ...
    status = initvars(&t);
    x = t;
}
```

由于 t 在函数 initvars 被赋予初值, 因此, x = t 不是 UVF 类故障。

3)变量 x 在一个条件或一个循环中被赋值, 在该条件或循环后将 x 赋给变量 y, 此时, 由于难以确定该条件或循环是否被执行, 因此, 这种情况也不列为 UVF 类故障。

【例 5.16】 对于下列程序结构:

```
int t = -1;
    ...
    while (t < 0) {
        b = getval();
    }
c = b;
```

可以认为 b 在循环中已经被赋值。

4)变量 x 在 case 语句中被赋值, 如果 case 语句是完备的, 在 case 后将 x 赋给变量 y, 这种情况也不是 UVF 类故障。

【例 5.17】　对下列程序结构：

```
switch (x) {
    case 1: a = 1; break;
    case 2: a = 2; break;
    case 3: a = 3; break;
  }
c = a;
```

如果 x 的取值仅为 1、2、3，则 c = a 不是 UVF 类故障，否则是 UVF 类故障。

4. 空指针使用故障（NULL Pointer Dereference Fault，NPDF）

定义 5.4　空指针使用故障：引用空指针或给空指针赋值的都是空指针使用故障。

【例 5.18】　对于下列程序：

```
1  listrec *add_list_entry (listrec *entry, int value) {
2  listrec *new_entry = (listrec*) malloc (sizeof (listrec) );
3  if (!entry) {
4      return NULL
5  }
6  new_entry->value = value;
7  new_entry->next = entry->next;
8  entry->next = new_entry;
9  return new_entry;
10 }
```

当第 2 行对 new_entry 分配内存失败，第 6 行和第 7 行的 new_entry 就是一个空指针故障。

空指针除了来源于内存分配失败和初始赋值外，另外一个重要的来源是各种函数的运算结果，如表 5.2 所示。

表 5.2　可能产生空指针的函数列表

函　　数	F(r)	F(1)	F(2)	F(3)	F(4)	F(5)
asctime	–	S1	–	–	–	–
atof	–	S1	–	–	–	–
atoi	–	S1	–	–	–	–
atol	–	S1	–	–	–	–
bsearch	S2	S1	S1	S3	S3	S1
calloc		S2	S3	S3		
clearerr	–	S1	–	–	–	–
ctime	–	S1	–	–	–	–
feof	–	S1	–	–	–	–
ferror	–	S1	–	–	–	–
fflush	–	S1	–	–	–	–
fgetc	–	S1	–	–	–	–
fgetpos	–	S1	S1	–	–	–
fgets	S2	S1	S3	S1	–	–
fopen	S2	S1	S1	–	–	–

（续）

函　　数	F(r)	F(1)	F(2)	F(3)	F(4)	F(5)
fprintf	–	S1	S1	–	–	–
fputc	–	–	S1	–	–	–
fputs	–	S1	S1	–	–	–
fread	–	S1	S3	S3	S1	–
freopen	S2	S1	S1	S1	–	–
frexp	–	–	S1	–	–	–
fscanf	–	S1	S1	–	–	–
fseek	–	S1	S3	–	–	–
fsetpos	–	S1	S1-	–	–	–
ftell	–	S1	–	–	–	–
fwrite	–	S1	S3	S3	S1	–
getc	–	S1	–	–	–	–
getenv	–	S1	–	–	–	–
gets	S2	S1	–	–	–	–
gmtime	S2	S1	–	–	–	–
localtime	–	S1	–	–	–	–
longjmp	–	S1	–	–	–	–
malloc	S2	S3	–	–	–	–
mbstowca	–	S1	S1	–	–	–
mbtowc	–	S1	–	–	–	–
memchr	S2	S1	–	S3	–	–
memcmp	–	S1	S1	S3	–	–
memcpy	–	1	S1	S3	–	–
memmove	–	S1	S1	S3	–	–
memset	–	S1	–	S3	–	–
mktime	–	S1	–	–	–	–
modf	–	–	S1	–	–	–
new	S2	S3	–	–	–	–
new[]	S2	S3	–	–	–	–
error	–	S1	–	–	–	–
printf	–	S1	–	–	–	–
putc	–	–	S1	–	–	–
puts	–	S1	–	–	–	–
qsort	–	S1	S3	S3	S1	–
remove	–	S1	–	–	–	–
rename	–	S1	S1	–	–	–
rewind	–	S1	–	–	–	–
scanf	–	S1	–	–	–	–
setbuf	–	S1	–	–	–	–

（续）

函 数	F(r)	F(1)	F(2)	F(3)	F(4)	F(5)
setvbuf	-	S1	-	-	S3	-
sprintf	-	S1	S1	-	-	-
scanf	-	S1	S1	-	-	-
strcat	-	S1	S1	-	-	-
strchr	S2	S1	-	-	-	-
strcmp	-	S1	S1	-	-	-
trcoll	-	S1	S1	-	-	-
strcpy	-	S1	S1	-	-	-
strcspn	-	S1	S1	-	-	-
strftime	-	S1	-	S1	S1	-
strlen	-	S1	-	-	-	-
strncat	-	S1	S1	S3	-	-
strncmp	-	S1	S1	S3	-	-
strncpy	-	S1	S1	S3	-	-
strpbrk	S2	S1	S1	-	-	-
strrchr	S2	S1	-	-	-	-
strspn	-	S1	S1	-	-	-
strstr	S2	S1	S1	-	-	-
strtod	-	S1	-	-	-	-
strtok	S2	-	S1	-	-	-
strtol	-	S1	-	-	-	-
strtoul	-	S1	-	-	-	-
strxfrm	-	S1	S1	-	-	-
time	-	S1	-	-	-	-
tmpfile	S2	-	-	-	-	-
tmpnam	-	S1	-	-	-	-
ungetc	-	-	S1	-	-	-
vfprintf	-	S1	S1	S1	-	-
vprintf	-	S1	S1	-	-	-
vsprintf	-	S1	S1	S1	-	-
wcstombs	-	S1	S1	-	-	-
wctomb	-	S1	-	-	-	-

注：
S1：表明这个参数是一个指针，可能潜在为 NULL。
S2：表明这个函数可能返回一个空指针。
S3：表明这个值可能为负数。
F(r)：函数的返回值。
F(i)：第 i 个参数。

5. 非法计算类故障（Illegal Computing Fault，ILCF）

定义 5.5　非法计算类故障：是指计算机不允许的计算会产生非法计算类故障。一旦非法计算类故障产生，系统将强行退出。

1）除数为 0 故障：在 C++ 中，下列函数的计算是禁止的：

```
div(y,x):x=0
idiv(y,x):x=0
fmod(y,x):x=0
```

2）对数自变量为 0 或负数故障：

```
log(x):x≤0
log10(x):x≤0
```

3）根号内为负数的故障：

```
Sqrt(x):x<0
```

6. 死循环结构模式（Dead Loop Fault，DLF）

定义 5.6　死循环结构模式：在控制流图中，对任何一个循环结构，例如
- FOR 语句中的死循环结构
- WHILE 语句中的死循环结构
- DO-WHILE 语句中的死循环结构
- GOTO 语句中的死循环结构
- 函数循环调用造成的死循环结构

要分析控制循环的变量的开始条件、结束条件、步长变化，检查该循环能否结束，若不能则会形成死循环。

1）无增量或增量与结束条件无关。

【例 5.19】 `for(i=1;i<=100;j++);`

2）无结束条件。

【例 5.20】 `for(i=1;i++);`

3）增量的变化趋势不能使循环结束。

【例 5.21】 `for(i=1;i==100;i=i+2);`

7. 资源泄漏故障模式（Resource Leak Fault，RLF）

定义 5.7　资源泄漏故障模式：在 Java 程序中，当一个资源被打开后，如果并不是在所有的可执行路径上都对其进行了显式的释放操作，则是一个资源泄漏故障。

资源泄漏故障面向的是 Java 语言，虽然 Java 的垃圾回收器会回收大部分系统资源，但在一些情况下它并不能保证完全的回收，这样会产生资源泄漏问题。在 Java 程序中 "资源" 包括文件描述符、socket 句柄、数据库资源和图形对象等。这些资源在 Java 中被标准库代码封装了起来，包括：
- `java.io.FileInputStream`
- `java.io.FileOutputStream`
- `java.io.FileReader`
- `java.io.FileWriter`

- java.net.Socket
- java.net.ServerSocket
- java.sql.Connection
- java.sql.Statement
- java.sql.ResultSet
- org.eclipse.swt.graphics.Color
- org.eclipse.swt.graphics.Font
- org.eclipse.swt.graphics.Cursor
- org.eclipse.swt.graphics.GC
- org.eclipse.swt.graphics.Display
- org.eclipse.swt.graphics.Image
- org.eclipse.swt.graphics.Printer
- org.eclipse.swt.graphics.Region

通过跟踪这些类，可以判断文件描述符、套接字句柄和数据库资源泄漏等。资源泄漏一般分为以下四种情况：

1）**简单泄漏**：资源被分配给本地变量，在该变量的有效范围内并没有释放资源。

2）**异常泄漏**：资源被分配给本地变量，在该变量的有效范围内也释放了资源，但是在释放资源之前异常被抛出，导致资源释放操作没有执行。

3）**交叉函数的情况**：在一个方法内分配资源，该资源被传送到另一个方法内，在另一个方法内没有正常释放资源。

4）**"静态"情况**：资源被分配给静态变量或者其他非本地变量，该变量没有正常释放。

【例 5.22】 FileOutputStream 函数缺少 close()。

```
static void copy(InputStream in, String fileName)
    throws IOException, FileNotFoundException
    { byte[] buf = new byte[1024];
    FileOutputStream out = new FileOutputStream(fileName);
    int nRead;
    while ((nRead = in.read(buf, 0, buf.length)) != -1) out.write(buf, 0, nRead);
}
```

【例 5.23】 异常导致泄漏。

```
protected void expand(InputStream input, File docBase, String name)
    throws IOException {
    File file = new File(docBase, name);
        BufferedOutputStream output = new BufferedOutputStream(new
            FileOutputStream(file));
    byte buffer[] = new byte[2048];
    while (true) {
        int n = input.read(buffer);
        if (n <= 0) break;
        output.write(buffer, 0, n);
    }
output.close();
}
```

在该例子中，如果循环发生异常，则程序会从循环中直接退出，导致 output.close() 不被执行，从而发生泄漏。

【例 5.24】 ResultSet 泄漏。

```
public synchronized Principal
    authenticate(Connection dbConnection, String username, String username)
    throws SQLException {
    // Look up the user's credentials
    String dbCredentials = null;
    PreparedStatement stmt = credentials(dbConnection, username);
    ResultSet rs = stmt.executeQuery();
    while (rs.next()) {
        dbCredentials = rs.getString(1).trim();
    }
    rs.close();
    if (dbCredentials == null) { return (null);}
    }
```

【例 5.25】 交叉函数泄漏。

```
    private PreparedStatement credentials(Connection dbConnection,
        String username)
    throws SQLException {
        PreparedStatement credentials =
        dbConnection.prepareStatement(preparedCredentials.to String());
        credentials.setString(1, username);
        return (credentials);
    }

    private Principal authenticate(Connection dbConnection, String username, String credentials)
    throws SQLException {
        ResultSet rs = null;
        PreparedStatement stmt = null;
        ArrayList list = null;
        try {
            // Look up the user's credentials
            String dbCredentials = null;
            stmt = credentials(dbConnection, username);
            rs = stmt.executeQuery();
            while (rs.next()) {
                dbCredentials = rs.getString(1).trim();
            }
            rs.close();
            rs = null;
            stmt.close();
            if (dbCredentials == null) { return (null);}
            ...
            // Accumulate the user's roles
            list = new ArrayList();
            stmt = roles(dbConnection, username);
            rs = stmt.executeQuery();
            while (rs.next()) {
                list.add(rs.getString(1).trim());
            }
        } finally {
```

```
    if (rs != null) { rs.close();}
    if (stmt != null) { stmt.close();}
    // Create and return a suitable Principal for this user
    return (new GenericPrincipal(this, username, credentials, list));
}
```

下列数据是作者对某些工程软件的测试结果。表 5.3 仅给出了四类故障的测试效果。

表 5.3　四类故障的测试结果

源代码数目	MLF	NPDF	OBAF	UVF
3 197 302	561	380	167	453
缺陷密度	0.1634/KLOC	0.12/KLOC	0.05/KLOC	0.14/KLOC

表 5.4 是对 52 个工程项目近 1GB 代码故障的统计数据。

表 5.4　六类故障的故障密度

缺陷类型	NPDF	MLF	OOBF	UVF	ILCF	RLF	总缺陷
缺陷密度	0.63	0.54	0.13	0.46	0.31	0.38	2.45/MB

8. 并发故障模式

并发故障模式主要是针对程序员对多线程的编码机制、各种同步方法、Java 存储器模式和 Java 虚拟机的工作机制不清楚，而且由于线程启动的任意性和不确定性，使用户无法确定所编写的代码具体何时执行而导致对公共区域的错误使用。这类模式主要包括不正确的同步、死锁、多线程应用中方法调用时机或方式不正确、同一变量的双重验证、相互初始化的类和临界区内调用阻塞函数等。

（1）不正确的同步

定义 5.8　在 Java 程序中，对于 synchronized 关键字的不正确使用将造成不正确的同步缺陷。

1）不连续的同步。

【例 5.26】　考虑下列程序：

```
1    public class ServerStatus {
2        public synchronized void addUser(String u) { users.add(u); }
3        public void removeUser(String u) {
4            users.remove(u);  //此处忘了同步
5        }
6    }
```

如果一个类是要线程安全的，那么其中涉及对共享变量的修改都进行同步修饰，这种缺陷的典型模式就是忘了给其中一个方法进行同步。

2）对易变域的同步。

【例 5.27】　考虑下列程序：

```
1    public class MutablePoint {
2        public int x, y;
3        public MutablePoint() { x = 0; y = 0; }
4        public MutablePoint(MutablePoint p) {
```

```
5              this.x = p.x;
6              this.y = p.y;
7         }
8    }
9    //下面的方法对上面的易变的域进行了同步操作
10   public class DelegatingVehicleTracker {
11       private final Map<String, MutablePoint> unmodifiableMap;
12       public DelegatingVehicleTracker(Map<String, MutablePoint> points) { }
13       public Map<String, MutablePoint> getLocations(){}
14       public MutablePoint getLocation(String id) {}
15       public void setLocation(String id, int x, int y) {}
16   }
```

对于易变域的引用的同步是不可靠的，不同的线程可能同步到不同的对象上。

3）set 方法被同步了但是 get 方法却没有。

【例 5.28】 考虑下列程序：

```
1    public synchronized void set(int value){
2        //do something
3    }
4    public int get(){
5        //do something
6    }
```

一般一个类中既有 get 方法，也有 set 方法，都是对一些公共变量进行访问，如果 set 方法进行了同步，但是 get 方法没有，就会使不同的线程看到对象的不同状态，引起错误。

4）方法 writeObject 同步但是其他方法均没有同步。

【例 5.29】 考虑下列程序：

```
1    public class MySerial implements Serializable {
2        private String a;
3        private transient String b;
4        public MySerial (String aa, String bb) { do something }
5        public String toString() { return a + "\n" + b; }
6        private void synchronized writeObject(ObjectOutputStream stre am)
         throws IOException {
7        }
8    }
```

类中 writeObject 被同步了，但是类中其他方法均没有被同步修饰。

5）方法 readObject 使用了 synchronized 修饰。

【例 5.30】 考虑下列程序：

```
1    public class MySerial implements Serializable {
2        private String a;
3        private transient String b;
4        private void synchronized readObject (ObjectInputStream stream)throws
         IOException , ClassNotFoundException {
5            stream.defaultReadObject();
6            b = (String) stream.readObject();
7        }
8    }
```

实现接口 Serializable 的类中的方法只能被一个线程所访问，所以没有必要对其进行同步修饰。

6）静态域的不正确初始化。

【例 5.31】 考虑下列程序：

```
1   public class UnsafeLazyInitialization {
2       private static Resource resource;
3       public static Resource getInstance() {
4           if (resource == null)
5               resource = new Resource();  // unsafe publication
6                   return resource;
7       }
8   }
```

在多线程的访问中，如果一个域被声明为静态的，那么它的初始化应该是同步的；域也可以声明为 volatile，否则编译器会重排指令。当多个线程对其进行访问，很有可能使线程看到一个未被完全初始化的对象。

（2）可能导致死锁

定义 5.9   在 Java 中，对锁的不正确操作可能造成导致死锁的缺陷。

1）方法占有两个锁时通知解锁。

【例 5.32】 考虑下列程序：

```
1   synchronized void finish(Object o) {
2       synchronized(o) {
3           o.notify();
4       }
5   }
```

方法在占有两个锁的时候调用 notify 或 notifyAll。如果这个通知是唤醒一个正在等待相同锁的另一个方法，可能死锁。因为 wait 只能放弃一个锁，但是 notify 却不能使之得到两个锁，因此 notify 不会成功。

2）存在没有释放锁的路径。

【例 5.33】 考虑下列程序：

```
1   void action() {
2       Lock l = new ReentrantLock();
3       l.lock();
4       try {
5           dosomething();
6       }
7       catch (java.lang.Exception e) {
8           l.unlock();
9       }
10  }
```

在程序中存在没有释放锁的可执行路径。注意，这里指的路径还包括可执行的异常路径。

【例 5.34】 考虑下列程序：

```
1   void action() {
2       Lock l = new ReentrantLock();
3       l.lock();
4       try {
```

```
5              dosomething();
6          }
7      catch (java.lang.Exception e) {
8          throw new RuntimeException("xxx");
9      }
10     l.unlock();
11  }
```

3）互锁引起的死锁。

【例 5.35】 考虑下列程序：

```
1   public class LeftRightDeadlock {
2       private final Object left = new Object();
3       private final Object right = new Object();
4       public void leftRight() {
5           synchronized (left) {
6               synchronized (right) {
7                   doSomething();
8               }
9           }
10      }
11      public void rightLeft() {
12          synchronized (right) {
13              synchronized (left){
14                  doSomethingElse();
15              }
16          }
17      }
18  }    //产生了死锁
```

一个对象占有锁想要请求另外的锁，而另一个线程正好占用这个锁却在请求第一个线程锁拥有的锁，因而产生了死锁。

4）方法在上了锁之后又循环调用 Thread.sleep()。

【例 5.36】 考虑下列程序：

```
1   String name;
2   synchronized void finish(Object o) throws InterruptedException {
3       while (!name.equals("root")) {
4           Thread.sleep(1000);
5       }
6   }
```

方法上锁时又循环调用 Thread.sleep()，可能导致低性能或者死锁，因为其他线程可能正在等待这个锁，最好是调用 wait()，释放该锁让其他的线程使用。

5）占有两个锁的时候再请求锁。

【例 5.37】 考虑下列程序：

```
1   String name;
2   synchronized void waitForCondition(Object lock) {
3       try {
4           synchronized(lock) {
5               name = "aa";
6               lock.wait();
7           }
```

```
8       }
9       catch (InterruptedException e) {
10          return;
11      }
12  }
```

方法持有两个或者更多的锁时调用 Object.wait() 可能导致死锁，wait 释放的是正等待的对象上的锁，而不是其他的锁。意思是说，wait 等待的锁是这个方法或者对象的已经占用的另外一个锁。

（3）多线程应用中方法调用时机或方式不正确

定义 5.10　在 Java 中，一些同步方法的不正确调用将造成该类缺陷。

1）错误地调用了 notify 或者 notifyAll。

【例 5.38 】考虑下列程序：

```
1   public void set(int value){
2       notify();
3   }
```

方法调用了 notify 或者 notifyAll，但是方法并没有被声明为同步的，即没有被上锁，也就不需要被通知去解锁。

2）错误地调用了 wait。

【例 5.39 】考虑下列程序：

```
1   public void Foo() throws InterruptedException {
2       wait();
3   }
```

方法调用了 wait，但是方法并没有上锁，需要声明为同步的。

3）没有改变临界条件就调用了 notify。

【例 5.40 】考虑下列程序：

```
1   public synchronized void set(int value){
2       while(occupiedBufferCount==1) {do something}
3       buffer=value;
4       //++occupiedBufferCount;
5       //临界条件，此方法只有修改了这个条件才能
6       //通知其他的线程
7       notify();
8   }
```

当一个被同步了的方法调用 notify 的时候，因为它改变了一些条件而满足了其他线程的要求，故而能使其他线程对公共变量等的访问。但是，如果没有对临界变量的修改，就没有必要通知其他的线程。

4）调用 notify 而不是 notifyAll。

【例 5.41 】考虑下列程序：

```
1   public synchronized void put(V v) throws InterruptedException {
2       while (isFull())
3           wait();
4       notify();
5   }
```

Java 处理器通常应用于许多线程的许多临界条件的处理, 调用 notify 只唤醒一个进程, 而这个进程未必是正等待这个临界条件的进程, 所以采用 notifyAll, 用于线程进行判断。

5）无条件等待。

【例 5.42】 考虑下列程序:

```
1    boolean isFull =true;    //显式定义了条件变量的值
2    public synchronized void put(V v) throws InterruptedException {
3        while (isFull==true)
4            wait();
5        {
6            do something
7        }
8    }
```

对 wait 的调用不是在条件控制流中, 线程所等待的条件已经发生, 这个线程将无条件不确定地等待下去。

6）线程对象直接调用了 run() 方法。

【例 5.43】 考虑下列程序:

```
1    public class Producer extends Thread{
2        public void run(){}
3    }
4    public class SharedBufferTest {
5        public static void main(String args[]){
6            Producer producer=new Producer(sharedLocation);
7            producer.run();
8    }
```

创建的线程需要启动的时候应该调用 Thread.start(), 而不是直接调用 run() 方法。

（4）同一变量的双重验证

定义 5.11 在 Java 中, 同一变量的双重验证指对一个对象进行了两次判断, 判断其是否为空。

【例 5.44】 考虑下列程序:

```
1    public static Singleton getInstance(){
2        if (instance == null)                    //first   check
3        {
4            synchronized(Singleton.class) {      //1
5            if (instance == null)                //2 second   check
6                instance = new Singleton();      //3
7        }
8        }
9        return instance;
10   }
```

双重验证即是指对一个对象进行了两次判断其是否为空（如上面所示）, 但这种方式在多线程应用中也会引起错误。如下分析：比如有两个线程：Thread 1：进入到第 3 行位置, 执行 new Singleton(), 但是在构造函数刚刚开始的时候被 Thread 抢占 CPU, Thread 2：进入 getInstance(), 判断 instance 不等于 null, 返回 instance,（instance 已经执行了 new 操作, 分配了内存空间, 但是没有初始化数据）Thread 2 利用返回的 instance 做某些操做, 失败或者异常 Thread 1 取得 CPU 初始化完成。过程中可能有多个线程取到了没有完成的实例, 并用这个实例做出某些操作。

（5）相互初始化的类

定义 5.12　在 Java 中，相互初始化的类指的是两个类中分别有对对方类的实例初始化的代码。

1）循环初始化。

【例 5.45】　考虑下列程序：

```
1    public class FirstClass{
2        public FirstClass{}
3        SecondClass  secondClass=new SecondClass();
4        public void set(int value) {
5            value=secondClass.get();
6        }
7    }
8    public class SecondClass{
9        public SecondClass{}
10        FirstClass firstClass=new FirstClass();
11        public int get(){
12            int a=firstClass.set(int b)
13            return a;
14        }
15    }
```

两个类当中分别有对对方类的实例初始化的代码，很多错误都这样衍生而来。

2）超类在初始化中使用子类。

【例 5.46】　考虑下列程序：

```
1    public class CircularClassInitialization{
2        static class InnerClassSingleton extends CircularClassInitialization {
3            static InnerClassSingleton singleton = new   InnerClassSingleton;
4        }
5        static CircularClassInitialization foo = InnerClassSingleton.singleton;
6    }
```

在一个类的初始化中，这个类调用一个子类。它的子类还没有被初始化，那么调用后，它也没有被初始化。

5.3.3　安全漏洞模式

安全漏洞模式为攻击者攻击软件提供了可能。一旦软件被攻击，系统就可能发生瘫痪，所造成的危害较大，因此，应当尽量避免此类漏洞。

攻击软件的方法是多种多样的，病毒就是其中一种，但这并不是本文所要研究的内容。本文从源代码的角度讨论软件可能存在的安全漏洞。程序代码是导致信息系统安全问题的重要来源。为防止软件留有后门，国家要求公开政府采购的重要软件的源代码。为提高代码抵抗攻击的能力，微软和 Java 开发组织提出了进行系统开发时应该遵循的安全准则和指南，并且提供了一系列安全函数库。本文以 C++ 为基础，叙述基于安全漏洞检测的缺陷模式。

1. 缓冲区溢出（buffer overflow）漏洞模式

定义 5.13　缓冲区溢出漏洞　当程序要在一个缓冲区内存储比该缓冲区的大小还要多的数据时，就会产生缓冲区溢出漏洞。

在缓冲区溢出漏洞中，多余信息可以存储在缓冲区的邻接区域内，从而破坏了原来存储在该区域的有效信息。虽然缓冲区溢出漏洞在一般的程序错误中也可能发生，但表现更多的是安全问题。在缓冲区溢出的攻击中，多余的信息可能包含诸如破坏用户文件、改变数据和泄露用户有用的信息等程序代码。缓冲区溢出的根源是 C 或 C++ 程序语言中缺乏边界检查功能。

缓存区溢出主要有两种类型：数据拷贝造成的缓冲区溢出和格式化字符串造成的缓冲区溢出。

（1）数据拷贝造成的缓冲区溢出

如果数据是从外部传进来的或者是在缓冲区之间进行数据复制，在使用之前没有进行检测，那么有可能出现安全问题。

【例 5.47】 考虑下列程序：

```
1   main(int argc, char *argv[]) {
2       short lastError;
3       char argvBuffer[16];
4       if (argc == 2) {
5           strcpy(argvBuffer, argv[1]);
6       }
7   }
```

在程序的第 5 行中，strcpy 的第二个字符串参数来自程序命令行输入，其长度如果超过 15，则可能导致一个缓冲区溢出。因此在进行字符串拷贝之前必须对 argv[1] 的长度进行检查。

可能引起缓冲区溢出的函数见表 5.5。

表 5.5　通过数据拷贝可能引起缓冲区溢出的函数

函 数 原 型	潜在的风险
void bcopy(const void *src, void *dest, int n)	可能导致 dest 缓冲区溢出
void * memccpy(void *dest,const void *src,int c,size_t,n)	可能导致 dest 缓冲区溢出
void * memcpy(void *dest,const void *src,size_t,n)	可能导致 dest 缓冲区溢出
void * memmove(void *dest,const void *src,size_t,n)	可能导致 dest 缓冲区溢出
void * memset(void *dest,int c,size_t,n)	可能导致 dest 缓冲区溢出
void movmem(void *src,void *dest,unsigned length)	可能导致 dest 缓冲区溢出
char * stpcpy(char *dest,const char *src)	可能导致 dest 缓冲区溢出
char * strcat(char *dest,const char *src)	可能导致 dest 缓冲区溢出
char * strcpy(char *dest,const char *src)	可能导致 dest 缓冲区溢出
char * strncat(char *dest,const char *src,size_t maxlen)	可能导致 dest 缓冲区溢出
char* strncpy(char *dest,const char *src,size_t maxlen)	可能导致 dest 缓冲区溢出
size_t strxfrm(char *dest,char *src,size_t n)	可能导致 dest 缓冲区溢出
char *getwd(char *buf)	可能导致 buf 缓冲区溢出
char * gets(char *str)	可能导致 str 缓冲区溢出
char * realpath(char *path, char resolved_path [])	可能导致 path 缓冲区溢出
wchar_t * wcscat(wchar_t * s1, const wchar_t * s2)	可能导致 s1 缓冲区溢出

（续）

函 数 原 型	潜在的风险
wchar_t *wcscpy(wchar_t *s1, const wchar_t *s2)	可能导致 s1 缓冲区溢出
wchar_t *wcsncpy(wchar_t *s1, const wchar_t *s2, size_t n)	可能导致 s1 缓冲区溢出
wchar_t *wcsncat(wchar_t * s1, const wchar_t * s2, size_t n)	可能导致 s1 缓冲区溢出
char *getcwd(char *dir, int len)	可能导致 dir 缓冲区溢出
char *fgets(char *str, int num, FILE *fp)	可能导致 str 缓冲区溢出
int fread(void *buf, int size, int count, FILE *fp)	可能导致 buf 缓冲区溢出
int read(int handle, void *buf, unsigned len)	可能导致 buf 缓冲区溢出
wchar_t *wmemcpy(wchar_t * s1, const wchar_t * s2, size_t n)	可能导致 s1 缓冲区溢出
wchar_t *wmemmove(wchar_t *s1, const wchar_t *s2, size_t n)	可能导致 s1 缓冲区溢出
wchar_t *wmemset(wchar_t *s, wchar_t c, size_t n)	可能导致 s 缓冲区溢出
int getopt(int argc,char * const argv[ ],const char * optstring)	可能导致产生内部静态缓冲区 optarging 溢出
int gettext(int left,int top,int right,int bottom, void *buf)	可能导致 buf 缓冲区溢出
char *getpass(char *prompt)	可能导致产生内部静态缓冲区溢出
char *streadd(char *output, const char *input, const char *exceptions)	可能导致 output 缓冲区溢出
char *strecpy(char *output, const char *input, const char *exceptions)	可能导致 output 缓冲区溢出
char *strtrns (const char *str, const char *old, const char *new, char *result)	可能导致 result 缓冲区溢出
int getopt_long(int argc, char* const argv[],const char *optstring, const struct option *longopts,? int *longindex)	可能导致产生内部静态缓冲区溢出
int getchar(void)	如果在循环中使用该函数，确保检查缓冲区边界
int fgetc(FILE *fp)	如果在循环中使用该函数，确保检查缓冲区边界
int getc(FILE *fp)	如果在循环中使用该函数，确保检查缓冲区边界
char *strccpy(char *output, const char *input);	可能导致 output 缓冲区溢出
char *strcadd(char *output, const char *input);	可能导致 output 缓冲区溢出

（2）格式化字符串造成的缓冲区溢出

函数在使用格式化字符串控制数据存储到缓冲区中时，如果对数据长度不加限制，就可能会造成溢出。

【例 5.48】 考虑下列程序：

```
1   int main(){
2       char fixed_buf[10];
3           sprintf(fixed_buf,"Very long format string…….\n");
4       return 0;
5   }
```

程序中的第三行向一个长度为 10 的缓冲区空间输出一个字符串，但是在输出之前并没有检查字符串长度，因此可能导致一个缓冲区溢出。

格式化字符串可能造成缓冲区溢出的函数见表 5.6。

表 5.6　格式化字符串可能造成缓冲区溢出的函数

函 数 原 型	潜在的风险
int scanf(const char* format, ...)	可导致参数溢出
int sscanf(char* s, const char* format, ...)	可导致参数溢出
int fscanf(FILE* stream, const char* format, ...)	可导致参数溢出
int vscanf (FILE *stream, const char *format, va_list varg)	可导致参数溢出
int sprintf(char* s, const char* format, ...)	可导致 s 溢出
int snprintf(char* s, size_t n, const char* format, ...)	可导致 s 溢出
int vsprintf(char* s, const char* format, va_list arg)	可导致 s 溢出
int vsnprintf (char *s, size_t n, const char *format, va_list arg)	可导致 s 溢出
void syslog(int priority,char *format,...)	可能导致产生内部静态缓冲区溢出
int vfscanf(FILE * stream, const char * format, va_list ap)	可导致参数溢出
int vsscanf(char *s, char *format, va_list param)	可导致参数溢出
int swprintf(wchar_t *s, const wchar_t *format, ...)	可导致 s 溢出
int vswprintf(wchar_t *buffer, const wchar_t *format, va_list argptr)	可导致 buffer 溢出
int snwprintf(wchar_t* buffer, size_t n, const wchar_t* format, ...)	可导致 buffer 溢出
int vsnwprintf(wchar_t *buffer, size_t n, const wchar_t * format, va_list argptr)	可导致 buffer 溢出
int wscanf(const wchar_t *format, ...)	可导致参数溢出
int vwscanf(const wchar_t * format, va_list arg)	可导致参数溢出
int swscanf(const wchar_t * str, const wchar_t * format, ...)	可导致参数溢出
int vswscanf(const wchar_t *s, const wchar_t *format, va_list ap)	可导致参数溢出
int fwscanf(FILE *stream, const wchar_t *format, ...)	可导致参数溢出
int vfwscanf(FILE *s, const wchar_t *format, va_list arg)	可导致参数溢出

2. 被污染的数据模式（tainted data）

定义 5.14　被污染的数据　程序从外部获取数据时，这些数据可能含有具有欺骗性的或者是不想要的垃圾数据，如果在使用这些数据前不进行合法性检查则将威胁到程序的安全，造成一个被污染的数据缺陷。被污染的数据可能会导致程序不按原计划执行，也有可能直接或间接地导致缓冲区溢出缺陷。

被污染的数据模式主要有两种类型：使用的数据来自外部的全局变量和使用的数据来自输入函数。

（1）数据来自外部的全局变量

在使用来自外部的全局变量前应先进行合法性检查。

【例 5.49】 考虑下列程序：

```
1    main(int argc, char *argv[]) {
2        short lastError;
3        char argvBuffer[16];
4        if (argc == 2) {
5            strcpy(argvBuffer, argv[1]);
6        }
```

在程序的第 5 行中使用外部输入变量 argv[1] 作为 strcpy 的参数之前并没有进行相应的合法性检查，因此存在一个被污染的数据缺陷。在这个例子中，该缺陷可能进一步直接导致一个缓冲区溢出缺陷。类似的变量还有 argv[], optarg 和 env[]。

（2）数据来自输入函数

【例 5.50】 考虑下列程序：

......

```
1    FILE *configf=NULL;
2    char* config = getenv ("CONFIG_FILE");
3    if (config != NULL) {
4        configf = fopen(config,"r") ;
5    }
```

......

在程序的第 4 行中使用的 config 来自外部输入函数 getenv，但是在使用前并没有进行合法性检查就作为文件名使用，因此存在一个被污染的数据缺陷。表 5.7 列出了一些会造成数据污染的外部输入函数。

表 5.7　外部输入函数原型

char* getenv(const char *name)
char *fgets(char *str, int num, FILE *fp)
char * gets(char *str)
int recv(int sockfd,void *buf,int len,unsigned int flags)
struct hostent* gethostbyname(char *szHost)
struct hostent * gethostbyaddr (const char *addr, size_t length, int format)
char * catgets (nl_catd catalog_desc, int set, int message, const char *string)
char * gettext(const char *msgid)
char * dgettext(const char *domainname, const char * msgid)
char * dcgettext(const char *domainname, const char *msgid, int category)
char* getlogin()
char * ttyname(int desc)
scanf(const char* format, ...)

（续）

int sscanf(char* s, const char* format, ...)
int fscanf(FILE* stream, const char* format, ...)
int vscanf (FILE *stream, const char *format, va_list varg)
int vfscanf(FILE * stream, const char * format, va_list ap)
int vsscanf(char *s, char *format, va_list param)
int read(int handle, void *buf, unsigned len)
int fread(void *buf, int size, int count, FILE *fp)
int fgetc(FILE *fp)
int fgetchar(FILE *fp)
int getc(FILE *fp)
int getch(void)
int getche(void)
int getchar(void)
int getw(FILE *stream)
int wscanf(const wchar_t *format, ...)
int vwscanf(const wchar_t * format, va_list arg)
int swscanf(const wchar_t * str, const wchar_t * format, ...)
int vswscanf(const wchar_t *s, const wchar_t *format, va_list ap)
int fwscanf(FILE *stream, const wchar_t *format, ...)
int vfwscanf(FILE *s, const wchar_t *format, va_list arg)

3. 竞争条件（race condition）

定义 5.15　竞争条件　如果程序中有两种不同的 I/O 调用同一文件进行操作，而且这两种调用是通过绝对路径或相对路径引用该文件的，那么就易出现竞争条件问题。在两种操作进行的间隙，黑客可能改变文件系统，那么将会导致对两个不同的文件进行操作而不是同一文件进行操作。

这种典型的问题发生在用户拥有不同的权限运行的程序中（例如：setuid 程序、数据库和服务器程序等）。尽管程序经常会先检测要做的行为是否合法，然后才会执行，然而，黑客可以替换掉原来的文件，那么检测到的可能就是一个假文件，或者黑客将那些本来不允许他们操作的文件加载到这样的操作中。这些黑客专门研究文件系统的" Time Of Check"与" Time Of Use"的关系，所以称其为 TOCTOU（即" tock-toe"）。要造成竞争条件，黑客需要具备相当高的驾驭整个系统的水平。出于这个原因，基于竞争条件的黑客很可能是熟悉系统的内部人士，或者是利用系统安全漏洞获得低级访问权限的用户，他们想利用竞争条件获得更高的访问权限。

程序代码中针对文件名的一些操作往往会被黑客利用从而造成竞争条件，这些操作包括 access()、stat() 和 open() 等。

（1）access() 和 remove() 之间造成的竞争条件

很明显，当这两个操作在同一个函数中，并且用的是同一个路径，就会产生竞争条件。

【例 5.51】　考虑下列程序：

```
1    void remove_if_possible(char *filename) {
2        if (access(filename,0))
3            remove(filename) ;
4    }
```

（2）opendir() 和 stat() 之间造成的竞争条件

程序员设计的是采用 opendir() 和 stat() 同时操作同一个文件，但是黑客可能会以极快的速度移走该文件，从而导致这两个操作不能按程序员设计的那样作用于同一个文件上。

【例 5.52】　考虑下列程序：

```
1    do {
2        if (iterator->dir == NULL) {
3            iterator->dir = opendir(iterator->bucket_name);
4                if (iterator->dir == NULL) {
5                    switch (errno) {
6                    case ENOENT: {
7                        break;
8                    }
9                    case 0: {
10                   struct stat dirstat;
11                   ...
12                   if (stat(iterator->bucket_name, &dirstat) == 0) {
13                       ...
14                       break;
15                   }
```

4. 风险操作（risky operation）

定义 5.16　风险操作　如果不恰当地使用了某些标准库函数，则可能会带来安全隐患。在某些情况下，某些函数一旦被使用，就可能会带来安全隐患。

例如像 rand() 和 random() 这样的随机数生成函数，它们在生成伪随机值的时候表现出来的性能是非常差的，如果用它们来生成默认的口令，这些口令将很容易被攻击者猜测到。一些函数在生成密码的同时会产生临时文件，这些临时文件的名字会很容易被黑客猜到，甚至这些临时文件中的敏感信息也会被黑客看到。任何一个这类函数的使用都将会导致一个安全隐患。

（1）_spawnvpe() 函数使用相对路径

【例 5.53】　考虑下列程序：

```
1    PUBLIC int
2    runargv(target, ignore, group, last, shell, cmd)
3    CELLPTR target;
4    int      ignore;
5    int      group;
6    int      last;
7    int      shell;
8    char    *cmd;
9    {
10         extern   int   errno;
11     extern   char *sys_errlist[];
```

```
12        int           pid;
13        char          **argv;
14        if( _running(target) /*&& Max_proc != 1*/ ) {
15        /* The command will be executed when the previous recipe
16        * line completes. */
17            _attach_cmd( cmd, group, ignore, target, last, shell );
18            return(1);
19        }
20        while( _proc_cnt == Max_proc )
21            if( Wait_for_child(FALSE, -1) == -1 )
22                Fatal( "Lost a child %d", errno );
23        argv = Pack_argv( group, shell, cmd );
24        pid = _spawnvpe(_P_NOWAIT, argv[0], argv, environ);
25        if (pid == -1) {  /*  failed  */
26            Error("%s: %s", argv[0], sys_errlist[errno]);
27            Handle_result(-1, ignore, _abort_flg, target);
28            return(-1);
29        } else
30            _add_child(pid, target, ignore, last);
31        return(1);
32    }
```

使用函数 _spawnvpe() 很危险，因为可能会传进相对路径名。如果被黑客获取到这些信息，可能会用于修改代码。上面的例子中需要搜索函数 runargv 的调用，看看是否会将相对路径传进 _spawnvpe。如果有相对路径传进，则是一个缺陷。

（2）不可靠的随机数

使用不可靠的随机函数所产生的随机行为或数据不能达到应有的效果。比如，黑客可能会猜到程序下一步将会如何执行或者将使用什么数据。最不可靠的随机函数是 srand() 和 rand()，并且很多不可靠的函数不能用，例如，rand48()、random()、srandom()、setstate()、initstate() 和 srand48()，以及其他所有的 *rand48() 函数。

【例 5.54】 考虑下列程序：

```
1    void func(){
2        …
3        long seed1 = rand()+datetime() ;
4        mdsetseed(seed1) ;
5        …
6    }
```

上面的代码会造成一个安全漏洞，因为 seed1 这个随机数将用于一个与密码相关的进程。

（3）可预测的临时文件名

有些临时文件名是很危险的，可能会使黑客提前猜到它们的名字，从而导致黑客可以访问专用数据。黑客或者制造一个同名的假文件，让程序读取，或者通过可以读取的这些文件看到程序的相关信息。

【例 5.55】 考虑下列程序：

```
1    static bool do_edit(const char *filename_arg, EBuf buf){
2    char    fnametmp[MAXPGPATH];
3    FILE    *stream = NULL;
4    const char *fname;
```

```
5   bool    error = false;
6   int     fd;
7   if (filename_arg)
8       fname = filename_arg;
9       else{
10      GetTempFileName(".", "psql", 0, fnametmp);
11      fname = (const char *) fnametmp;
12      fd = open(fname, O_WRONLY | O_CREAT | O_EXCL, 0600);
13      if (fd != -1)
14      stream = fdopen(fd, "w");
15      ...
```

对函数 GetTempFileName() 的参数有特定要求。其第三个参数必须是一个随机数，否则生成的临时文件名就是可预测的。在本例中，第三个参数是 0，所以这是个缺陷。对于 GetTempFileName() 来说，它的第三个参数必须是一个随机数，这样才能使生成的临时文件名不能被预测。

【例 5.56】 考虑下列程序：

```
1   char * msql_tmpnam(void){
2       return tmpnam("/tmp/msql.XXXXXX");
3   }
```

如 x 的个数太少（至少 10 个 x），则函数 tmpnam() 使用不当。上述程序只有 6 个 x 传给函数 tmpnam（）。

【例 5.57】 考虑下列程序：

```
1   filename = tempnam(NULL, "foo");
2   fd = open(filename, O_CREAT | O_RDWR, 0600);
```

在使用了 tempnam()、tmpnam() 或 tempnam_r() 后，应对结果进行排他性检测（上述例子应在 open() 函数中加上 O_EXCL 标记）。

（4）危险的外部程序调用

在程序要调用外部程序时，需要格外小心。因为调用外部程序的过程通常都要通过文件系统，如果处理不当将不能保证调用的程序版本就是自己想要的版本。

【例 5.58】 考虑下列程序：

```
1   /* remove all our temporary files, uses external program "rm",
2   since osl functionality is inadequate */
3   void removeSpoolDir (const rtl::OUString& rSpoolDir){
4       rtl::OUString aSysPath;
5       if( osl::File::E_None != osl::File::getSystemPathFromFileURL(
        rSpoolDir, aSysPath ) ){
6           // Conversion did not work, as this is quite a dangerous action,
7           // we should abort here ....
8           OSL_ENSURE( 0, "psprint: couldn't remove spool directory" );
9           return;
10      }
11      rtl::OString aSysPathByte =rtl::OUStringToOString (aSysPath,osl_
        getThreadTextEncoding());
12      sal_Char  pSystem [128];
13      sal_Int32 nChar = 0;
```

```
14        ...
15        nChar  = psp::appendStr ("rm -rf ",       pSystem);// rm前没路径
16        nChar += psp::appendStr (aSysPathByte.getStr(), pSystem + nChar);
17        system (pSystem);
18   }
```

加载外部程序或库是很危险的，因为黑客可能已经将相应的程序或库替换。如果调用函数所使用的参数是一个可执行程序，而它使用的是一个相对路径而不是全路径，那么黑客就可以控制到底去执行哪一个可执行程序。上面的 rm 命令使用的就是相对路径。

【例 5.59】 考虑下列程序：

```
1    HINSTANCE hDll = LoadLibrary("tdm_sqlexedbg");
2    ...
3    Spoof* pExpFunc = (Spoof*) GetProcAddress(hDll, "CanYouSpoofMe");
4    int result = (*pExpFunc) (arg1, arg2, arg3);
```

如果在调用 win32 函数 LoadLibrary() 时没有使用路径，系统就会在很多路径下（包括 PATH 环境变量）寻找同名的库。

【例 5.60】 考虑下列程序：

```
1    void main (){
2        STARTUPINFO si;
3        PROCESS_INFORMATION pi;
4        ZeroMemory( &si, sizeof(si) );
5        si.cb = sizeof(si);
6        ZeroMemory( &pi, sizeof(pi) );
7        // Start the child process.
8        if (!CreateProcess (NULL, // No module name (use command line).
9            "runmyspoof",     // Command line.
10           NULL,             // Process handle not inheritable.
11           NULL,             // Thread handle not inheritable.
12           FALSE,            // Set handle inheritance to FALSE.
13           0,                // No creation flags.
14           NULL,             // Use parent's environment block.
15           NULL,             // Use parent's starting directory.
16           &si,              // Pointer to STARTUPINFO structure.
17           &pi )             // Pointer to PROCESS_INFORMATION structure.
18       {
19           printf ("CreateProcess failed.");
20           exit (-1);
21       }
22       // Wait until child process exits.
23       WaitForSingleObject( pi.hProcess, INFINITE );
24       // Close process and thread handles.
25       CloseHandle( pi.hProcess );
26       CloseHandle( pi.hThread );
27   }
```

如果 win32 函数 CreateProcess() 指定执行一个命令，但命令里没有给出文件的扩展名，那么具体执行哪一个程序取决于 Windows 的版本，这就是一个漏洞。在上面的例子中，CreateProcess() 运行的可能是"runmyspoof.com"或"runmyspoof.exe"。这就造成了一个安全性漏洞，因为黑客可能通过替换一个有扩展名的可执行程序，使系统优先执行他设计的

程序。

（5）socket 绑定问题

【例 5.61】 考虑下列程序：

```
1    #include <sys/types.h>
2    #include <sys/socket.h>
3    #include <netinet/in.h>
4    #include <unistd.h>
5    #include <stdio.h>
6    #include <arpa/inet.h>
7    void bind_socket(void) {
8        int server_sockfd;
9        int server_len;
10       struct sockaddr_in server_address;
11       unlink("server_socket");
12       server_sockfd = socket(AF_INET, SOCK_STREAM, 0);
13       server_address.sin_family = AF_INET;
14       server_address.sin_port = 21;
15       server_address.sin_addr.s_addr = htonl(INADDR_ANY);
16       server_len = sizeof(struct sockaddr_in);
17       bind(server_sockfd, (struct sockaddr *) &s1, server_len);
18   }
```

不能确保没有 socket 在同一端口已经被绑定到 INADDR_ANY 中特定地址上，网络服务中的包可能被偷或是欺骗。在大多数系统中，设置 SO_REUSEADDR 的 socket 选项，调用 bind() 方法都允许任何处理使用 INADDR_ANY 来绑定到一个之前处理已经绑定的端口，这就允许用户在一个无特权的端口上绑定到一个服务器的特殊地址上，偷走它的 UDP 包或者 TCP 连接。

（6）使用不可靠的宏

【例 5.62】 考虑下列程序：

```
1    LONG foo(HKEY hkey, LPCTSTR lpSubKey, DWORDulOptions, PHKEY phkResult) {
2    return RegOpenKeyEx(hkey, lpSubKey, ulOptions,KEY_ALL_ACCESS, phkResult);
3    }
```

通过 ALL_ACCESS 会获得过多的访问权限，造成权限不适当放宽，并允许访问资源。如以下函数：RegCreateKeyEx、SHRegCreateUSKey、CreateFile、CreateDesktop、CreateDesktopEx、CreateWindowStation 和 CreateService。

（7）使用不可靠的注册表参数

【例 5.63】 考虑下列程序：

```
1    void foo(LPTSTR lpMachineName, PHKEY phkResult) {
2        RegConnectRegistry(lpMachineName,HKEY_LOCAL_MACHINE, phkResult);
3    }
```

使用 HKEY_LOCAL_MACHINE 作为参数注册，会违背最少权限原则，导致低权限者拥有管理者权限。有 8 种函数不应当使用 HKEY_LOCAL_MACHINE 作为参数，应使用 HKEY_LOCAL_USER 来 代 替：RegConnectRegistry、RegCreateKey、Reg CreateKeyEx、RegLoadKey、RegOpenKey、RegOpenKeyEx、SHRegCreateUSKey 和 SHRegOpenUSKey。

（8）使用不可靠的参数

【例5.64】 考虑下列程序：

```
1   HANDLE foo(BOOL condition, LPCTSTR lpFileName, DWORD dwDesiredAccess,DWORD
    dwShareMode, LPSECURITY_ATTRIBUTES lpSecurityAttributes, DWORD dwFlagsAnd
    Attributes, HANDLE hTemplateFile) {
2       DWORD dwCreationDisposition = CREATE_ALWAYS;
3       if (condition) {
4           dwCreationDisposition = CREATE_NEW;
5       }
6       return CreateFile(lpFileName, dwDesiredAccess,dwShareMode,lpSecurityAt
        tributes, dwCreationDisposition,dwFlagsAndAttributes, hTemplateFile);
7   }
```

函数 CreateFile，当参数 dwCreationDisposition 可能没有给出 CREATE_NEW 的值，或者函数 CreateNamedPipe，如果参数 dwOpenMode 不是 FILE_FLAG_PIPE_INSTANCE，则不能防止文件被攻击，因为不能保证创建的文件没有被创建过。

（9）对明确的宏定义使用变量

【例5.65】 考虑下列程序：

```
1   LONG foo(LPCTSTR lpSubKey, DWORD ulOptions, PHKEY phkResult) {
2       REGSAM samDesired = KEY_ALL_ACCESS;
3       return RegOpenKeyEx(HKEY_USERS , lpSubKey, ulOptions,samDesired,phkResult);
4   }
```

一些函数，对于在给定的已经被明确包含宏定义的参数使用变量，会导致无法预期的结果。

（10）变量作为注册表参数

【例5.66】 考虑下列程序：

```
1   void foo(LPTSTR lpMachineName, HKEY hkey, PHKEY phkResult) {
2       RegConnectRegistry(lpMachineName, hkey, phkResult);
3   }
```

使用变量作为注册表参数可能会允许对变量值的操作以及对注册值的任意访问，不应当使用可以被任何登录用户修改的变量作为注册键值，在以下8种函数：RegConnectRegistry、RegCreateKey、RegCreateKeyEx、RegLoadKey、RegOpenKey、RegOpenKeyEx、SHRegCreateUSKey 和 SHRegOpenUSKey 中，应使用明确的常量作为注册表参数，或检查程序中的注册使用情况。

（11）使用不可靠的 Shell 命令

【例5.67】 考虑下列程序：

```
1   char *constbuf = "bash";
2   int main(){
3       char buf[100];
4       scanf("%s",buf);
5       system("echo \"constant string: no warning\"");
6       system(constbuf);
7       system(buf);
8       popen("echo OK","r");
```

```
9       popen(constbuf, "r");
10      popen(buf, "r");
11      return 0;
12  }
```

上面的程序中，系统执行 Shell 命令时使用命令行字符串作为参数，用户可以注入该字符串执行任意代码。

（12）不充分的路径

【例 5.68】 考虑下列程序：

```
1   HINSTANCE myLoadLibraryX() {
2       return LoadLibrary("X.dll"); // Should use absolute path, eg C:\X.dll
3   }
```

操作文件路径名要充分，否则会导入其他动态链接库，在以下函数中会用到：LoadLibrary、LoadLibraryEx、AfxLoadLibrary、CopyFile、CopyFileEx、Create Directory、CreateDirectoryEx、CreateFile、DeleteFile、MoveFile、MoveFileEx、MoveFile WithProgress、OpenFile、RemoveDirectory、ReplaceFile、SearchPath、SetFileSecurity、DecryptFile、DuplicateEncryptionInfoFile、EncryptFile、EncryptionDisable、FileEncryptionStatus、OpenEncryptedFileRaw、QueryRecoveryAgentsOnEncryptedFile、QueryUsersOnEncryptedFile、RemoveUsersFromEncryptedFile、GetExpandedName、LZOpenFile。

（13）不安全的权限提升

【例 5.69】 考虑下列程序：

```
1   #include <unistd.h>
2   #include <sys/types.h>
3   int CheckPoorEncryption (void) {
4       uid_t myid = getuid();
5       /*.. some code ..*/
6       setuid(0);
7       /*.. code that needs to be run at high
8       privilege ..*/
9       return 0;
10  }
```

不安全的权限提升会引发安全隐患。一些函数需要特殊的权限才能执行，即在某些情况下，这些函数只能被特定的用户或者群组执行。一般用户应该是本地的管理员。其他函数需要用户拥有特殊的权限。大部分程序需要权限或者特殊账户来访问超级用户才能访问的系统资源。在一个网络服务中，常常需要分析一个带权限的普通用户不能绑定的 TCP 或者 UDP 端口。一个本地的带权限的程序需要访问其他受限制的系统资源，如内存、硬盘或者系统配置信息等，当初始化时获取了高的权限，则许多大型程序（包括成百上千行复杂的源代码）都会失去它们的权限。另外，在执行一个更高权限的操作时，可使用 setuid 提升权限，这允许一个普通用户拥有 root 权限，要小心顺序，以防止执行可能会引起问题。在 setuid 中常见的可能导致安全漏洞的实现有：未声明的或暗示的假设；未知的和系统成分的交互；数字或缓冲的溢出；改变或者删除文件；引用子进程等。

为了减少未被授权的代码获取权限的可能性，系统应该使用最少的权限执行。需要特殊权限的程序应当被设计成短时间内完成，而且要将安全风险告知用户。首先要检查程序需要什么样的资源，会调用何种权限的接口。可以使用以下其中一种方法来避免暴露过多的权限：

- 在一个账户下使用最少权限执行。使用 PrivilegeCheck 来检查可以使用什么权限。
- 将需要管理员权限的程序分成单独的小程序，并提供给该用户一个执行 RunAs 命令的捷径。
- 使用 CredUICmdLinePromptForCredentials (command line) 或者 CredUIPromptFor Credentials (GUI) 或鉴别用户来获取用户账号和密码。
- 模拟用户。调用 ImpersonateLoggedOnUser 使得系统模拟拥有更高权限的用户，减小权限的级别。
- 如果决定使用管理员账户来执行程序，一定要在软件系统中存储管理员密码。

（14）使用不可靠的加密算法

【例 5.70】 考虑下列程序：

```
1    #include <unistd.h>
2    void myEncrypt(char block[], const char * key) {
3        setkey(key);
4        encrypt(block, 0);
5    }
```

应使用复杂、安全的加密算法，如 MD5 密码散列法。

（15）使用不可靠的进程创建

【例 5.71】 考虑下列程序：

```
1    #include <stdio.h>
2    #include <sys/types.h>
3    #include <sys/stat.h>
4    int main(int argc, char *argv[]) {
5        int fd;
6        if ((fd = open(argv[1], 0)) == -1) {
7            error("can't open %s", argv[1]);
8            return -1;
9        }
10       if (argc == 2) {/* execute command */
11           if (execlp ("/bin/sh/", "sh", "-á", argv[1], (char*) 0)) {
12               /* some code */
13           } else {
14               error("can't execute %s", argv[1]);
15           }
16       }
17   }
```

创建进程的一些系统调用可能会导致恶意代码的执行，这包括下列系统调用：Create Process、CreateProcessAsUser、CreateProcessWithLogon、ShellExecute、ShellExecuteEx、WinExec、system、_wsystem、_texecl、_execl、_wexecl、_texecle、_execle、_wexecle、_texeclp、_execlp、_wexeclp、_texeclpe、_execlpe、_wexeclpe、_texecv、_execv、_wexecv、_texecve、_execve、_wexecve、_texecvp、_execvp、_wexecvp、_texecvpe、_execvpe、_wexecvpe、_tspawnl、_spawnl、_wspawnl、_tspawnle、_spawnle、_wspawnle、_tspawnlp、_spawnlp、_wspawnlp、_tspawnlpe、_spawnlpe、_wspawnlpe、_tspawnv、_spawnv、_wspawnv、_tspawnve、_spawnve、_wspawnve、_tspawnvp、_spawnvp、_ wspawnvp、_tspawnvpe、_spawnvpe、_wspawnvpe。应使用 fork、execve、pipes 完成控制访问的执行。

（16）不可靠的资源处理

【例 5.72】 考虑下列程序：

```
1    #include <stdio.h>
2    #include <mqueue.h>
3    void message_unchecked(const char* name, const char* data1,const char* data2){
4        char c;
5        mqd_t h;
6        if ((h = mq_open(name, O_RDWR)) != (mqd_t)-1){
7            mq_receive(h, &c, 1, NULL);
8            if (c == '1')
9                mq_send(h, data1, strlen(data1)+1,2);
10           else
11               if (c == '2')
12                   mq_send(h, data2, strlen(data2)+1,2);
13       }
14       else{
15           fprintf(stderr, "'mq_open' failed for %s\n", name);
16       }
17       mq_close(h); // ERROR
18   }
```

对于标准的输入输出资源、开放系统接口资源、实时系统资源、线程资源、Sockets、Traces，一个控制流路径中没有状态检查、无法保证处理器的正确性使用什么。一个控制流路径中状态检查得知处理器不正确但仍然使用该资源处理器，或在资源被释放后仍然使用该资源处理器，则会导致不可靠的资源处理。

（17）忽略检查函数的返回值

【例 5.73】 考虑下列程序：

```
1    void myImpersonateClient (RPC_BINDING_HANDLE &my_binding_handle) {
2        RPC_STATUS myStatus =RpcImpersonateClient(my_binding_handle);
3    }
```

一些系统函数的返回值表明了此次操作成功与否，因此在调用这些函数时必须对其返回值进行检查，否则将削弱这些系统函数的功能。比如，可能会使得应用获得比实际更高的优先级而给系统带来风险。因此应检查返回值，并且对异常情况进行处理。当调用方法降低角色的特权时，确保对不成功的情况进行处理。

（18）命名管道的缺陷（named pipe vulnerability）

调用操纵资源的函数而未对其返回结果进行判断，忽略资源分配函数的返回值会导致对已有共享资源的重用，会赋予用户更高的操作权限而给系统带来风险。这种类型的缺陷通常发生在下面两种情况中：

- 使用时调用了 CreateNamedPipe，没有检查是否返回了 INVALID_HANDLE_VALUE，也没有调用 GetLastError 检查是否返回了 ERROR_ACCESS_DENIED。
- 使用时调用了 CreateMutex，没有检查是否返回了 NULL，也没有调用 GetLastError 检查是否返回了 ERROR_ALREADY_EXISTS。

应添加检查返回值的代码，并处理异常情况。

【例 5.74】 考虑下列程序:

```
1   void foo() {
2       BOOL fConnected;
3       LPTSTR lpszPipename = TEXT("\\\\.\\pipe\\mynamedpipe");
4       HANDLE hPipe;
5       hPipe = CreateNamedPipe(
6           lpszPipename, // pipe name
7           FILE_FLAG_FIRST_PIPE_INSTANCE,
8           PIPE_TYPE_MESSAGE | // message type pipe
9           PIPE_READMODE_MESSAGE | // message-read mode
10      PIPE_WAIT, // blocking mode
11      PIPE_UNLIMITED_INSTANCES, // max. instances
12      BUFSIZE, // output buffer size
13      BUFSIZE, // input buffer size
14      NMPWAIT_USE_DEFAULT_WAIT, // client time-out
15      NULL);
16      fConnected = ConnectNamedPipe(hPipe, NULL) ?
            TRUE : (GetLastError() == ERROR_PIPE_CONNECTED);
17      /* ... */
18      return 0;
19  }
```

（19）Windows 临时文件的脆弱性

【例 5.75】 考虑下列程序:

```
1   HANDLE myCreateFile() {
2       return CreateFile("C:\\test.tmp", // Constant file name
3           GENERIC_READ | GENERIC_WRITE, // open r-w
4           , // do not share
5           NULL, // default security
6           CREATE_NEW, // fail if exists
7           FILE_ATTRIBUTE_TEMPORARY,// temporary file
8           NULL); // no template
9   }
```

在使用系统调用 CreateFile 时，为临时文件名采用了硬编码。这种缺陷会被利用，可能去提高应用的优先级、窃取重要数据。应调用 GetTempPath 和 GetTempFileName 确保创建了随机文件名，并检查是否为临时文件设置了最低的权限。

（20）意外的内存拷贝

【例 5.76】 考虑下列程序:

```
1   #include <sys/types.h>
2   #include <unistd.h>
3   void foo(void) {
4       pid_t id = fork();
5       if (id == -1) { /* error */ }
6       else if (id) {
7           /* I'm the child, do something */
8       } else {
9           /* I'm the parent, do something */
10      }
11  }
```

在对安全性要求比较高的代码中，应慎用系统函数 realloc、fork、vfork，因为这些函数涉及的内存没有清零，仍然保留着之前的数据。对于关键程序，应该在程序中识别关键数据并检查其使用情况。在使用完这些函数后，要立即销毁临时缓冲区中的数据。

（21）文件存取函数

【例5.77】 考虑下列程序：

```
1    int main() {
2        if (access("/etc/passwd", W_OK))
3        {
4            chown("/etc/usermap", 0, 0);
5        }
6        return 0;
7    }
```

对文件名称进行操作的函数，如access、chown、chgrp和chmod，存在"检查即使用"的错误。意思是：一般情况下，首先检查文件，如果成功就执行某些操作；但是如果攻击者可以在检查和执行操作之间改变文件的状态，这种缺陷容易在下列方法acct、access、chmod、lchown、chown、fopen、fdopen、freopen、fchmod、fchown、chdir、chgrp、creat、open、pathconf、opendir、lstat、stat、rename、link、lchown中产生。

应避免使用上述将文件名称作为参数的系统函数，采用文件句柄或文件描述符，因为一旦系统给文件句柄和描述符赋值，文件就不像字符链接式的文件名那样容易改变。

（22）不安全的文件操作

【例5.78】 考虑下列程序：

```
1    #DEFINE BUFSIZE 65535
2    HANDLE createFile() {
3        DWORD length = BUFSIZE;
4        char lpBuffer[BUFSIZE];
5        char szTempName[BUFSIZE];
6        DWORD dwRetVal; UINT uRetVal;
7        // Get the temp path.
8        dwRetVal = GetTempPath(length, // length of the buffer
9            lpBuffer); // buffer for path
10       if (dwRetVal > length)
11       {
12           printf ("GetTempPath failed with error %d.\n",
13           GetLastError());
14           return (-1);
15       }
16       // Create a temporary file.
17       uRetVal = GetTempFileName(lpBuffer, // directory for tmp files
18           "NEW", // temp file name prefix
19           0, // create unique name
20           szTempName); // buffer for name
21       if (uRetVal == 0)
22       {
23           printf ("GetTempFileName failed with error %d.\n",
24           GetLastError());
25           return (-1);
26       }
27       // Create the new file
28       return CreateFile((LPTSTR) szTempName, // file name
29           GENERIC_READ | GENERIC_WRITE, // open r-w
```

```
30        0, // do not share
31        NULL, // default security
32        CREATE_NEW, // fail if exists
33        FILE_ATTRIBUTE_TEMPORARY,// temporary file
34        NULL); // no template
35   }
```

CreateFile 不仅可以创建文件，还包括其他一些对象。调用 GetTempPath 返回的环境变量是不可信的，在改写重要的系统文件或应用文件时要小心谨慎。应在调用 CreateFile 函数之前，确认文件名称字符串。

（23）暴露绝对路径

【例 5.79】 考虑下列程序：

```
1    int main(int argc, char *argv[])
2    {
3        int fh;
4        fh = creat( "/usr/bin/ls", _S_IREAD | _S_IWRITE );
5        if( fh == -1 )
6            return -1;
7        else
8        {
9            write(fh, argv[1], sizeof(argv[1]))
10       close( fh );
11       return 0;
12        }
13   }
```

文件操作函数使用绝对路径会泄露重要数据。

5.3.4　疑问代码模式

该模式主要指代码中容易引起歧义的、让人迷惑的编写方式，其本身可能不是错误，但这种代码往往会隐含错误。这类模式主要包括不合适的强制类型转换、相同的条件分支、已定义或赋值但没有使用的变量、没有意义的代码、不合适的比较、疑问的条件语句、疑问的指针、不必要全局变量、死码和没有意义的计算等。限于篇幅，本书不再赘述。

1. 使用低效函数 / 代码

定义 5.17　在 Java 程序中，对于一些特定的类、函数和语法，如果没有使用合适的方法，将造成性能下降，此类缺陷为使用低效函数 / 代码缺陷。

这类缺陷主要包括：

1）判断字符串为空的方法使用。

【例 5.80】 考虑下列程序：

```
1    public boolean emptyCheck1() {
2        if (s.equals("")) return true;
3        return false;
4    }
5    public boolean emptyCheck2() {
6        if ("".equals(s)) return true;
7        return false;
8    }
9    // fixed code
```

```
10   public boolean emptyCheck3() {
11       if (s.length() == 0) return true;
12       return false;
13   }
```

判断字符串为空时，不要使用 equals( ) 方法，而使用 length( ) 或 length，且判断长度是否为 0。

2）逻辑表达式中使用了非短路运算符。

【**例 5.81**】　考虑下列程序：

```
1   static void check(int arr[]) {
2       if (arr!=null & arr.length!=0) {
3           foo();
4       }
5       return;
6   }
```

在逻辑表达式中不要用 binary（& 和 |）运算符，而要用短路运算符（&& 和 ||）。从性能上看，用短路运算符更好。

3）使用低效的类型构造器。

在 Java 程序中一些基本数据类型的包装类和 String 类，应尽量避免使用其构造方法来获得对象，而采用静态方法来获得对象。

【**例 5.82**】　考虑下列程序：

```
1   // This is bad
2   Boolean b1=new Boolean(true);
3   Double d1=new Double(12.32);
4   Integer i1=new Integer(10);
5   String s1=new String("abc");
6   // This is better
7   Double d2=Double.valueOf(12.32);
8   Integer i2=Integer.valueOf(10);
9       String s2= "abc" ;
```

4）不必要的包装类实例化。

【**例 5.83**】　考虑下列程序：

```
1   // This is bad
2   new Long(1).toString();
3   new Float(1.0).toString();
4   // This is better
5   Long.toString(1);
6   Float.toString(1.0);
```

为了调用 toString() 方法而把简单类型转换成包装类效率较低，可直接调用该包装类的静态方法 toString()。

5）产生随机整数。

【**例 5.84**】　考虑下列程序：

```
1   java.util.Random rd;
2   (int)(rd.nextDouble() * 240); // This is bad
3   rd.nextInt(240) // This is better
```

为了产生一个随机整数，调用了 nextDouble() 方法，然后强制转换为整型，这样效率较低，应直接调用 nextInt 方法。

6）在多个类之间复制很大的字符串常量。

在 Java 中，如果一个类引用了某一个声明为 final 类型的域，那么会把该域内嵌到这个类中，因此当声明为 final 的域是很大的字符串常量，并且多个类都引用该常量时，复制字符串将带来很大的空间开销。为了提高性能，应去掉 final 修饰符。

7）循环中的字符串连接。

【例 5.85】 考虑下列程序：

```
1    // This is bad
2    String s = "";
3    for (int i = 0; i < field.length; ++i) {
4            s = s + field[i];
5    }
6    // This is better
7    StringBuffer buf = new StringBuffer();
8    for (int i = 0; i < field.length; ++i) {
9            buf.append(field[i]);
10    }
11   String s = buf.toString();
```

要在循环中进行字符串连接，为了提高性能，应将 String 类型的变量转换成 StringBuffer，再调用其 append() 方法，最后再转换成 String 类型。

8）未定义为静态的内部类。

【例 5.86】 考虑下列程序：

```
1    // This is bad
2    public class Parcel1 {
3        class Contents {
4            private int i = 11;
5            public int value() { return i; }
6        }
7        class Destination {
8            private String label;
9            Destination(String whereTo) {
10                label = whereTo;
11            }
12            String readLabel() { return label; }
13        }
14   }
15
16   // This is better
17   public class Parcel1 {
18       static class Contents {
19           private int i = 11;
20           public int value() { return i; }
21       }
22   static class Destination {
23       private String label;
24       Destination(String whereTo) {
25           label = whereTo;
26       }
27       String readLabel() { return label; }
```

```
28        }
29    }
```

如果内部类没有使用指向其外围类对象的引用，则应将内部类声明为 static 类型。其中这里的内部类也包括匿名内部类。当匿名内部类没有使用指向其外围类对象的引用时，应给内部类命名并声明为 static 类型。

9）未声明为静态的属性。

【例 5.87】 考虑下列程序：

```
1    final int VAL_ONE = 7; // This is bad
2    static final int VAL_ONE = 7; // This is better
```

final 类型的属性是编译时常量，如果该属性未声明为静态类型，将降低效率，应将该属性声明为 static。

10）调用低效的 java.net.URL 的比较方法。

主机的比较涉及域名解析，比较方法是一个阻塞方法，因此应尽量避免调用方法 java.net.URL.hashCode 和 URL.equals。该方法的执行取决于网络情况，如果网络不可靠，将使应用的速度减慢，而且可能导致网络拥塞。应将其先转换为采用 java.net.URI 类，再进行相应的比较。

2. 使用多余函数

定义 5.18 在 Java 中，调用了一些不必要的函数调用，从而造成性能下降，此类缺陷为使用多余函数缺陷。

1）同一锁的同步方法调用。

【例 5.88】 考虑下列程序：

```
1    public class MyClass {
2        public synchronized List getElements() {
3            return internalGetElements();
4        }
5        synchronized List internalGetElements() {
6            List list = new ArrayList();
7            // calculate and return list of elements
8            return list;
9        }
10   // ...
11   }
```

一个同步方法调用其他拥有同一锁的同步方法，并不会产生同步的错误，但是会对性能有不好的影响，应避免这种情况。

2）没有必要的方法调用。

【例 5.89】 考虑下列程序：

```
1    String square(String x) {
2        try {
3            int y = Integer.parseInt(x.toLowerCase());
4            return y * y + "";
5        } catch (NumberFormatException e) {
6            e.printStackTrace();
7            System.exit(1);
```

```
8           return "";
9       }
10   }
```

在异常处理块中，调用 System.exit() 是没有必要的，应抛出异常。

3）调用了不必要的 getClass() 方法。

【例 5.90】 考虑下列程序：

```
1   object.getClass().xx; // This is bad
2   object.xx; // This is better
```

为了调用对象的某个属性或方法而调用了 getClass() 方法是没有必要的。应直接使用属性或者方法。

4）参数为常数的数学方法。

【例 5.91】 考虑下列程序：

```
1   abs(12), acos(1) // This is bad
2   12, 0 // This is better
```

当调用 Math 类的静态方法时，如果其参数是常量，则其值编译时就可计算出，因此为了提高性能，应直接使用运算结果。

5）字符串变量调用 toString() 方法。

对一个 String 类型的变量调用方法 toString()。

3. 显式垃圾回收

定义 5.19 在 Java 中，垃圾回收是很耗费资源的，显式地调用垃圾回收机制会导致应用的性能急剧下降，此类缺陷为显式垃圾回收缺陷。

【例 5.92】 考虑下列程序：

```
1    String multiply(String x, int n) {
2        if (n <= 0) return "";
3        StringBuffer buf = new StringBuffer();
4        while (n-- > 0) {
5            buf.append(x);
6        }
7        return buf.toString();
8    }
9    String multiplyGc(String x, int n) {
10       System.gc(); // see perfromance results if run this test
11       return multiply(x, n);
12   }
```

4. 冗余代码

定义 5.20 在 Java 中，存在从未使用过的方法或者属性，或者存在从未使用（读取）过的局部变量，此类缺陷为冗余代码缺陷。

5. 头文件中定义的静态变量

定义 5.21 头文件中定义的函数或变量被声明为静态的，即包含该头文件的任一文件都比较并拷贝一份该对象，这样无疑明显地增加了可执行文件的大小。

【例 5.93】 头文件中定义的静态变量：

```
==> source.cc <==
#include "header.h"
==> header.h <==
static int arr[] =
{0,0,0,1,0,2};
int main(){;}
```

6. 不必要的文件包含

定义 5.22 一个文件包含了另一个头文件却没有使用该头文件中的任一符号，这种缺陷会增加编译的时间。

【例 5.94】 在下面的程序中，一个文件包含了另一个头文件，却没有使用该头文件中的任一符号。

```
File3.c
#include "header3.h"
#include "header4.h"
int main() {
int x=f();
return 0;
}
header3.h:
#ifndef __HEADER3_H__
#define __HEADER3_H__
typedef int aType;
#endif
header4.h
#ifndef __HEADER4_H__
#define __HEADER4_H__
extern int f();
#endif
```

7. 字符串低效操作

定义 5.23 循环中的字符串连接。在循环里用"＋"做 String 变量的连接。

【例 5.95】 循环中的字符串连接。

```
// This is bad
String s = "";
for (int i = 0; i < field.length; ++i) {
    s = s + field[i];
}
// This is better
StringBuffer buf = new StringBuffer();
for (int i = 0; i < field.length; ++i) {
    buf.append(field[i]);
}
String s = buf.toString();
```

8. 简单的运算可以替代

- i＝i＋1 可以替代为 i++；
- i＝i－1 可以替代为 i--；

5.3.5　规则模式

软件开发总要遵循一定的规则，某个团队也有一些开发规则，违反这些规则也是不允许的。规则模式主要包括：

- 代码规则
- 复杂性规则
- 控制流规则
- 命名规则
- 可移植性规则
- 资源规则

限于篇幅，本书不再赘述。

5.4　软件缺陷检测系统

软件缺陷检测系统（DTS）是北京邮电大学自主开发的具有完全独立知识产权的软件测试工具，是作者在多个国家 863 项目和多个国家自然科学基金项目的资助下完成的，拥有30 多项专利，国内目前有上百个用户。

5.4.1　DTS 系统结构

DTS 系统结构主要由输入模块和缺陷模式统一测试框架组成，详细结构如图 5.1 所示。

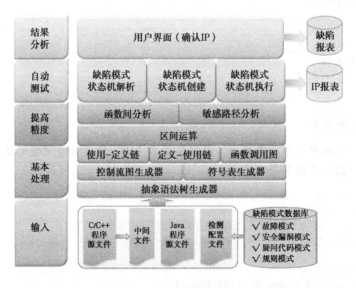

图 5.1　DTS 的系统结构

其中输入模块包括待测源码、软件缺陷状态机描述文件以及系统配置文件。缺陷模式统一测试框架包括词法分析器、语法分析器、抽象语法树生成器、控制流图生成器、符号表生成器、区间运算模块、缺陷模式分析引擎。DTS 缺陷检测过程如下：

（1）构造抽象语法树

处理模块读入待测源码，经过预处理、词法分析、语法分析，产生与程序对应的抽象语法树。

（2）生成控制流图

从抽象语法树构造程序的控制流图，控制流图反映了程序的控制结构。程序的控制流图与语法树是相对应的，控制流图的每一个节点对应语法树上的语句节点，从控制流图可以访问语法树，同样的从语法树的语句节点也可以很方便地访问到控制流图的相应节点。

（3）生成符号表

从抽象语法树生成符号表，符号表被用来记录标识符的类型、作用域以及绑定信息。符号表将标识符与其类型和位置进行映射。在处理类型、变量和函数的声明的时候，这些标识符应该可以在符号表中得到解释。当发现有标识符被使用时，这些标识符应该都可以在符号表中找到。

（4）区间运算

区间运算支持区间集运算和实数、布尔变量、句柄变量和数组变量等多种数据类型的区间运算，可以对声明语句、赋值语句和条件语句进行区间计算，在遍历控制流图时，通过区间运算可以大概计算程序变量的取值范围，该信息用于缺陷模式的测试和不可达路径的消除。

（5）缺陷测试

缺陷模式统一测试框架读入软件缺陷状态机描述文件，通过解析器生成缺陷状态机内部数据结构。缺陷模式分析引擎对控制流图进行遍历，在遍历过程中，计算控制流图缺陷状态机的状态变迁，如果状态机进入缺陷状态则报告缺陷。

（6）IP 确认

对于每个 IP，通常需要人工去判定该 IP 是否真的存在缺陷，考虑程序的逻辑复杂性以及测试代价等因素，IP 经确认后分为 3 种情况：缺陷、非缺陷，以及不能确定。根据作者经验估计，IP 确认占测试代价的 80% 以上，通常由有经验的测试小组进行确认，每个成员平均每天能确认 100~200 个 IP。

5.4.2　DTS 缺陷模式描述

缺陷模式种类很多，很难找到统一的描述方法。DTS 基于状态机对缺陷模式进行描述。

1. 缺陷模式状态机

有限状态机包含一组状态集、一个起始状态、一个或多个终止状态和一个当前状态到下一状态的转换表，也可以用一个有向图进行表示。状态机是对程序语义的一种常用和易于理解的抽象表示。在本文的静态分析方法中，采用状态机来对缺陷进行描述。下面以空指针引用缺陷为例进行描述，如图 5.2 所示，空指针引用缺陷的状态集合为 {Start，NonNull，MayNull，ERROR，END}，其中各状态的含义为：Start 为开始状态，NonNull 代表当前句柄肯定不为 null，MayNull 代表当前句柄可能为 null，ERROR 为出错状态，End 为终止状态。

2. 缺陷模式状态机的 XML 描述

用 XML 来对缺陷模式状态机进行描述，其 XML Schema 如图 5.3 所示。XML Schema 定义了描述缺陷模式状态机的语法，包括标签以及标签的各个属性。

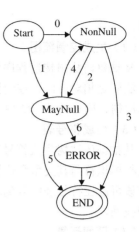

序号	状态转换	引起状态变迁的动作
0	Start→NonNull	句柄变量被限定为非null
1	Start→MayNull	句柄变量被限定可能为null
2	NonNull→MayNull	句柄变量被限定可能为null
3	NonNull→END	句柄变量超出作用域
4	MayNull→NonNull	句柄变量被限定为非null
5	MayNull→END	句柄变量超出作用域
6	MayNull→ERROR	对句柄变量进行引用
7	ERROR→ END	ϕ

图 5.2　空指针引用缺陷状态变迁图

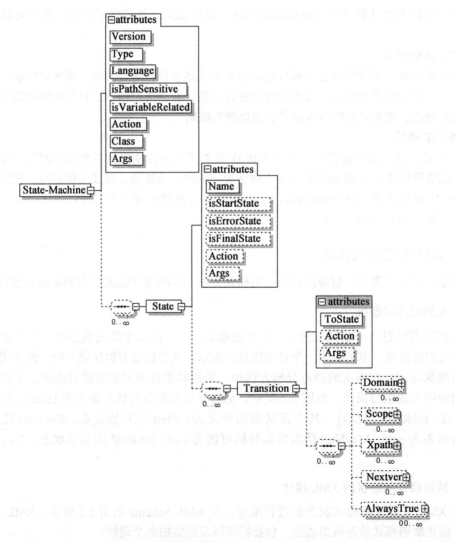

图 5.3　描述缺陷模式状态机的 XML Schema

5.4.3　DTS 的测试界面

DTS 界面如图 5.4 所示。上半部分包括被测试文件的各种操作，如扫描、测试结果统计和使用帮助，其中扫描用于启动 DTS 执行，测试结果统计包括了各种缺陷数据统计和评估。下半部分是 IP 数据库，对每一个 DTS 测试出来的 IP 都占据一行，包括 IP 所在文件、缺陷类型、引起缺陷的变量和变量所在的位置。中间部分显示被测试程序，中间的右半部分是对产生缺陷的原因进行描述。

图 5.4　使用 DTS 7.0 进行缺陷测试

5.4.4　DTS 测试应用报告

应用 DTS 7.0，作者对 9 个 Java 软件项目中的两类故障模式和 Android 4.0 进行了测试，测试结果分别如表 5.8 和表 5.9 所示。

表 5.8　DTS_Java(7.0) 对 9 个 Java 软件项目中的两类故障模式测试应用报告

软件名称	文件个数	文件行数	IP		缺陷	
			空指针	资源泄漏	空指针	资源泄漏
areca	426	68 094	387	115	349	110
aTunes	306	52 603	181	32	165	32
Azureus	2770	575 220	1215	417	1189	396
cobra	450	71 385	65	17	65	17
freemind	509	102 112	314	75	279	74
freecol	343	110 822	602	99	594	98
jstock	165	38 139	122	65	119	65
megamek	535	212 453	1079	134	993	126
SweetHome3D	154	59 943	80	65	47	58

表 5.9   DTS_Java(7.0) 对 Android4.0 的测试报告

语言	文件数	代码行	时间（小时）	检查点	故障	不确定
Java	25 428	5 336 619	40	7966	6856	381
C	11 899	5 919 784	23	13 811	6228	3156
C++	16 748	6 158 454	39	13 516	5095	597
总计	54 075	17 414 821	102	35 293	18 179	4134

根据 DTS 对数亿行代码的测试统计，美国产的开源软件其故障密度大致是 1 个故障 /
KLOC，国产商用软件大致是 4~6 个故障 /KLOC。

习题

1. 研究软件的缺陷模式有何意义？与黑盒测试和白盒测试相比，基于缺陷模式的软件测试方法有什么好处？
2. 自己编写一个循环程序，其中循环体包含 MLF 类故障，运行该程序看看情况如何？
3. 在 C++ 中，OOBF 类故障是每个编程者经常遇到的一类故障，请回忆一下，你是否犯过类似的错误？你是如何避免犯这种错误的？
4. UVF 是初学者经常犯的一类错误，而这类错误往往是疏忽导致的，体会一下，如何避免犯这种错误？
5. NPDF 是很严重的一类错误，一旦产生就会造成系统的崩溃，如何避免这种错误？
6. 在 C++ 中，还有哪些 ILCF 类故障？
7. 如何避免 ITCF 类故障？
8. RLF 类故障有哪几种形式？
9. 回忆一下，在你开发的软件中，是否存在安全漏洞故障？
10. 何为 IP？为什么难以对 IP 的性质进行自动计算？

第6章 集成测试

规范的软件测试是严格按照步骤来实施的。单元测试、集成测试、系统测试、验收测试、其他专项测试，一步都不能少。软件测试实施得越多，花费的代价越大，软件可靠性就越高。当然，软件测试也不能无限地进行下去，应根据需要来确定何时完成测试。

集成测试是一个中间环节，往往被人们所忽略。实际上，很多软件都不实施这步测试，或者实施较少。特别是在国内，集成测试更是可有可无。到目前为止，在市场上，很少能见到独立的集成测试工具。

一个单元一般是由一个人开发的，不同的单元往往是由不同的人开发的。多个人由于对问题认识的差异、教育背景的差异、编程风格的差异、熟练程度的差异等，所编写的程序往往有很大的差异。而这些不同人编写的程序最后是需要集成在一起、共同实现某个具体任务的。因此，集成测试不但不能省，大多数情况下是很有必要的。通过集成测试，除了发现必要的两个单元之间的耦合错误外，也可以发现某些理解上的偏差，甚至对差的编程风格也可以做一些纠正，虽然这不是必需的，但对个人来说，这是有好处的。

6.1 集成测试概述

6.1.1 集成测试的概念

集成（Integration）是指把多个单元组合起来形成更大的单元。**集成测试**（Integration Testing）是在假定各个软件单元已经通过了单元测试的前提下，检查各个软件单元之间的相互接口是否正确。它是介于单元测试和系统测试之间的过渡阶段，是单元测试的扩展和延伸。也就是说，在做集成测试之前，单元测试已经完成，并且集成测试所使用的对象应当是成功地通过了单元测试的单元，如果不经过单元测试，那么集成测试的效果将受到影响，并且会增加测试的成本，甚至导致整个集成测试工作无法进行。最简单的集成测试形式就是把两个单元模块集成或者组合到一起，然后对它们之间的接口进行测试。当然，实际的集成测试过程并不是这么简单，通常要根据具体情况采取不同的集成策略将多个模块组装成为子系统或系统，以测试各个模块能否以正确、稳定、一致的方式接口和交互，即验证其是否符合软件开发过程中的概要设计说明书的要求。有时，把集成测试称为组装测试、联合测试、子系统测试或部件测试。一般情况下，集成测试设计采用的都是黑盒测试用例设计的方法。但随着软件复杂度的增加，尤其是在大型的应用软件中，常常会把白盒测试与黑盒测试结合起来进行测试用例设计，因此有越来越多的学者把集成测试归结为**灰盒测试**（Gray Box Testing）。

集成测试主要关注下列问题：

1）模块间的数据传递是否正确？

2）一个模块的功能是否会对另一个模块的功能产生错误的影响？

3）全局数据结构是否有问题，会不会被异常修改？

4）模块组合起来的功能能否满足要求？

5）集成后，各个模块的累积误差是否会扩大，是否达到不可接受的程度？

传统的软件开发 V 模型如图 6.1 所示。该模型说明了应在何时进行何种测试，这里，集成测试与概要设计相对应。一个软件产品的开发过程包含了一个分层的设计和逐步细化的过程，图 6.2 给出了软件的模块结构图。单元测试对应结构图中的叶子结点，即单元结点，而系统测试对应于整个产品，其他各个层次的测试都属于集成测试的范畴。

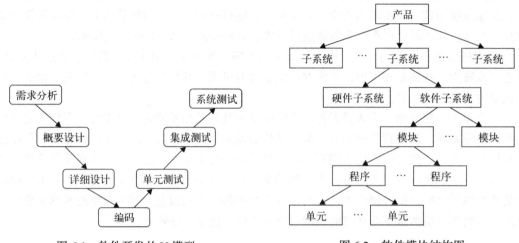

图 6.1　软件开发的 V 模型　　　　图 6.2　软件模块结构图

模块分析是集成测试的第一步，也是最重要的工作之一。模块划分的好坏直接影响了集成测试的工作量、进度和质量。软件工程有一条事实上的原则，即 2/8 原则，即测试中发现的 80% 的错误可能源于 20% 的模块，例如，IBM OS/370 操作系统中，用户发现的 47% 的错误源于 4% 的模块。因此，一般可以将模块划分为 3 个等级，即高危模块、一般模块和低危模块。高危模块应该优先测试。模块的划分常常遵循下列几个原则：

1）本次测试希望测试哪个模块；

2）把与该模块关系最紧密的模块聚集在一起；

3）考虑划分后的外围模块，并分析外围模块和被集成模块之间的信息流是否容易模拟和控制。

6.1.2　集成测试与系统测试的区别

由于集成测试是介于单元测试与系统测试之间的过渡阶段，因此初学者常常会把集成测试和系统测试混淆在一起。那么，读者不妨从以下几个角度来区别集成测试和系统测试。

1）测试对象。集成测试的对象是由通过了单元测试的各个模块所集成起来的组件。而系统测试的对象，除了软件之外，还包括计算机硬件、相关的外围设备以及数据传输机构等。

2）测试时间。前面已经介绍过，集成测试是介于单元测试和系统测试之间的测试。显然，在测试时间上，集成测试先于系统测试。

3）测试方法。由于集成测试处在单元测试和系统测试的过渡阶段，为了提高软件的可靠性，通常会采用白盒测试和黑盒测试相结合的测试方法，而系统测试通常使用黑盒测试。

4）测试内容。集成测试的主要内容是各个单元模块之间的接口，以及各个模块集成后所实现的功能。而系统测试关注的主要内容是整个系统的功能和性能。

5）测试目的。集成测试的主要目的是发现单元之间接口的错误，以及发现集成后的软件同软件概要设计说明书不一致的地方，以便确保各个单元模块组合在一起后，能够达到软件概要设计说明书的要求，协调一致地工作。而系统测试的主要目的是通过与系统需求定义相比较之后发现软件与系统定义不符或矛盾的地方。

6）测试角度。集成测试工作更多的是站在工作人员的角度上，以便发现更多的问题。系统测试工作的开展更多的是站在用户的角度来进行，证明系统的各个组成部分能够协调一致地工作，以及验证软件在其运行的软件环境和硬件环境下都可以正常运行。

在软件开发过程中，我们不可能严格地把二者区别开来。因此，随着软件开发过程的不断改进，集成测试和系统测试的区别正在逐渐淡化。但以上所提到的几点内容有助于读者更好地把握和理解整个测试过程。

6.1.3 集成测试与开发的关系

有经验的软件开发人员和测试人员都知道，软件测试和开发永远是相辅相成的。良好的测试能够及时发现开发过程中的缺陷或错误，从而降低开发成本。同样，良好的开发过程有利于测试工作的进行，能够提高测试工作的效率。那么，集成测试与开发有什么关系呢？

集成测试是和软件开发过程中的概要设计阶段相对应的，软件概要设计中关于整个系统的体系结构是集成测试用例设计的基础。概要设计作为软件设计的骨架，可以清晰地显示大型系统中的组件或子系统的层次构造。那么，软件产品的层次、组件分布、子系统分布等也就一目了然，这为集成测试策略的选取提供了重要的参考依据，从而可以减少集成测试过程中桩模块和驱动模块开发的工作量，促使集成测试快速、高质量地完成。而集成测试可以服务于架构设计，可以检验所设计的软件架构中是否有错误和遗漏，以及是否存在二义性。集成测试和架构设计也是相辅相成的。

6.1.4 集成测试的层次与原则

1. 集成测试的层次

从各种软件开发与测试模型中可以看出，一个软件产品的开发要经历多个不同的开发和测试阶段，可以说软件开发和测试过程是一个分层设计和不断细化的过程。总体来讲，开发人员经过分层次的设计，由小到大逐步细化最终完成整个软件的开发；测试人员则要从单元测试开始，然后对所有通过单元测试的模块进行测试，最后将系统的所有组成元素组合到一起进行系统测试。那么，如何划分集成测试的测试层次呢？

对于传统软件来说，按集成粒度不同，可以把集成测试分为 3 个层次，即：

1）模块间集成测试。

2）子系统内集成测试。

3）子系统间集成测试。

对于面向对象的应用系统来说，按集成粒度不同，可以把集成测试分为两个层次：

1）类内集成测试。

2）类间集成测试。

2. 集成测试的原则

要做好集成测试工作不是一件容易的事情。很多软件测试过程往往忽略这个步骤，经常把程序联调作为集成测试，使得在系统测试阶段错误太多，而不得不回过头重新实施测试。集成测试应当针对概要设计尽早开始筹划。为做好集成测试，应坚持下列几条原则：

1）所有公共接口必须被测试到。

2）关键模块必须进行充分测试。

3）集成测试应当按一定层次进行。

4）集成测试策略选择应当综合考虑质量、成本和进度三者之间的关系。

5）集成测试应当尽早开始，并以概要设计为基础。

6）在模块和接口的划分上，测试人员应该和开发人员进行充分沟通。

7）当测试计划中的结束标准满足时，集成测试才能结束。

8）当接口发生修改时，涉及的相关接口都必须进行回归测试。

9）集成测试应根据集成测试计划和方案进行，不能随意测试。

10）项目管理者应保证审核测试用例。

11）如实记录测试执行结果。

6.2 集成测试策略

集成测试的主要目标是发现与接口有关的问题。例如，数据通过接口时可能丢失；一个模块对另一个模块可能由于疏忽而造成有害影响；把子功能组合起来可能不产生预期的主功能；个别看上去可以接受的误差可能积累到不能接受的程度；全程数据结构可能有问题，等等。类似这样的接口问题在软件系统中非常常见。

由模块组装成程序时有两种方法：一种方法是先分别测试每个模块，再把所有模块按设计要求放在一起结合成所要的程序，这种方法称为**非渐增式集成**；另一种方法是把下一个要测试的模块同已经测试好的那些模块结合起来进行测试，测试完以后再把下一个应该测试的模块结合起来进行测试。这种每次增加一个模块的方法称为**渐增式集成**，这种方法实际上同时完成单元测试和集成测试。

对两个以上的模块进行集成时，需要考虑它们和周围模块的联系。为了模拟这些联系，需要设置若干辅助模块，包括以下两种：

- **驱动模块**（Driver）：用以模拟待测模块的上级模块。驱动模块在集成测试中接受测试数据，把相关的数据传送给待测模块，启动待测模块，并打印出相应的结果。

- **桩模块**（Stub）：也称为存根程序，用以模拟待测模块工作过程中所调用的模块。桩模块由待测模块调用，它们一般只进行很少的数据处理，例如打印入口和返回，以便于检验待测模块与其下级模块的接口。

6.2.1 非渐增式集成

非渐增式集成方法首先对每个子模块进行测试（即单元测试），然后将所有模块全部集成起来一次性进行集成测试。

【**例 6.1**】 对如图 6.3 所示的程序，采用非渐增式集成方法进行集成测试。

测试过程如下：

1）对模块 A 进行测试。模块 A 调用了 B、C 和 D 三个模块，但没有被其他模块调用，因此只需要给它配置三个桩模块 S_B、S_C 和 S_D。桩模块开发调试结束后，即可对模块 A 进行测试。

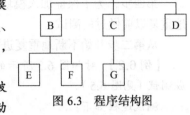

2）对模块 B 进行测试。模块 B 调用了 E 和 F 两个模块，同时被模块 A 调用，因此需要给它配置两个桩模块 S_E、S_F 和一个驱动模块 D_A。桩模块和驱动模块开发调试结束后，即可对模块 B 进行测试。

3）对模块 C 进行测试。模块 C 调用了模块 G，同时被模块 A 调用，因此需要给它配置一个桩模块 S_G 和一个驱动模块 D_A。桩模块和驱动模块开发调试结束后，即可对模块 C 进行测试。

图 6.3　程序结构图

4）对模块 D、E、F 和 G 进行测试。这四个模块都没有调用其他模块，但它们分别被模块 A、B 和 C 调用，因此需要分别给它们配置驱动模块 D_A、D_B 和 D_C。驱动模块开发调试结束后，即可分别对模块 D、E、F 和 G 进行测试。

5）把所有通过单元测试的模块组装到一起进行集成测试。以上测试过程如图 6.4 所示。

这种方法一下子把所有模块放在一起，并把庞大的程序作为一个整体来测试，测试者面对的情况十分复杂。测试时会遇到许许多多的错误，定位和改正错误更是困难，因为在庞大的程序中想要诊断定位一个错误是非常困难的。而且一旦改正一个错误之后，马上又会遇到新的错误，这个过程将继续下去，看起来好像永远也没有尽头。因此这种方法只适用于规模较小的应用系统，在大、中型系统中一般不推荐使用这种方法。

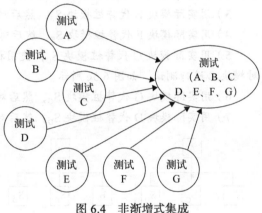

图 6.4　非渐增式集成

6.2.2　渐增式集成

渐增式集成与"一步到位"的非渐增式集成相反，它把程序划分成小段来构造和测试，在这个过程中比较容易定位和改正错误，对接口可以进行更彻底的测试，可以使用系统化的测试方法。因此，目前在进行集成测试时普遍采用渐增式集成方法。

当使用渐增方式把模块结合到程序中去时，有自顶向下和自底向上两种集成策略，下面分别介绍。

1. 自顶向下集成

自顶向下集成方法是一个日益为人们广泛采用的测试和组装软件的途径。从主控制模块开始，沿着程序的控制层次向下移动，逐渐把各个模块结合起来。把附属于（及最终附属于）主控制模块的那些模块组装到程序结构中可以使用深度优先的策略，或者使用宽度优先的策略。

把模块结合进软件结构的具体过程由下述 4 个步骤完成：

第一步，对主控制模块进行测试，测试时用桩模块代替所有直接附属于主控制模块的模块。

第二步，根据选定的结合策略（深度优先或宽度优先），每次用一个实际模块代换一个桩模块（新结合进来的模块往往又需要新的桩模块）。

第三步，在结合进一个模块的同时进行测试。

第四步，为了保证加入模块没有引进新的错误，可能需要进行回归测试（即全部或部分地重复以前做过的测试）。

从第二步开始不断地重复进行上述过程，直到构造起完整的软件结构为止。

【例6.2】 对如图6.3所示的程序，采用自顶向下集成方法，按照深度优先方式进行集成测试（见图6.5）。

测试过程如下：

1）对主控模块A进行测试。使用桩模块S_B、S_C和S_D来代替模块B、C和D，然后对模块A进行测试，如图6.5a所示。

2）使用实际模块B来代替桩模块S_B，使用桩模块S_E和S_F来代替模块B所调用的模块E和F，然后对模块B进行测试，如图6.5b所示。

3）用实际模块E代替桩模块S_E，然后对模块E进行测试，如图6.5c所示。

4）用实际模块F代替桩模块S_F，然后对模块F进行测试，如图6.5d所示。

5）用实际模块C代替桩模块S_C，使用桩模块S_G来代替模块C所调用的模块G，然后对模块C进行测试，如图6.5e所示。

6）用实际模块G代替桩模块S_G，然后对模块G进行测试，如图6.5f所示。

7）用实际模块D代替桩模块S_D，然后对模块D进行测试，如图6.5g所示。

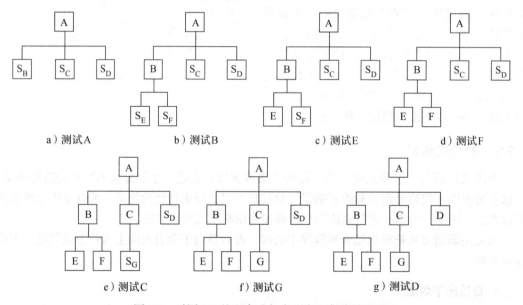

图6.5 对图6.3的程序进行自顶向下集成的过程

自顶向下的结合策略能够在测试的早期对主要的控制模块进行检验。在一个分解得好的软件结构中，主要的控制模块位于层次系统的较上层，因此首先碰到。如果主要控制模块确实有问题，早期认识到这类问题是有好处的，可以及早想办法解决。如果选择深度优先的结合方法，可以在早期实现软件的一个完整的功能并且验证这个功能。早期证实软件的一个完整的功能，可以增强开发人员和用户双方的信心。

自顶向下的方法比较简单，但是实际使用时可能遇到逻辑上的问题。这类问题中最常见的是，为了充分地测试软件系统的较高层次，需要较低层次的支持。然而在自顶向下测试的初期，桩模块代替了低层次的模块，因此，在软件结构中没有重要的数据自下往上流。为了解决这个问题，测试人员有两种选择：一是，把许多测试推迟到用真实模块代替了桩模块以后再进行；二是，从层次系统的底部向上集成。第一种方法失去了在特定的测试和组装特定的模块之间的精确对应关系，这可能导致在确定错误的位置和原因时发生困难。后一种方法称为自底向上的测试，下面讨论这种方法。

2. 自底向上集成

自底向上测试从"原子"模块（即在软件结构最底层的模块）开始组装和测试。因为是从底部向上结合模块，总能得到所需的下层模块处理功能，所以不需要桩模块。

用下述步骤可以实现自底向上的结合策略：

1）把低层模块组合成实现某个特定的软件子功能的族。

2）写一个驱动程序（用于测试的控制程序），协调测试数据的输入和输出。

3）对由模块组成的子功能族进行测试。

4）去掉驱动程序，沿软件结构自下向上移动，把子功能族组合起来形成更大的子功能组。

上述第二步到第四步实质上构成了一个循环。

【例 6.3】　对如图 6.3 所示的程序，采用自底向上集成方法，按照深度优先方式进行集成测试。

测试过程如下：

1）按照深度优先方式，首先对最下层的模块 E 和 F 进行测试，这时需开发和配置调用它们的驱动模块 D_B，先利用 D_B 测试模块 E，然后再测试模块 F。

2）测试模块 B、E 和 F 的集成体，这时需要开发和配置驱动模块 D_A，然后再对其进行测试。

3）测试模块 G，这时需要开发和配置驱动模块 D_C，然后对其进行测试。

4）测试模块 B 和 G 的集成体，这时需要开发和配置驱动模块 D_A，然后对其进行测试。

5）测试模块 D，这时需要开发和配置驱动模块 D_A，然后对其进行测试。

6）把模块 A 同其他模块集成，对整个系统进行测试。

集成过程如图 6.6 所示。

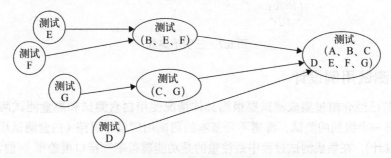

图 6.6　自底向上集成

随着结合向上移动，对测试驱动程序的需求也减少了。事实上，如果软件结构的顶部两层用自顶向下的方法组装，可以明显减少驱动程序的数目，而且族的结合也将大大简化。

6.2.3 三明治集成

三明治集成是一种混合增量式测试策略,综合了自顶向下和自底向上两种集成方法的优点。在这种方法中,桩模块和驱动模块的开发工作量都比较少,不过代价是在一定程度上增加了定位缺陷的难度。

三明治集成策略的基本过程包括:

1)确定以哪一层为界来进行集成(对图 6.3 所示的程序,确定以 B 模块为界)。

2)对模块 B 及其所在层下面的各层使用自底向上的集成策略。

3)对模块 B 所在层上面的层次使用自顶向下的集成策略。

4)将模块 B 所在层各模块同相应的下层集成。

5)对系统进行整体测试。

应用三明治集成策略还有一个技巧,即尽量减少设计驱动模块和桩模块的数量。例如对图 6.3,使用模块 B 所在层各模块同相应的下层先集成的策略,而不是使用模块 B 所在层各模块同相应的上层先集成的策略,就是考虑到这样做可以减少桩模块的设计。以模块 B 为例,如果先同其下层集成,只需要设计一个驱动模块(模拟模块 A 调用模块 B);而先同上层集成再同下层集成则需要设计两个桩模块(分别模拟模块 E 和模块 F)。

【例 6.4】 对如图 6.3 所示的程序,以模块 B 所在层为界,采用三明治集成方法进行集成测试。测试过程如下:

1)对模块 E、F、G 分别进行单元测试。

2)对模块 A 进行测试。

3)把模块 E、F 同模块 B 集成并进行测试。

4)把模块 C、G 集成到一起进行测试。

5)对所有模块进行集成测试。

集成过程如图 6.7 所示。

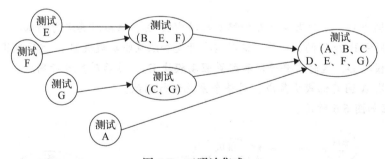

图 6.7 三明治集成

6.3 集成测试用例设计

前面章节已经介绍过集成测试要根据具体情况使用白盒测试和黑盒测试两种方法。其实,无论是哪一个级别的测试,都离不开基本的测试用例设计思路(白盒测试用例设计和黑盒测试用例设计),在集成测试过程中最注重的是功能覆盖率和接口覆盖率。前面已经讲过,功能覆盖率中最常见的就是需求覆盖,目的是通过设计一定的测试用例,使得每个需求点都被测试到。而接口覆盖(又叫入口点覆盖)的目的就是通过设计一定的测试用例使系统的每个接口都被测试到。如何才能够做到这一点呢?毫无疑问这要求我们要从多个角度进行测试用例的设计。本节主要讨论应该从哪些角度来设计集成测试用例。

1. 为系统运行设计用例

集成测试所关注的主要内容就是各个模块的接口是否能用,因为接口的正确与否关系到后续集成测试能否顺利进行。因此,首要的集成测试工作就是设计一些起码能够保证系统运行的测试用例,也就是验证最基本功能的测试用例。认识到这一点,就可以根据测试目标来设计相应的测试用例。

可使用的主要测试分析技术有:

- 等价类划分。
- 边界值分析。
- 基于决策表的测试。

2. 为正向测试设计用例

假设在严格的软件质量控制下,软件各个模块的接口设计和模块功能设计完全正确并且满足要求,那么正向集成测试的一个重点就是验证这些集成后的模块是否按照设计实现了预期的功能。基于这样的测试目标,可以直接根据概要及设计文档导出相关的用例。

可使用如下几种主要测试分析技术:

- 输入域测试。
- 输出域测试。
- 等价类划分。
- 状态转换测试。
- 规范导出法。

3. 为逆向测试设计用例

集成测试中的逆向测试包括:分析被测接口是否实现了需求规格没有描述的功能;检查规格说明中可能出现的接口遗漏,或者判断接口定义是否有错误,以及可能出现的接口异常错误,包括接口数据本身的错误,接口数据顺序错误等。在接口数据量庞大的情况下,要对所有异常的情况以及异常情况的组合进行测试几乎是不可能的。因此在这样的情况下就可以基于一定的约束条件(如根据风险等级的大小、排除不可能的组合情况)进行测试。

当面向对象应用程序和 GUI 程序进行测试时,有时还需要考虑可能出现的状态异常,包括:是否遗漏或出现了不正确的状态转换;是否遗漏了有用的消息;是否会出现不可预测的行为;是否有非法的状态转换(如从一个页面可以非法进入某些只有登录以后或经过身份验证才可以访问的页面)等。

可使用的主要测试分析技术有:

- 错误猜测法。
- 基于风险的测试。
- 基于故障的测试。
- 边界值分析。
- 特殊值测试。
- 状态转换测试。

4. 为满足特殊需求设计用例

在早期的软件测试过程中，安全性测试、性能测试、可靠性测试等主要在系统测试阶段才开始进行，但是在现在的软件测试过程中，已经不断对这些满足特殊要求的测试过程加以细化。在大部分软件产品的开发过程中，模块设计文档就已经明确地指出了接口要达到的安全性指标、性能指标等，此时我们应该在对模块进行单元测试和集成测试阶段就开展满足特殊需求的测试，为整个系统是否能够满足这些特殊需求把关。

可使用的主要测试分析技术为规范导出法。

5. 为高覆盖设计用例

与单元测试所关注的覆盖重点不同，在集成测试阶段我们关注的主要覆盖是功能覆盖和接口覆盖（而不是单元测试所关注的路径覆盖、条件覆盖等），通过对集成后的模块进行分析，来判断哪些功能以及哪些接口（如对消息的测试，应同时覆盖正常消息和异常消息）没有被覆盖来设计测试用例。

可使用的主要测试分析技术有：
- 功能覆盖分析。
- 接口覆盖分析。

6. 测试用例补充

在软件开发的过程中，难免会因为需求变更等因素导致功能增加、特性修改等情况发生，因此我们不可能在测试工作的一开始就 100% 完成所有的集成测试用例的设计，这就需要在集成测试阶段能够及时跟踪项目变化，按照需求增加和补充集成测试用例，保证进行充分的集成测试。

7. 注意事项

在集成测试的过程中，要注意考虑软件开发成本、进度和质量这三个方面的平衡。不能顾此失彼，也就是说要重点突出（在有限的时间内进行穷尽的测试是不可能的）。首先要保证对所有重点的接口以及重要的功能进行充分的测试，这样在今后的测试工作中就可以少走弯路。用例设计要充分考虑到可回归性以及是否便于自动化测试的执行，因为借助测试工具来运行测试用例，并对测试结果进行分析，在一定程度上可以提高效率，节省有限的时间资源和人力资源。

6.4　集成测试过程

一个测试从开发到执行遵循一个过程，不同的组织对这个过程的定义会有所不同。根据集成测试不同阶段的任务，可以把集成测试划分为 5 个阶段：计划阶段、设计阶段、实施阶段、执行阶段、评估阶段，如图 6.8 所示。在实际工作中，读者可以参考美国电气与电子工程师协会制定的相关标准。

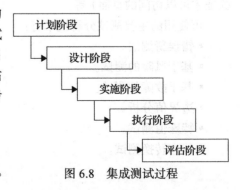

图 6.8　集成测试过程

1. 计划阶段

计划的好与坏直接影响着后续测试工作的进行。

所以集成测试计划的制定对集成测试的顺利实施也起着至关重要的作用。那么，应该在软件测试生命周期中哪一个阶段制定集成测试计划呢？一般安排在概要设计评审通过后大约一个星期的时候，参考需求规格说明书、概要设计文档、产品开发计划时间表来制定。当然，集成测试计划的制定不可能一下子就能完成，需要通过若干个必不可少的活动环节，如下所示：

1）确定被测试对象和测试范围。
2）评估集成测试被测试对象的数量及难度，即工作量。
3）确定角色分工和划分工作任务。
4）标识出测试各个阶段的时间、任务和约束条件。
5）考虑一定的风险分析及应急计划。
6）考虑和准备集成测试需要的测试工具、测试仪器、环境等资源。
7）考虑外部技术支援的力度和深度，以及相关培训安排；定义测试完成标准。

通过上述步骤，最后就可以得到一份周密翔实的集成测试计划。但是，在集成测试计划定稿之前可能要经过几次修改和调整，直到通过评审为止。其实，即使定稿之后也可能因为需求变更等而必须进行修改。

2. 设计阶段

周密的集成测试设计如同指挥棒一样，是测试人员行动的指南。一般在详细设计开始时，就可以着手进行。可以把需求规格说明书、概要设计、集成测试计划文档作为参考依据。当然也是在概要设计通过评审的前提下才可以进行。集成测试设计阶段需要完成以下工作：

1）被测对象结构分析。
2）集成测试模块分析。
3）集成测试接口分析。
4）集成测试策略分析。
5）集成测试工具分析。
6）集成测试环境分析。
7）集成测试工作量估计和安排。

进行过上述这些步骤之后，输出一份具体的集成测试方案，最后提交给相关人员进行评审。

3. 实施阶段

前面已经介绍过，只有在要集成的单元都顺利通过测试以后才能够进行集成测试。因此，集成测试必须等某些模块的编码完成之后才能够进行。在实施的过程中，我们要参考需求规格说明书、概要设计、集成测试计划、集成测试设计等相关文档来进行。集成测试实施的前提条件就是详细设计阶段的评审已经通过，通常要通过以下几个环节来完成：

1）集成测试用例设计。
2）集成测试规程设计。
3）集成测试代码设计（系统需要）。
4）集成测试脚本开发（系统需要）。

5）集成测试工具开发或选择（系统需要）。

通过上述这些步骤，可以得到相应的产品，即集成测试用例、集成测试代码（系统具备该条件）、集成测试工具（系统具备该条件）。最后，把输出的测试用例和测试规程等产品提交给相关人员进行评审。

4. 执行阶段

这是集成测试过程中一个比较简单的阶段，只要所有的集成测试工作准备完毕，测试人员在单元测试完成以后就可以执行集成测试。当然，须按照相应的测试规程，借助集成测试工具（系统具备该条件），并把需求规格说明书、概要设计、集成测试计划、集成测试设计、集成测试用例、集成测试规程、集成测试代码（系统具备该条件）、集成测试脚本（系统具备该条件）作为测试执行的依据来执行集成测试用例。测试执行的前提条件就是单元测试已经通过评审。当测试执行结束后，测试人员要记录下每个测试用例执行后的结果，填写集成测试报告，最后提交给相关人员评审。

5. 评估阶段

当集成测试执行结束后，要召集相关人员，如测试设计人员、编码人员、系统设计人员等对测试结果进行评估，确定是否通过集成测试。

6.5　面向对象的集成测试

面向对象的程序是由若干对象组成的，这些对象互相协作以解决某些问题。对象的协作方式决定了程序能做什么，从而决定了这个程序执行的正确性。例如，可信任的原始类实例可能不包含任何错误。因此，一个程序中对象的正确协作（即交互）对于程序的正确性是非常关键的。

交互测试的重点是确保对象（这些对象的类已被单独测试过）的消息传送能够正确进行。交互测试的执行可以使用嵌入应用程序中的交互对象，或者独立测试工具提供的交互环境。

6.5.1　对象交互

对象交互只不过是一个对象（发送者）对另一个对象（接收者）的请求，发送者请求接收者执行发送者的一个操作，而接收者进行的所有处理工作就是完成这个请求。在大多数面向对象的语言中，对象交互涵盖了程序中的绝大部分活动。它包含了对象及其组件的消息，还包含了对象和与之相关的其他对象之间的消息。假设这些其他对象是一些类的实例，这些类已经被独立测试过了，并且它们的实现已被证明是完整的。因为在处理接收对象上任意某个方法的调用期间，都可能发生多重的对象交互，所以希望考虑一下这些交互对接收对象内部状态的影响，还有对那些与接收对象相关联的对象的影响。

对象交互的测试方法，按原始类、汇集类和协作类来进行讨论。原始类的测试使用类的单元测试方法。

1. 汇集类测试

有些类在它们的说明中使用对象，但是实际上从不和这些对象中的任何一个进行协作，也就是说，它们从来不请求这些对象的任何服务。相反，它们会表现出以下一种或多种行为：

- 存放这些对象的引用（或指针），程序中常表现为对象之间一对多的关系。
- 创建这些对象的实例。
- 删除这些对象的实例。

可以使用测试原始类的方法来测试汇集类，测试驱动程序要创建一些实例，这些实例作为消息中的参数被传递给一个正在测试的集合。测试的目的主要是保证那些实例被正确地从集合中移出。有些测试用例会说明集合对其容量所做的限制。假如在实际应用中可能要加入40 或 50 条信息，那么生成的测试用例至少要增加 50 条信息。如果无法估算出一个有代表性的上限，那么就使用集合中的大量对象进行测试。

2．协作类测试

凡不是汇集类的非原始类就是协作类，该类的一个或多个操作中使用其他对象并将其作为它们的实现中不可缺少的一部分。当类接口中的一个操作的某个后置条件引用了一个对象的实例状态，并且（或者）说明那个对象的某个属性被使用或修改了，那么这个类就是一个协作类。协作类测试的复杂性远远高于汇集类或原始类的测试。

6.5.2　面向对象集成测试的常用方法

面向对象集成测试除了要考虑对象交互特征而进行分类之外，还需要一些具体的测试技术去实现测试的要求。在测试中，希望运行所有可能出现的组合情况以达到 100% 的覆盖率，这就是穷举测试法。穷举测试法是一种可靠的测试方法，然而在许多情况下却没有办法实施，因为对象交互作用的组合数量太多了。故一般使用抽样测试、正交阵列测试。

1. 抽样测试

抽样测试提供了一种运算法则，它使我们能够从一组可能的测试用例中选择一个测试序列，但并不要求一定要明确如何来确定测试用例的总体。测试过程的目的在于定义感兴趣的测试总体，然后定义一种方法，以便在这些测试用例中选择哪些被构建、哪些被执行。

2. 正交阵列测试

正交阵列测试提供了一种特殊的抽样方法，这种方法通过定义一组交互对象的配对方式组合，以尽力限制测试配置的组合数目激增。由交互所产生的大多数错误要归咎于双向交互。挑选某个样本的一种特定测试技术就是**正交阵列测试系统**（Orthogonal Array Testing System，OATS）。正交阵列是一个数值矩阵，其中的每一列代表一个因素（factor），即实验中的一个变量。在一个正交阵列中将各个因素组合成配对情况。例如，假设有三个因素 A、B、C，每个因素有三个级别 1、2、3，那么这些值就有 27 种可能的组合情况。如果使用配对方式的组合，也就是说，如果仅仅考虑这些组合情况：一个给定级别仅出现两次，那么就只有表 6.1 所示的 9 种情况。

表 6.1　三个因素（每个因素有三个级别）配对方式的组合情况

	1	2	3	4	5	6	7	8	9
A	1	1	1	2	2	2	3	3	3
B	1	2	3	1	2	3	1	2	3
C	3	2	1	2	1	3	1	3	2

6.5.3　分布式对象测试

如今很少设计单个进程在单个处理机上执行的系统，为了获得灵活性和伸展性，许多系统都被设计成多个充分独立的部件，每个部件可以存在于一个独立的进程中，而整个系统的运行会根据需要启动多个进程。如果这些进程不是分布在一台机器上，而是分布在多台机器上，借助于计算机通信或网络实现它们相互之间的协作，从而构成一个分布式的系统。客户端/服务器模型是一种简单的分布式系统，在这种模型中，客户端和服务器被设计成独立的进程，服务器进行数据计算、处理、存储等管理工作，客户端进行接受用户的输入、请求，显示结果等工作，两者分工不同。随着计算机技术的发展，现在可以构造一个分布式的服务器集群，通过并行技术实现复杂的或巨量的计算；也可以构造没有服务器的、分布式的、由客户端构成的对等网络（P2P）系统。

1．分布式对象的概念和特点

线程是一个操作系统进程内能够独立运行的内容，它拥有自己的计算器和本地数据。线程是能够被调度执行的最小单位。面向对象语言通过隐藏接口的属性或在某些情况下使线程对对象做出反应，以提供一些简单的同步手段。这就意味着在对象接口中同步是可见的（如Java的sychormize关键字），而传递消息是同步中最关键的一环。在这种情况下，类测试并不能发现很多同步错误，只有当一系列对象交互作用时才真正有机会发现错误。

当软件包含多个并发进程时，其特点是不确定性，完全地重复运行一个测试可能是很困难的。线程的准确执行是由操作系统安排的，与系统测试无关的程序变化可能会影响测试中的系统线程执行顺序。这就意味着如果出现失败，缺陷就必须被隔离并修复，并重新测试。不能因为在一个特定执行中没有发生错误就肯定缺陷被消除了，我们必须使用下列技术之一来进行测试。

- **在类的层次上进行更彻底的测试**。对用来产生分布式对象的类进行设计检查，应该确定类设计中是否提供了恰当的同步机制。动态类测试应该确定在受控的测试环境中同步是否正常。
- **在记录事件发生顺序的同时，执行大量的测试用例**。这就增大了按所有顺序执行的可能性。努力想发现的问题正是来源于事件执行的顺序。如果按所有顺序一一执行，就能找到这些问题。
- **指定标准的测试环境**。从一台尽可能简单的机器开始，包括尽可能少的网络、调制解调器或其他共享设备互联，并确定应用程序能够在这个平台上运行。然后安装一套基本的应用程序，它将一直在此机器上运行。每个测试用例都应该描述在标准环境下所做的任何修改，还要包括进程开始的顺序。环境越大，共享和网络化的程度越高，要保持环境的一致性就更难。不论在哪，我们都应该有测试实验室，并把测试机器与公共网络的其他部分隔离，这些机器专用于测试进程。

2．测试中需要注意的情况

- **局部故障**。以分布式系统为主的软件或硬件可能出错，分布式系统的部分代码也许就不能执行，而运行在单一机器上的应用程序是不会遇到这类问题的。局部出错的可能性使我们应考虑针对网络连接的断开、失灵或因关闭网络上的一个节点而发生故障的这类测试。

- **超时**。当一个请求发送到另一个系统时，网络系统通过设置定时器来避免死锁。如果在指定的时间内没有得到任何回应，系统就放弃这个请求，这可能是因为系统出现死锁，或是网络上的机器太忙以至于反应的时间比规定的时间要长。当出现请求被回答或未被回答时，软件应该能够做出正确的反应。当然在这两种情况下，反应是不同的。在网络机器上运行测试时，测试应该必须加载多种配置。
- **结构的动态性**。分布式系统通常具有依靠多种机器的加载来改变自身配置的能力，比如特定请求的动态定向。系统的设计要允许多种机器参与进来，而且系统也需要根据大量的配置来重复测试。如果存在一组大量配置，那么对这些配置进行全部测试是可行的。另外，可以使用比如正交阵列测试系统这样的技术来选择一套特殊的测试配置。
- **线程**。线程是可调度的计算单元。在设计中，基本的权衡是以线程的数量为中心。增加线程的数量可以简化一定的算法和技术，但线程执行的顺序出现风险的机会更大。减少线程的数量可以减少这种顺序问题，但会使软件更为刻板而且通常效率会更低。
- **同步**。当两个或两个以上的线程都必须访问一个存储空间时，就需要一定的机制来避免两个线程互相冲突。而且两个线程可能会同时对数据进行修改。一些语言（Java）提供了语言关键字来自动添加避免同时访问的机制。而其他语言，如C++，则要求每个开发者必须自行构造以达到这一目的。在面向对象的语言中同步会显得更为简单，因为这种机制局限于一般数据属性的修改方法，而且又布置一个特定的方法来避免实际数据的直接存取。

习题

1. 什么是集成和集成测试？
2. 集成测试的重点是什么？
3. 软件模块可以划分为哪几个等级？划分时应遵循什么原则？
4. 简述集成测试和系统测试的区别。
5. 对传统软件而言，集成测试可分为哪几个层次？
6. 对面向对象的软件而言，集成测试可分为哪几个层次？
7. 简述集成测试应遵循的原则。
8. 在集成测试过程中，为什么要设计桩模块和驱动模块？
9. 简述各种集成测试策略的优缺点。
10. 对图 6.9 所示的程序进行自顶向下的集成测试，试给出测试过程。
11. 对图 6.9 所示的程序进行自底向上的集成测试，试给出测试过程。
12. 对图 6.9 所示的程序进行三明治集成测试，试给出测试过程。
13. 可以从哪些角度进行集成测试用例的设计？
14. 何为正向测试？如何设计测试用例？
15. 何为逆向测试？如何设计测试用例？
16. 简述集成测试的过程。
17. 什么是对象交互？如何进行测试？
18. 在对分布式对象进行测试时需要注意哪些问题？

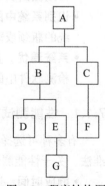

图 6.9 程序结构图

第7章 系统测试

功能上正确是对软件最基本的要求，本书前面几章谈论的都是软件的功能测试，或者说是以发现软件缺陷或故障为目的的测试，但仅这一点是不够的。软件还有很多非功能属性，如性能属性、可用性属性等，这些属性对用户或系统来说，往往也是必要的；而且，软件是不能独立运行的，软件需要靠硬件的支持才能发挥它的效能。当软件和硬件集成在一起时，往往会带来一些新的问题，所有对这些问题的测试统称为系统测试。系统测试包括很多内容，就测试成本来看，也远远大于之前所有实施的测试。

7.1 性能测试

首先，性能是一种表明软件系统或构件对于及时性要求的符合程度的指标；其次，性能是软件产品的一种特性，可以用时间来度量。性能的及时性通常用系统对请求做出响应所需要的时间来衡量。国际标准化组织将响应时间定义为：对计算机系统的查询或请求开始到一个响应结束所使用的时间。对某个系统或应用的用户来讲，响应时间就是用户必须等待服务所用的时间量。响应时间越短，用户就越满意，相反用户就越不满意。可以想象，如果响应时间很长，用户的耐心也会达到一定的限度，从而致使客户流失，最终导致公司效益下降。

性能测试主要检验软件是否达到需求规格说明书中规定的各类性能指标，并满足一些性能相关的约束和限制条件。性能测试的目的就是通过测试确认软件是否满足产品的性能需求，同时发现系统中存在的性能瓶颈，并对系统进行优化。性能测试包括以下几个方面：

- **评估系统的能力**。测试中得到的负荷和响应时间等数据可以用于分析模型的能力，并帮助做出决策。
- **识别系统中的弱点**。受控的负荷可以被增加到一个极端的水平并突破它，从而修复系统的瓶颈或薄弱的地方。
- **系统调优**。重复运行测试，验证调整系统的活动能否得到预期结果，从而改进性能，检测软件中的问题。

7.1.1 性能测试方法

有多种可选择的性能测试方法，如基准测试、性能下降曲线分析法等。本节主要介绍基准法。关于性能测试的基准大体有以下几方面：

- **响应时间**：这里的响应时间定义为从应用系统发出请求开始，到客户端接收到最后一个字节数据为止所消耗的时间。对用户来讲，响应时间的长短并没有绝对的区别。例如一个税务报账系统，用户每月使用一次该系统，每次进行数据录入等操作需要 2 小时以上，当用户选择提交后，即使系统在 20 分钟后才给出处理成功的消息，用户仍然不会认为系统的响应时间不能接受。因为相对于一个月才进行一次的操作来说，20分钟是一个可以接受的等待时间。所以在进行性能测试的时候，合理的响应时间取决于实际的用户需求，而不能根据测试人员自己的设想来决定。

- **并发用户数**：并发用户数一般是指同一时间段内访问系统的用户数量。在实际的性能测试中，经常接触到的与并发用户数相关的概念还包括"系统用户数"和"同时在线用户人数"。例如，某大学的网站有邮件服务及学生信息、选课系统等业务，基于这些业务的用户共有 10 000 人，则这 10 000 个用户就称为系统用户数。假设整个网站在最高峰时有 6000 人同时在线，则这 6000 人可以称作同时在线用户人数，还可以作为系统的最大并发用户数。
- **吞吐量**：吞吐量指单位时间内系统处理的客户请求数量。一般用每秒钟请求数或每秒钟处理页面数来衡量。吞吐量指标可以直接体现软件系统的性能。
- **性能计数器**：性能计数器是描述服务器或操作系统性能的一些数据指标。计数器在性能测试中发挥着监控和分析的关键作用，尤其是在分析系统的可扩展性、进行性能瓶颈定位时，对计数器的取值的分析比较关键。比如 Windows 系统资源管理器就是一个性能计数器，如图 7.1 所示，它提供了测试机 CPU 的使用率以及内存的使用率等信息。

图 7.1 Windows 操作系统性能测试工具

性能测试基准法就是要根据上述基准，分别设计系统测试用例。通过测试试图给出系统响应时间、并发用户数、业务吞吐量等性能参数，为用下面的性能模型评价提供数据。

7.1.2 性能测试执行

可以将性能测试的执行分为三个阶段：

（1）计划阶段

该阶段主要完成下面各项工作：

- 定义目标并设置期望值。
- 收集系统和测试要求。
- 定义工作负载。

- 选择要收集的性能度量值。
- 标出要运行的测试并决定什么时候运行它们。
- 决定工具选项和生成负载。
- 编写测试计划，设计用户场景并创建测试脚本。

（2）测试阶段

该阶段主要完成以下工作：

- 做准备工作（如建立测试服务器或布置其他设备）。
- 运行测试。
- 收集数据。

（3）分析阶段

该阶段的主要工作为：

- 分析结果。
- 改变系统以优化性能。
- 设计新的测试。

7.1.3 性能测试案例分析

【**例 7.1**】 下面介绍一个数据库应用系统性能测试的具体应用。现在的软件开发已从以前的单层结构进入了三层架构甚至多层架构的设计，数据库系统在整个系统中占的比重也越来越大。随着数据库开发在软件开发中的比重逐步提高，随之而来的问题也更加突出，因此对数据库的测试必须提升到一个新的高度。

在数据库开发的过程中，为了测试应用程序对数据库的访问，应当在数据库中生成测试数据。因为当数据库中只有少量的数据时，系统可能不会出现问题，但是当数据库真正投入使用中并产生大量数据时，问题就出现了。这往往是程序的编写问题，因此及早通过在数据库中生成大量数据来帮助开发人员尽快完善这部分性能是很有必要的。然而，长期以来这些工作是靠手工来完成的，需要耗费大量的人力物力。目前有许多用于功能测试的自动化测试工具可供用户使用来节省测试时间、提高测试效率。本节结合 JMeter 这一开源的自动化测试工具介绍一下数据库系统的性能测试。

（1）系统介绍

被测系统是一个分布式数据库系统 Testbase。该数据库采用 Oracle 数据库，Testbase 里包括三张表，这里仅取其中一张名为 City 的表来说明测试过程，表的创建语句如下：

```
create table City (Country varchar(20) not null,
        Name varchar(20) not null,
        Des varchar(20) not null)
```

（2）测试目的

测试 Testbase 数据库的查询性能。

（3）测试工具的选择

JMeter。

（4）测试步骤

安装必要的 JDBC 驱动。另外，要测试数据库的查询性能，必须用大量的数据来填充表，10 万～30 万条即可，可以自己编写程序来填充，也可以用专门的数据生成工具

DataFactory，这里不再赘述。

首先准备好 JMeter 测试工具（可以在 JMeter 官方网站 http://jakarta.apache.org/jmeter/index.html 下载源代码和查看相应文档），然后调用程序根目录下 bin 文件夹里的 jmeter.bat 批处理文件来启动 JMeter 的图形界面。

建立测试计划。测试计划描述了执行测试过程中 JMeter 的执行过程和步骤，一个完整的测试计划包括一个或多个线程组（Thread Groups）、逻辑控制（Logic Controller）、实例产生控制器（Sample Generating Controllers）、侦听器（Listener）、定时器（Timer）、断言（Assertions）、配置元素（Config Elements）。打开 JMeter 时，它已经建立了一个默认的测试计划，一个 JMeter 应用的实例只能建立或者打开一个测试计划。

下一步需要建立线程组来模拟请求者数量，详细步骤如下：

1）选中可视化界面中左边的测试计划（Test Plan）节点，单击右键，选择添加线程组（Add Thread Group），界面右边将会出现其设置信息框。

2）线程组里有三个和负载信息相关的属性参数：

- 线程数（Number of Threads）：设置发送请求的用户数目。
- Ramp-up period：每个请求发生的总时间间隔，单位是秒。比如请求数目是 20，而这个参数是 100，那么每个请求之间的间隔就是 100 / 20，也就是 5 秒。
- 循环次数（Loop Count）：请求发生的重复次数，如果选择后面的"永远"（forever）复选框，那么请求将一直继续，如果不选择"永远"，而在输入框中输入数字，那么请求将重复指定的次数，如果输入 0，那么请求将执行一次。设置相应的参数，如图 7.2 所示。

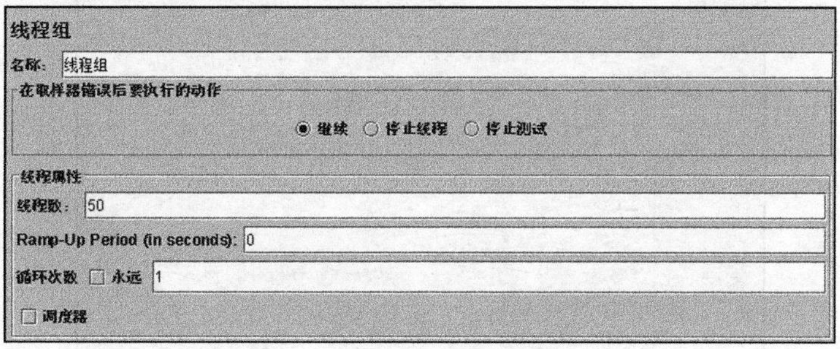

图 7.2 创建 JMeter 线程组

下一步来配置与数据库的连接，这里以 JDBC 请求的方式和 Oracle 数据库通信，在 DTest（线程组）处点击鼠标右键并选择"添加→ Sample → JDBC 请求"，在打开的页面里可以设置 SQL 语句的类型和具体的语句，此处设置为查询语句，如图 7.3 所示。

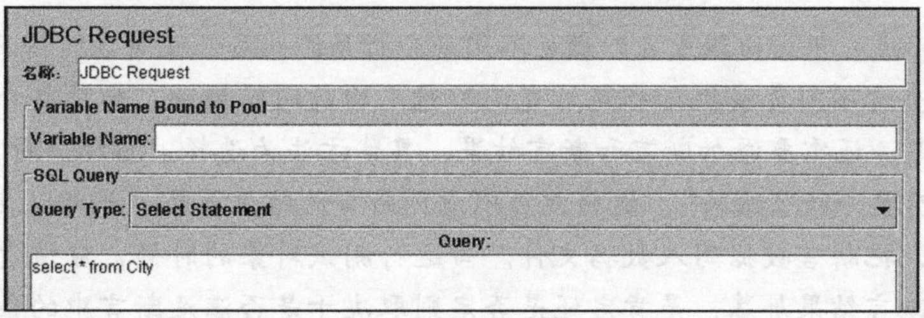

图 7.3 添加 JDBC 请求

　　然后配置数据库的连接信息，选择"添加配置文件→JDBC 连接配置"，此处可以设置一些必要的信息与数据库通信，如 DataBase URL、JDBC Driver Class 以及用户名和口令、连接池等信息。设置好之后，如图 7.4 所示。

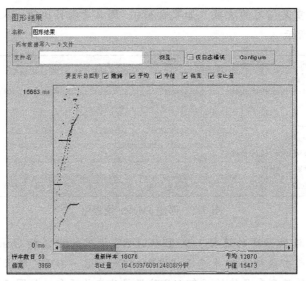

图 7.4　配置数据库连接

　　最后设置结果的查看方式，用图形方式来查看结果，选择"添加→监听器→图形结果"，结果如图 7.5 所示。

图 7.5　测试结果

　　在结果显示域，根据曲线或点的颜色不同来分析系统的吞吐量等性能信息。这时可以增加用户负载来查看不同负载执行相同的查询时对平均时间的影响。如果要分析查询语句的执行情况等信息，还需要添加断言和断言结果，具体方法为选择"添加→断言→响应断言"和"添加→监听器→断言结果"。这样就可以看到断言的结果屏幕，并可以在该屏幕中指定一个数据文件，把断言数据写入数据文件。当运行测试对象的时候，应该看到用否定或肯定断言填充的断言结果屏幕，是肯定还是否定则取决于是否满足断言中的条件。成功的断言在表中的格式为 select * from City；如果断言结果为否定，则显示 select * from City Test failed, text expected to contain/8/；如果结果没有响应，则显示 select * from City Response was null。

本节用 JMeter 分析了 Oracle 数据库的查询性能，这仅仅是 JMeter 功能中很简单的部分，可以建立更加复杂的测试计划来应对不同的测试。JMeter 以图形和活动曲线的形式，提供关于系统性能的可视反馈。

【例 7.2】 作者参与某个火力控制系统软件的性能测试。该软件已经正常使用 3 年左右，这期间共进行了 20 多次修改。在该系统的使用过程中，偶尔会出现系统反应慢或计算不够准确的情况。因此对该系统的测试主要集中在系统的反应时间和计算精度上。构件测试系统大约花费了 3 个月的时间，测试进行了 1 个月，共发现错误 11 个。

【例 7.3】 作者参与了某个软件的系统测试，该软件用汇编语言编写，程序大约有 3000 行。在测试前该软件已经使用近 2 年，使用单位经常反映该软件对某一个数据计算得不准确，导致射击时经常打不准。后经过我们构建的系统测试平台进行测试，发现该软件所用的计算模型误差比较大，每秒钟采用 8 个点在许多情况下达不到精度要求，后采样采用 16 个点，情况大有好转。

7.2 压力测试

压力测试（Stress Testing）指模拟巨大的工作负荷，以查看系统在峰值使用情况下是否可以正常运行。压力测试通过逐步增加系统负载来测试系统性能的变化，并最终确定在什么负载条件下系统性能处于失效状态，以此来获得系统性能提供的最大服务级别。

压力测试方法具有如下特点：

- 压力测试是检查系统处于压力情况下的能力表现。顾名思义，压力测试就是通过不断增加系统压力，来检测系统在不同压力情况下所能够到达的工作能力和水平。比如，通过增加并发用户的数量，检测系统的服务能力和水平；通过增加文件记录数来检测数据处理的能力和水平，等等。
- 压力测试一般通过模拟方法进行。压力测试是一种极端情况下的测试，所以为了捕获极端状态下的系统表现，往往采用模拟方法进行。通常在系统对内存和 CPU 利用率上进行模拟，以获得测量结果。如将压力的基准设定为：内存使用率达到 75% 以上、CPU 使用率达到 75% 以上，并在此观测系统响应时间、系统有无错误产生。除了对内存和 CPU 的使用率进行设定外，数据库的连接数量、数据库服务器的 CPU 利用率等也都可以作为压力测试的依据。
- 压力测试一般用于测试系统的稳定性。如果一个系统能够在压力环境下稳定运行一段时间，那么该系统在普遍的运行环境下就应该可以达到令人满意的稳定程度。在压力测试中，通常会考察系统在压力下是否会出现错误等方面的问题。

压力测试与性能测试的联系与区别：压力测试用于保证产品发布后系统能够满足用户需求，关注的重点是系统整体；而性能测试可以发生在各个测试阶段，即使是在单元层，一个单独模块的性能也可以进行评估。压力测试是通过确定一个系统的瓶颈，来获得系统能提供的最大服务级别的测试。性能测试是检测系统在一定负荷下的表现，是正常能力的表现；而压力测试是检测极端情况下系统能力的表现。例如对一个网站进行测试，模拟 10~50 个用户同时在线并观测系统表现，就是在进行常规性能测试；当用户数量增加到系统出项瓶颈时，如 1000 乃至上万个用户时，就变成了压力测试。

压力测试和负载测试（Load Test）：负载测试是通过逐步增加系统工作量，测试系统能力的变化，并最终确定在满足功能指标的情况下，系统所能承受的最大工作量的测试。压力测试实质上就是一种特定类型的负载测试。

压力测试和并发性测试：并发性测试是一种测试手段，在压力测试中可以利用并发性测试来进行压力测试。

7.2.1　压力测试方法

压力测试应该尽可能逼真地模拟系统环境。对于实时系统，测试者应该以正常和超常的速度输入要处理的事务从而进行压力测试。批处理的压力测试可以利用大批量的批事务进行，被测事务中应该包括错误条件。压力测试中使用的事务可以通过如下三种途径获得：

- 测试数据生成器。
- 由测试小组创建的测试事务。
- 原来在系统环境中处理过的事务。

压力测试中应该模拟真实的运行环境。测试者应该使用标准文档，输入事务的人员或者系统使用人员应该和系统产品化之后的参与人员一致。实时系统应该测试其扩展的时间段，批处理系统应该使用多于一个事务的批量进行测试。

以对 Web 服务进行压力测试为例。设计压力测试时，要让它们以某种特定的方式运行代码。其目的是观测被测 Web 服务是否能完成其基本功能，并且在压力的情况下仍能正常运行。有效的压力测试将可以采用以下测试手段：

- **重复**（Repetition）**测试**：重复测试就是一遍又一遍地执行某个操作或功能，比如重复调用一个 Web 服务。压力测试的一项任务就是确定在极端情况下一个操作能否正常执行，并且能否持续不断地在每次执行时都正常。这对于推断一个产品是否适用于某种生产情况至关重要，客户通常会重复使用产品。重复测试往往与其他测试手段一并使用。
- **并发**（Concurrency）**测试**：并发是同时执行多个操作的行为，即在同一时间执行多个测试线程。例如，在同一个服务器上同时调用许多 Web 服务。并发测试原则上不一定适用于所有产品（比如无状态服务），但多数软件都具有某个并发行为或多线程行为元素，这一点只能通过执行多个代码测试用例才能得到测试结果。
- **量级**（Magnitude）**增加**：压力测试可以重复执行一个操作，但是操作自身也要尽量给产品增加负担。例如一个 Web 服务器允许客户端输入一条消息，测试人员可以通过模拟输入超长消息来使操作进行高强度的使用，即增加这个操作的量级。量级的确定与应用系统有关，可以通过查找产品的可配置参数来确定量级。例如，数据量的大小、延迟时间的长度、输入速度以及输入的变化等。
- **随机变化**：该手段是指对上述测试手段进行随机组合，以便获得最佳的测试效果。例如，使用重复测试时，在重新启动或重新连接服务之前，可以改变重复操作间的时间间隔、重复的次数，或者也可以改变被重复的 Web 服务的顺序；使用并发测试时，可以改变一起执行的 Web 服务、同一时间运行的 Web 服务数目，也可以改变是运行许多不同的服务还是运行许多同样的实例的决定。进行量级测试时，每次重复测试时都可以更改应用程序中出现的变量（例如发送各种大小的消息或数字输入值）。如果测试完全随机，因为很难一致地重现压力下的错误，所以一些系统使用基于一个固定随机种子的随机变化。这样，用同一个种子，重现错误的机会就会更大。

7.2.2 压力测试执行

可以设计压力测试用例来测试应用系统的整体或部分能力。压力测试用例选取可以从以下几个方面考虑：

- 输入待处理事务来检查是否有足够的磁盘空间。
- 创造极端的网络负载。
- 制造系统溢出条件。

当应用系统所能正常处理的工作量并不确定时，需要使用压力测试。压力测试试图通过对系统施加超负载事务量来达到破坏系统的目的。压力测试和在线应用程序非常类似，因为很难利用其他测试技术来模拟高容量的事务。压力测试的弱点在于准备测试的时间与在测试的实际执行过程中所消耗的资源数量都非常庞大。这些消耗需要与那些尚未识别的容量相关的风险进行权衡，通常在应用程序投入使用之前这种衡量是无法进行的。

【例 7.4】 作者参与某个电话通信系统的测试，测试时采用压力测试方法。在正常情况下，每天的电话数目大约 2000 个，一天 24 小时服从正态分布。在系统第 1 年使用时，系统的平均无故障时间大约 1 个月左右。分析表明，系统在单位时间内电话数量比较大的情况下容易出错。为此，对系统采用压力测试，测试时将每天电话的数目增加 10 倍，即 20 000 个左右，采用均匀和正态两种分布，测试大约进行了 4 个月，共发现了 314 个错误。修复这些错误大约花费了 6 个月的时间，修复后的系统运行了近 2 年，尚未出现问题。

7.3 容量测试

容量测试（Volume Testing）是指采用特定的手段，检验系统能够承载处理任务的极限值的测试工作。这里的特定手段是指，测试人员根据实际运行中可能出现的极限，制造相对应的任务组合来激发系统出现极限的情况。

容量测试的目的是使系统承受超额的数据容量来发现它是否能够正确处理。通过测试，预先分析出反映软件系统应用特征的某项指标的极限值（如最大并发用户数、数据库记录数等），确定系统在其极限值状态下是否还能保持主要功能正常运行。容量测试还将确定测试对象在给定时间内能够持续处理的最大负载或工作量。

对软件容量的测试，能让软件开发商或用户了解该软件系统的承载能力或提供服务的能力，如电子商务网站所能承受的、同时进行交易或结算的在线用户数。知道了系统的实际容量，如果不能满足设计要求，就应该寻求新的技术解决方案，以提高系统的容量。有了对软件负载的准确预测，不仅能对软件系统在实际使用中的性能状况充满信心，同时也可以帮助用户经济地规划应用系统，优化系统的部署。

与容量测试十分相近的概念是压力测试。二者都是检测系统在特定情况下，能够承担的极限值。然而两者的侧重点有所不同，压力测试主要是使系统承受速度方面的超额负载，例如一个短时间之内的吞吐量。容量测试关注的是数据方面的承受能力，并且它的目的是显示系统可以处理的数据容量。容量测试往往应用于数据库方面的测试，数据库容量测试使测试对象处理大量的数据，以确定是否达到了将使软件发生故障的极限。容量测试还将确定测试对象在给定时间内能够持续处理的最大负载或工作量。例如，如果测试对象正在为生成一份报表而处理一组数据库记录，那么容量测试就会使用一个大型的测试数据库，检验该软件是否正常运行并生成了正确的报表。做这种测试时通常会向数据库某个表中插入一定数量的记录，以计算相关页面的调用时间。比如在电子商务系统中，通过 insert customer 向 user 表中插入 10 000 数据，看其是否可以正常显示顾客信息列表页面，如果要求最多可以处理 100 000 个客户，但是顾客信息列表页面不能在规定的时间内显示出来，就需要调整程序中的 SQL 查询语句；如果在规定的时间内显示出来，可以将用户数分别提高到 20 000、50 000、100 000 进行测试。

更确切地说，压力测试可以看作容量测试、性能测试和可靠性测试的一种手段，不是直接的测试目标。压力测试的重点在于发现功能性测试所不易发现的系统方面的缺陷，而容量测试和性能测试是系统测试的主要目标内容，也就是确定软件产品或系统的非功能性方面的质量特征，包括具体的特征值。容量测试和性能测试更着力于提供性能与容量方面的数据，为软件系统部署、维护、质量改进服务，并可以为市场定位、广告宣传等服务提供帮助。

压力测试、容量测试和性能测试的测试方法相通，在实际测试工作中，往往结合起来进行，以提高测试效率。一般会设置专门的性能测试实验室完成这些工作，即使用虚拟的手段模拟实际操作，所需要的客户端有时还是很大，所以性能测试实验室的投资较大。对于许多中小型软件公司，可以委托第三方完成性能测试，降低成本。

7.3.1　容量测试方法

进行容量测试的首要任务就是确定被测系统数据量的极限，即容量极限。这些数据可以是数据库所能容纳的最大值，可以是一次处理所能允许的最大数据量，等等。系统出现问题，通常是发生在极限数据量产生或临界产生的情况下，这时容易造成磁盘数据的丢失、缓冲区溢出等问题。为了更清楚地说明如何确定容量的极限值，可参考图 7.6。

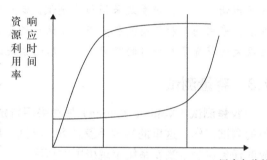

图 7.6　资源利用率、响应时间、用户负载关系图

图 7.6 中反映了资源利用率、响应时间与用户负载之间的关系。可以看到，用户负载增加，响应时间也缓慢增加，而资源利用率几乎是线性增长。这是因为做更多的工作，它需要更多的资源。一旦资源利用率接近百分之百，会出现一个有趣的现象，就是响应以指数曲线方式下降，这个点在容量评估中称作饱和点。饱和点是指所有性能指标都不满足，随后应用发生恐慌的时间点。执行容量评估的目标是保证用户知道这点在哪，并且永远不要出现这种情况。在这种负载发生前，管理者应优化系统或者适当增加额外的硬件。

为了确定容量极限，可以进行一些组合条件下的测试，如核实测试对象在以下高容量条件下能否正常运行：

- 链接或模拟了最大（实际或实际允许）数量的客户机。
- 所有客户机在长时间内执行相同的、可能性能不稳定的重要业务功能。
- 已达到最大的数据库大小（实际的或按比例缩放的），同时执行多个查询或报表事务。

当然需要注意，不能简单地说在某一标准配置服务器上运行某软件的容量是多少，选用不同的加载策略可以反映不同状况下的容量。举个简单的例子，网上聊天室软件的容量是多少？在一个聊天室内有 1000 个用户，和 100 个聊天室每个聊天室内有 10 个用户，同样都是 1000 个用户，在性能表现上可能会出现很大的不同，在服务器端数据输出量、传输量更是截然不同的。在更复杂的系统内，就需要分别为多种情况提供相应的容量数据作为参考。

7.3.2　容量测试执行

开始进行容量测试的第一步也和其他测试工作一样，通常是获取测试需求。系统测试需求确定测试的内容，即测试的具体对象。测试需求主要来源于各种需求配置项，它可能是一个需求规格说明书，或是由场景、用例模型、补充规约等组成的一个集合。其中，容量测试需求来自测试对象的指定用户数和业务量。容量需求通常出现在需求规格说明书中的基本性能指标、极限数据量要求和测试环境部分。

容量测试常用的用例设计方法有规范导出法、边界值分析、错误猜测法。进行容量测试一般可以通过以下几个步骤来完成：

- 分析系统的外部数据源，并进行分类。
- 对每类数据源分析可能的容量限制，对于记录类型数据需要分析记录长度限制，记录每个域长度限制和数量限制。
- 对每个类型数据源，构造大容量数据对系统进行测试。
- 分析测试结果，并与期望值比较，确定目前系统的容量瓶颈。
- 对系统进行优化并重复以上四步，直到系统达到期望的容量处理能力。

常见的容量测试用例子包括：

- 处理数据敏感操作时进行的相关数据比较。
- 使用编译器编译一个极其庞大的源程序。
- 使用一个链接编辑器编辑一个包含成千上万模块的程序。
- 一个电路模拟器模拟包含成千上万块电路。
- 一个操作系统的任务队列被充满。
- 一个测试形式的系统被输入大量文档。
- 互联网中庞大的 E-mail 信息和文件信息。

7.3.3　容量测试案例分析

【例 7.5】　容量测试用来研究程序加载非常大量的数据时、处理大量数据任务时的运行情况。这一测试主要关注一次处理合理需求的大量数据，而且在一段较长时间内高频率地重复任务。对于像银行终端监控系统这样的产品来讲，容量测试是至关重要的。在下面的内容中将选取一个银行系统进行容量测试的案例进行简单的分析。

首先根据某银行终端监控系统的需求说明，做出如下分析：

- 服务器支持挂接 100 台业务前置机。
- 每台前置机支持挂接 200 台字符终端。
- 字符终端有两种登录前置机的模式，即终端服务器模式和 Telnet 模式。
- 不同的用户操作仅反映为请求数据量的不同。
- 不同的配置包括：不同的系统版本（如 SCO、Solaris 等），不同的 shell（shell、cshell、kshell）。

对应上面五条容量需求分析，分别制定如下策略：

对于需求 1、2，挂接 100 台业务前置机，200 台字符终端的容量环境不可能真实地构造，这里采取虚拟用户数量的方式，多台业务前置机采用在一台前置机上绑定多个 IP 地址的方式实现，同时启动多个前置程序。对于需求 3 可以给出两种字符终端登录前置机的模式。对于需求 4，不同数据量可以执行不同的 shell 脚本来实现。实际上可以执行相同的脚本，而循环输出不同字节数的文本文件内容。最后，对于不同的系统版本，则只能逐一测试，因为谁也代替不了谁。当然，以用户实际使用的环境为重点。

测试工作离不开测试用例的设计。不完全、不彻底是软件测试的致命缺陷，任何程序只能进行少量而有限的测试。测试用例在此情况下产生，同时它也是软件测试系统化、工程化的产物。当明确了测试需求和策略后，设计用例只是一件顺水推舟的事。从测试需求可以提取出许多测试点，而测试用例则是测试点的组合。怎样组合呢？可以参考这样一个原则：一个测试用例是为验证某一个具体的需求，在一个测试场景下进行的若干必要操作的最小集合。也就是说，只要明确地定义目的、场景、操作，就形成了用例的基本轮廓。再加上不同类型测试必需的测试要素，就构成了完整的测试用例。对于容量测试来说，测试要素无外乎容量值、一定容量下正常工作的标准等。表 7.1 中给出了一个容量测试用例模板的例子。

表 7.1　容量测试用例模板

系统测试用例		用例标识	
		用例类型	容量测试
		编写人	
		编写日期	
测试目的			
需求可追踪性			
测试约束			
测试环境			
测试工具			
初始化			
N.	操作步骤及输入	预期结果及通过准则	
1.			
2.			
测试结果问题报告标识码			
审核：			
附注：			

作为前面例子的延续，下面简单说明一下各栏目的填法：

- 测试目的：需要验证的测试需求，如"在 ××× 的容量条件下，前置程序是否能正常工作"。
- 需求可追踪性：对应测试需求的标识号。
- 测试约束条件：本次测试需遵循的制约条件，如终端以终端服务器模式登录到主机。
- 测试环境：前置程序的版本等。
- 测试工具：来源于测试策略，如前面提到的终端服务器模拟程序。
- 初始化：在测试前需要做的准备工作。
- 操作步骤及输入：如终端登录，不同的数据量操作等。
- 预期结果及通过准则：一定容量下正常工作的标准，如正常录像，正常压缩传送，资源占用率等。

对于不同的容量条件，因为测试场景不一样，建议编写不同的用例。

制定出了测试策略，也完成了测试用例的设计，接下来就是真正地去操作，即测试执行。容量测试执行的具体步骤与其他类型测试没有太多区别，大致分为七步：

1）按用例中测试环境的描述建立测试系统。

2）准备测试过程，合理地组织用例的测试流程。

3）根据用例中"初始化"内容运行初始化过程。

4）执行测试，从终止的测试恢复。

5）验证预期结果，对应测试用例中描述的测试目的。

6）调查突发结果，即对异常现象进行研究，适当地进行一些回归测试。

7）记录问题报告。

以上便是这次容量测试的全过程，注意在这个过程中所产生的各种信息要妥善管理，因为容量测试的可重复性是很高的。

7.4 健壮性测试

健壮性测试（Robustness Testing）主要用于测试系统抵御错误的能力。这里的错误通常指的是由于设计缺陷而带来的系统错误。测试的重点为当出现故障时，系统是否能够自动恢复或忽略故障继续运行。

对于一般的软件企业来讲，由于受到开发成本、时间和人员等条件的约束，经常把软件测试的关注点放在功能正确性上面，往往分配少量的资源用于确定系统的异常处理方面，从而忽略系统健壮性。这个矛盾随着软件应用的日益普遍而异常突出，所以一个好的软件系统必须经过健壮性测试之后才能最终交付给用户。

健壮性有两层含义：一是高可靠性，二是从错误中恢复的能力。前者体现了软件系统的质量；后者体现了软件系统的适应性。二者也给测试工作提出了不同的测试要求，前者需要根据符合规格说明的数据选择测试用例，用于检测在正常情况下系统输出的正确性；后者需要在异常数据中选择测试用例，检测非正常情况下的系统行为。

7.4.1 健壮性测试评价

健壮性测试可以根据以下方面评价系统的健壮性：

- **通过**：系统调用运行输入的参数产生预期的正常结果。
- **灾难性失效**：这是系统健壮性测试中最严重的失效，这种失效只有通过系统重新引导才能得到解决。
- **重启失效**：一个系统函数的调用没有返回，使得调用它的程序挂起或停止。
- **夭折失效**：程序执行时由于异常输入，系统发出错误提示使程序中止。
- **沉寂失效**：存在异常输入时，系统应当发出错误提示，但是测试结果却没有发生异常。
- **干扰失效**：指系统异常时返回了错误的提示，但是该错误提示不是期望中的错误。

自动化实现上述测试内容时需要把握以下特性和原则：

- **可移植性**：健壮性测试基准程序是用来比较不同系统的健壮性，因此移植性是测试基准程序的基本要求。
- **覆盖率**：理想的基准程序能够覆盖所有的系统模块，然而这种开销是巨大的。因此一般选取使用频度最高的模块进行测试。

- **可扩展性**：可扩展性体现在当需要扩展测试集时能够前后一致。这种可扩展性不仅指为已有模块增加测试集，还包括为新增加的模块增加测试集。
- **测试结果的记录**：健壮性测试的目的是找出系统的不健壮性因素，因此应详细记录测试结果。

由于健壮性是指在异常情况下，软件能够正常运行的能力。这一能力的评价在实际中难以量化，但可以通过对异常情况下，软件不能正常运行的情况进行评价。所以对于健壮性可以采用输入错误、操作错误和环境错误的数量来衡量。因此，在设计健壮性测试时可以从以下几个方面考虑：

- **基于错误的策略**：确认所有可能的错误源，为每一类错误开发错误注入技术。
- **基于覆盖率的策略**：接口覆盖的数量，故障位置覆盖的数量，例外情况覆盖的数量。
- **基于失效的策略**：用例设计是否被处理了，例外情况是否被处理了，一个组件中的失效是否影响另一个组件。

在进行健壮性测试时，常用的用例设计方法主要有三种：故障插入测试，变异测试和错误猜测法。健壮性测试方法通常需要构造一些不合理的输入来引诱软件出错，如输入错误的数据类型，输入定义域之外的数值等。

7.4.2　健壮性测试案例分析

【例 7.6】 为了更清楚地让读者了解什么是健壮性测试，在这里举个简单的例子。假如定义了两个变量 x_1 和 x_2，两个变量都有自己的取值范围，则写成如下这种形式：$a<x_1<b$；$c<x_2<d$；用坐标的形式表示，如图 7.7 所示。

在图 7.1 中，灰色区域外的 4 个点就是健壮性测试要重点考虑的情况。一般情况下，边界值分析的大部分讨论都直接适用于健壮性测试。健壮性测试最需要关注的部分不是输入，而是预期的输出。当物理量超过其最大值时，会出现什么情况。如果面向的是飞机机翼的迎角，出现问题时则飞机可能失速，健壮性测试的主要价值是观察例外处理情况。

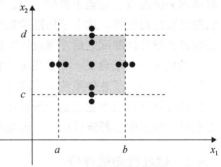

图 7.7　两变量函数的健壮性测试用例

7.5　安全性测试

安全性测试是检查系统对非法侵入的防范能力，其目的是发现软件系统中是否存在安全漏洞。软件安全性是指在非正常条件下不发生安全事故的能力。

在安全测试过程中，测试者扮演着一个试图攻击系统的角色。测试者可以尝试通过外部手段来获取系统的密码，可以使用能够瓦解任何防护的客户软件来攻击系统；可以把系统"制服"，使别人无法访问；可以有目的地引发系统错误，期望在系统恢复过程中侵入系统；可以通过浏览非保密的数据，从中找到进入系统的钥匙等。只要有足够的时间和资源，就一定能够侵入一个系统。

系统安全设计的准则是，使非法侵入的代价超过被保护的信息的价值，从而令非法侵入者无利可图。一般来讲，如果黑客为非法入侵花费的代价（考虑时间、费用、危险等因素）

高于得到的好处，那么这样的系统可以认为是安全的系统。

安全性一般分为两个层次，即应用程序级别的安全性和系统级别的安全性，它们的关系如下：

- 应用程序级别的安全性包括对数据或业务功能的访问；而系统级别的安全性包括对系统的登录或远程访问。
- 应用程序级别的安全性可确保在预期的安全性情况下，操作者只能访问特定的功能或用例，或者只能访问有限的数据。例如，某财务系统可能会允许所有人输入数据，创建新账户，但只有管理员才能删除这些数据或账户。
- 系统级别的安全性确保只有具备系统访问权限的用户才能访问应用程序，而且只能通过相应的入口来访问。

7.5.1 安全性测试方法

1. 测试方法概述

（1）功能验证

功能验证是采用软件测试当中的黑盒测试方法，对涉及安全的软件功能，如用户管理模块、权限管理模块、加密系统、认证系统等进行测试，主要是验证上述功能是否有效。一些功能性的安全性问题包括：

- 控制特性是否工作正确？
- 无效的或者不可能的参数是否被检测并且适当处理？
- 无效的或者超出范围的指令是否被检测并且适当处理？
- 错误和文件访问是否适当地被记录？
- 是否有变更安全性表格的过程？
- 系统配置数据是否能正确保存？系统出现故障时是否能恢复？
- 系统配置数据能否导出，在其他机器上进行备份？
- 系统配置数据能否导入？导入后能否正常使用？
- 系统配置数据保存时是否加密？
- 没有口令是否可以登录到系统中？
- 有效的口令是否被接受？无效的口令是否被拒绝？
- 系统对多次无效口令是否有适当的反应？
- 系统初始的权限功能是否正确？
- 各级用户权限划分是否合理？
- 用户的生命期是否有限制？
- 低级别的用户是否可以操作高级别用户命令？
- 高级别的用户是否可以操作低级别用户命令？
- 用户是否会自动超时退出？超时的时间是否设置合理？用户数据是否会丢失？
- 登录用户修改其他用户的参数是否会立即生效？
- 系统在最大用户数量时是否操作正常？
- 对于远端操作是否有安全方面的特性？
- 防火墙是否能被激活和取消激活？
- 防火墙功能激活后是否会引起其他问题？

（2）漏洞扫描

安全漏洞扫描通常都是借助于特定的漏洞扫描器完成的。漏洞扫描器是一种能自动检测远程或本地主机安全性弱点的程序，通过使用漏洞扫描器，系统管理员能够发现所维护信息系统存在的安全漏洞，从而在信息系统网络安全防护过程中做到有的放矢，及时修补漏洞。

按常规标准，可以将漏洞扫描器分为两种类型：主机漏洞扫描器（Host Scanner）和网络漏洞扫描器（Network Scanner）。主机漏洞扫描器是指在系统本地运行检测系统漏洞的程序，如著名的 COPS、Tripwire、Tiger 等自由软件。网络漏洞扫描器是指基于网络远程检测目标网络和主机系统漏洞的程序，如 Satan、ISS Internet Scanner 等。

安全漏洞扫描是可以用于日常安全防护，同时可以作为对软件产品或信息系统进行测试的手段，可以在安全漏洞造成严重危害前发现漏洞并加以防范。

（3）模拟攻击试验

对于安全测试来说，模拟攻击试验是一组特殊的黑盒测试案例，通常以模拟攻击来验证软件或信息系统的安全防护能力，下面列举在数据处理与数据通信环境中特别关心的几种攻击方法。

1）**冒充**：就是一个实体假装成另外一个不同的实体。冒充常与某些主动攻击形式一起使用，特别是消息的重演与篡改。例如，截获鉴别序列，并在一个有效的鉴别序列使用过一次后再次使用。特权很少的实体为了得到额外的特权，可能使用冒充成为具有这些特权的实体，举例如下：

- **口令猜测**：一旦黑客识别了一台主机，而且发现了基于 NetBIOS、Telnet 或 NFS 服务的可利用的用户账号，并成功地猜测出了口令，就能对机器进行控制。
- **缓冲区溢出**：在服务程序中，如果程序员使用类似于 strcpy()，strcat() 等字符串函数，由于这些函数不进行有效位检查，因此可能导致恶意用户编写一小段程序来进一步打开缺口，将该代码放在缓冲区有效负载末尾。这样，当发生缓冲区溢出时，返回指针指向恶意代码，执行恶意指令，就可以得到系统的控制权。

2）**重演**：当一个消息或部分消息为了产生非授权效果而被重复时，就出现了重演。例如，一个含有鉴别信息的有效消息可能被另一个实体所重演，目的是鉴别它自己（把它当作其他实体）。

3）**消息篡改**：数据所传送的内容被改变而未被发觉，并导致非授权后果，有以下两种形式。

- **DNS 高速缓存污染**：由于 DNS 服务器与其他名称服务器交换信息的时候并不进行身份验证，这就使黑客可以加入不正确的信息，并把用户引向黑客自己的主机。
- **伪造电子邮件**：由于 SMTP 并不对邮件发送附件的身份进行鉴定，因此黑客可以对内部客户伪造电子邮件，声称是来自某个客户认识并相信的人，并附上可安装的特洛伊木马程序，或者是一个指向恶意网站的链接。

4）**服务拒绝**：当一个实体不能执行它的正常功能，或它的动作妨碍了别的实体执行它们的正常功能的时候，便发生服务拒绝。这种攻击可能是一般性的，比如一个实体抑制所有的消息；也可能是有具体目标的，例如一个实体抑制所有流向某一特定目的端的消息，如安全审计服务。这种攻击可以是对通信业务流的抑制，或产生额外的通信业务流，也可能制造出试图破坏网络操作的消息。特别是如果网络具有中继实体，这些中继实体根据从别的中继实体那里接收到的状态报告来做出路由选择的决定。拒绝服务攻击种类很多，举例如下：

- **死亡之 Ping**（Ping of Death）：由于在早期，路由器对包的最大尺寸都有限制，许多操作系统对 TCP/IP 栈的实现在 ICMP 包上都规定为 64KB，并且在读取包的标题头之后，要根据该标题头里包含的信息来为有效载荷生成缓冲区。当产生畸形的、声称自己的尺寸超过 ICMP 上限，也就是加载尺寸超过 64KB 上限的包时，就会出现内存分配错误，导致 TCP/IP 堆栈崩溃，致使接收方宕机。
- **泪滴**（Teardrop）：泪滴攻击利用那些在 TCP/IP 堆栈实现中信任 IP 碎片中的包的标题头所包含的信息来实现自己的攻击。IP 分段含有指示该分段所包含的是原包的哪一段的信息，某些 TCP/IP（包括 Service Pack 4 以前的 NT）在收到含有重叠偏移的伪造分段时将崩溃。
- **UDP 洪水**（UDP Flood）：利用简单的 TCP/IP 服务进行各种各样的假冒攻击，如 Chargen 和 Echo 来传送毫无用处的数据以占满带宽。通过伪造与某一主机的 Chargen 服务之间的一次的 UDP 连接，回复地址指向开着 Echo 服务的一台主机，这样就生成在两台主机之间的足够多的无用数据流，如果数据流足够多，就会导致带宽的服务攻击。
- **SYN 洪水**（SYN Flood）：一些 TCP/IP 栈的实现，只能等待从有限数量的计算机发来的 ACK 消息。因为它们只有有限的内存缓冲区用于创建连接，如果这一缓冲区充满了虚假连接的初始信息，该服务器就会对接下来的连接请求停止响应，直到缓冲区里的连接企图超时为止。在一些创建连接不受限制的实现里，SYN 洪水也具有类似的影响。
- **Land 攻击**：在 Land 攻击中，一个特别打造的 SYN 包的原地址和目标地址都被设置成某一个服务器地址。这将导致接收服务器向它自己的地址发送 SYN-ACK 消息，结果这个地址又发回 ACK 消息并创建一个空连接，每一个这样的连接都将保留，直到超时。各种系统对 Land 攻击的反应不同——许多 UNIX 实现将崩溃；NT 变得极其缓慢（大约持续 5 分钟）。
- **Smurf 攻击**：一个简单的 Smurf 攻击，通过使用将回复地址设置成受害网络的广播地址的 ICMP 应答请求（ping）数据包来淹没受害主机，最终导致该网络的所有主机都对此 ICMP 应答请求做出答复，导致网络阻塞，比死亡之 Ping 的流量高出一或两个数量级。更加复杂的 Smurf 攻击将源地址改为第三方的受害者，最终导致第三方雪崩。
- **Fraggle 攻击**：Fraggle 攻击对 Smurf 攻击做了简单的修改，使用的是 UDP 应答消息，而非 ICMP。
- **电子邮件炸弹**：电子邮件炸弹是最古老的匿名攻击之一，通过设置一台机器，不断大量地向同一地址发送电子邮件，攻击者能够耗尽接收者网络的带宽。
- **畸形消息攻击**：各类操作系统上的许多服务都存在此类问题。由于这些服务在处理信息之前没有进行正确的错误校验，在收到畸形的信息时可能会崩溃。

5）**内部攻击**：当系统的合法用户以非故意或非授权方式进行动作时就成为内部攻击。多数已知的计算机犯罪都和使系统安全遭受损害的内部攻击有密切关系。能用来防止内部攻击的保护方法包括：所有管理数据流进行加密；利用包括使用强口令在内的多级控制机制和集中管理机制来加强系统的控制能力，如为分布在不同场所的业务部门划分 VLAN，将数据流隔离在特定部门；利用防火墙为进出网络的用户提供认证功能，提供访问控制保护；使用安全日志记录网络管理数据流等。

6）**外部攻击**：外部攻击可以使用的办法有搭线（主动的与被动的）、截取辐射、冒充为系统的授权用户，冒充为系统的组成部分、为鉴别或访问控制机制设置旁路等。

7）**陷阱门**：当系统的实体被改变，致使一个攻击者能对命令或对预定的事件或事件序列产生非授权的影响时，其结果就称为陷阱门。例如口令的有效性可能被修改，使其除了正常效力之外也使攻击者的口令生效。

8）**特洛伊木马**：对系统而言的特洛伊木马，是指它不但具有自己的授权功能，而且还有非授权功能。一个向非授权信道拷贝消息的中继就是一个特洛伊木马。典型的特洛伊木马有 NetBus、BackOrifice 和 BO2k 等。

（4）侦听技术

侦听技术实际上是在数据通信或数据交互过程中，对数据进行截取分析的过程。目前最为流行的是网络数据包的捕获技术，通常称为 Capture，黑客可以利用该项技术实现数据的盗用，而测试人员同样可利用该项技术实现安全测试。该项技术主要用于对网络加密的验证。

2. 确定安全性标准

（1）安全目标

- **预防**：对有可能被攻击的部分采取必要的保护措施，如密码验证等。
- **跟踪审计**：从数据库系统本身、主体和客体三个方面来设置审计选项，审计对数据库对象的访问以及与安全相关的事件。数据库审计员可以分析审计信息、跟踪审计事件、追查责任，使之对系统效率的影响减至最小。
- **监控**：能够对针对软件或数据库的实时操作进行监控，并对越权行为或危险行为发出警报信息。
- **保密性和机密性**：可防止非授权用户的侵入和机密信息的泄露。
- **多级安全性**：指多级安全关系数据库在单一数据库系统中存储和管理不同敏感性的数据，同时通过自主访问控制和强制访问控制机制保持数据的安全性。
- **匿名性**：防止匿名登录。
- **数据的完整性**：防止数据在未被授权的情况下不被修改的性质。

（2）安全的原则

- **加固最脆弱的连接**：进行风险分析并提交报告，加固其薄弱环节。
- **实行深度防护**：利用分散的防护策略来管理风险。
- **失败安全**：在系统运行失败时有相应的措施保障软件安全。
- **最小优先权**：原则是对于一个操作，只赋予所必需的最小的访问权限，而且只分配所必需的最少时间。
- **分割**：将系统尽可能分割成小单元，隔离那些有安全特权的代码，将对系统可能的损害减少到最小。
- **简单化**：软件设计和实现要尽可能直接，在满足安全需求的前提下构筑尽量简单的系统，关键的安全操作都部署在系统不多的关键点（choke point）上。
- **保密性**：避免滥用用户的保密信息。

（3）缓冲区溢出

防止内部缓冲区溢出、输入溢出、堆和堆栈溢出的情况出现。

（4）密码学的应用

- **使用密码学的目标**：实现机密性、完整性、可鉴别性、抗抵赖性。

- 密码算法（对称和非对称）：考虑算法的基本功能、强度、弱点及密钥长度的影响。
- 密钥管理的功能：生成、分发、校验、撤销、破坏、存储、恢复，生存期和完整性。
- 密码术编程：加密、散列运算、公钥密码加密、多线程、加密 cookie 私钥算法、公钥算法及 PKI、一次性密码、分组密码等。

（5）信任管理和输入的有效性

涉及信任的可传递性、防止恶意访问、安全调用程序、网页安全、客户端安全、格式串攻击。

（6）口令认证

口令的存储、添加用户、口令验证、选择口令、数据库安全性、访问控制（使用视图）、保护域、抵抗统计攻击。

（7）客户端安全性

版权保护机制（许可证文件、对不可信客户的身份认证）、防篡改技术（反调试程序、检查和对滥用的响应）、代码迷惑技术、程序加密技术。

（8）安全控制／构架

过程隔离、权利分离、可审计性、数据隐藏、安全内核。

3. 安全性评价模型

本节主要介绍两种软件安全性评价模型：贝叶斯模型和 3M 评价模型。

（1）贝叶斯模型

设 D 为软件的输入空间，其运行剖面为 $\{\langle p_i, i\rangle, i\in D\}$，$\sum p_i=1$，测试剖面为 $\{\langle d_i, i\rangle, i\in D\}$，$\sum d_i=1$。其中 $d_i=z_i\cdot p_i$，z_i 为根据失效危害严重度将测试输入出现概率放大或缩小的调整因子。对于划分为相同失效危害严重度的输入取相同的调整因子，即将 D 划分成 $\{C_{\mathrm{I}}, C_{\mathrm{II}}, C_{\mathrm{III}}, C_{\mathrm{IV}}\}$，对于每一输入子空间 C_j，$j\in\{\mathrm{I}, \mathrm{II}, \mathrm{III}, \mathrm{IV}\}$，取同一调整因子，令其分别为 Z_{I}，Z_{II}，Z_{III} 和 Z_{IV}。又设总测试次数为 n，其中 C_j 进行了 n_j 次测试，且有 x_j 次失效，θ_j 为第 j 级错误的失效率，其运行剖面下的验前分布是参数为 a_j 和 b_j 的 Beta 分布。

根据贝叶斯推断，θ_j 的验后分布为：

$$\frac{a_j+x_j}{nZ_j+a_j+b_j}$$

（2）3M 评价模型

在 3M 评价法中，用软件中残留致险缺陷数的估计作为安全性评价的指标，它所依据的信息包括：被评估软件所控制对象的功能复杂性对安全性的影响 C，用复杂度因子 A_C 来反映这一方面的信息；该系统所拥有的技术支持 S，包括宿主系统的质量（硬件和系统软件可靠性、容错结构）、软件开发工具对安全性的影响等，这方面的信息用技术支持因子 A_S 来衡量；软件开发队伍的技术素质和水平对安全性的影响 L，用开发水平因子 A_L 来衡量。因此一个软件产品在系统测试之前的内在缺陷数可估计为 $f(A_C, A_S, A_L)$，它是 A_C 的单调递增函数，A_S，A_L 的单调递减函数。不失一般性，可将测试前致险缺陷估计值用 $D_\lambda = K\dfrac{A_C^\alpha}{A_S^\beta\times A_L^\gamma}$ 来表达，其中 α、β、γ 为正实数，分别描述了各因子对残留致险缺陷的影响规律。K 也是正实数，为描述的各因子对残留缺陷数的比例值。对于特定系统，α、β、γ、K 为常数，其值可通过数据拟合取得。如果 $\alpha=1$，则表明 D_P 和 A_C 成正比；如果 $0<\alpha<1$，则 A_C^α 是一个凸函数；如果 $\alpha>1$，则 A_C^α 是一个凹函数。A_S^β 和 A_L^γ 随 β、γ 的变化情况同样如此。

4. 安全性测试执行

安全测试步骤如下：

1）危险和威胁分析。执行系统和其实际运行环境的风险和威胁分析。

2）以一种它们可以和系统的安全性动作相比较的方式来定义安全性需求和划分优先级。基于威胁分析，为系统定义安全需求，最关键的安全性需求应该得到最大程度的关注。注意，系统最弱的链接也是重要的，安全性需求的定义是一个反复的过程。

3）模拟安全行为。基于划分的安全需求的优先次序，识别形成系统安全动作的功能和它们依赖的优先顺序。

4）执行安全性测试。使用合适的证据收集和测试工具。

5）估计基于证据的安全活动的可能性和影响。合计出一个准确的结果及系统是否满足安全性需求。

执行风险分析和构建安全需求是安全测试活动的一个整体部分。没有合适的需求，将很难安排测试计划和获得有意义的结果。

7.5.2 安全性测试案例分析

【例 7.7】 以 IPv6 防火墙安全性测试进行案例分析。

（1）风险和威胁分析

防火墙代表了最重要的网络安全机制，通常在本地网络和因特网之间扮演着网络交通过滤器的角色。

有很多软件防火墙（有免费软件和商业软件），可以为用户提供容易定义过滤规则的友好的图形界面。大多数防火墙已经为频繁使用的应用程序（Web 浏览器，E-mail 客户端等）预先定义了过滤规则集，但是用户可以更改存在的规则，并根据需要添加新的规则。由于 IPv4 和 IPv6 通信的规则必须单独定义，所以在 IPv6 中使用的防火墙必须支持 IPv6 协议。IPv6 协议引入一个新的包头形式（和 IPv4 头不同），必须被 IPv6 防火墙适当地验证和处理。其他和 IPv6 有关的协议，如 ICMPv6 协议，也必须被 IPv6 防火墙适当支持。IPv4 和 IPv6 协议在包过滤可能性上有一些不同，为了配置 IPv6 防火墙，有一种工具"ip6tables"，在现在的 Linux 分区中都有，而且它和"iptables"工具很相似。在 MS Windows 平台上有一个 Windows 防火墙支持 IPv6 协议。

（2）测试环境

本案例中以实验为目的搭建了一个小的 IPv6 网络，该网络由三台计算机、两台 PC 机（Intel 赛扬和 Intel 奔 4 的 CPU）和一台笔记本电脑（Intel 赛扬 CPU）组成。所有计算机都被配置成有 MS Windows XP 和 Mandrake Linux 10 的双操作系统。此外，在这个实验的网络上，所有的计算机都被配置了双堆栈的设备以支持 IPv4 和 IPv6。一个本地 IPv6 网络链接到 CAR6Net 网络。

所有在 IPv6 网络的安全性方面的测试都在实验网络上执行。这个测试环境中对两种系统上做了防火墙的不同的测试，还做了不同类型的侦查攻击，分析了一些可能成功的检测。所有安全测试都是在两种系统上进行的。

（3）IPv6 防火墙测试

为了设置防火墙过滤规则命令行应用，使用了 Netshell（在 Windows XP 平台）和 ip6tables（Linux 平台）。在 Windows XP 和 Linux 中使用同样的防火墙是为了更好地进行比较。出于测试目的（扫描安全攻击），这里使用的是 Nmap 应用程序。Nmap 应用程序的官方版本支持 IPv6 协议，但是有一个老的官方版本可以更好地支持 IPv6 协议，支持更多的扫描技术，比如 TCP 连接扫描、SYN 扫描、ACK 扫描、FIN 扫描、Xmas 树扫描和 UDP 扫描。TCP 连接扫描技术是 Nmap 应用程序的默认扫描类型，它意味着试图在目标主机的不同端口上建立一个 TCP 连接。如果目标端口在监听，连接将会被建立，否则这个端口将是不可到达的。这种类型的扫描使用一个 connect 系统调用（Web 浏览器和其他的激活网络为了建立连接使用相同的高级系统调用）。由于它不使用原始笔迹网络包，因此这个扫描方法可以被任何人使用。通过这种扫描方法，到监听目标端口的完全的 TCP 连接被建立，然后不发送数据就关闭。这样 TCP 连接扫描方法很容易被目标主机的 IDE 系统检测到。SYN 扫描技术经常被作为部分开放扫描，因为它并不建立一个完整的 TCP 连接。通过 SYN 扫描技术，一个 SYN 包被发送到目标主机，这个过程和建立一个完全的 TCP 连接过程相似。一个 SYN/ACK 响应显示目标主机正在监听，RST 响应显示一个没有在监听的端口。这种扫描方法是秘密相关的，因为它从不建立一个完全的 TCP 连接，也就是说它能够很容易地避开在目标网络中的准许进入过滤检查，很难被 IDS 系统检测到。ACK 扫描方法发送一个 ACK 包（仅仅包含 SACK 标记设置的探测包），随机地查看到指定端口的确认/顺序号。未被过滤的端口将发送一个 RST 响应给 ACK 探测包。Xmas 树扫描方法在探测包中设置标记 FIN，URG 和 PUSH. 一个关闭的端口应该用 RST 包答复，而一个开着的端口忽略这个探测包。FIN 扫描技术除了在探测包中只设置 FIN 标记外，和 Xmas 树扫描方法完全一样。通过 UDP 扫描方法，0 字节的 UDP 包（仅仅 UDP 报头）被发送到目标端口。在这种情况下，几个接收到的 ICMP 端口不可到达的消息表示一个关闭的端口。所有这些描述的扫描方法在用于实验的 IPv6 网络上都执行了。

在 Linux 平台上，任何扫描方法都不能通过防火墙，不能在目标主机上发现端口设置，如图 7.8 所示。

图 7.8 在 Linux 平台上的扫描结果

在 Windows XP 平台上一些扫描技术（TCP 连接和 SYN 扫描）成功地通过防火墙发现了目标主机的端口设置，如图 7.9 所示。

```
bash-2.05b# nmap -6 -sT -P0 2001:b68:8001::3

Starting nmap V. 2.54BETA36 ( www.insecure.org/nmap/ )

 Found route through interface: eth0

Interesting ports on 2001:b68:8001::3 (2001:b68:8001::3):
(The 1554 ports scanned but not shown below are in state: filtered)
Port      State     Service
22/tcp    closed    ssh
23/tcp    closed    telnet
25/tcp    closed    smtp
80/tcp    closed    http

Nmap run completed -- 1 IP address (1 host up) scanned in 296 seconds
```

图 7.9　在微软 Windows 平台上的扫描结果

因此，目前 Linux 防火墙比 Windows 防火墙提供了更高的安全级别。对 IPv6 网络防火墙的测试表明：和 IPv4 网络的情况相似，Linux 防火墙比 Windows 防火墙提供了更高的安全级别。建议在要求更高安全级别的网络中使用 Linux 防火墙。

7.6　可靠性测试

软件测试是发现软件错误、提高软件可靠性的重要手段。这个观点在前面几章中已有所论述。从理论上看，对于存在于软件 S 中的 n 个故障 $f_1, f_2, \cdots, f_n$，如果这 n 个故障是已知的，则可以通过一些方法计算出软件的可靠性。并且随着测试的进行，故障不断被发现并被完全排除，其可靠性可以随之给出。但在实际问题中，由于不知道软件中有多少个故障，每个故障是什么，因此，也难以定量地给出软件的可靠性。在前面几章论述的各种软件测试方法中，虽然能检测出软件中存在的许多故障，但无法计算其可靠性。

软件可靠性测试是以计算软件可靠性为目的。对安全第一和具有可靠性验收指标的软件来说，软件可靠性测试是必不可少的。软件可靠性测试可以计算出软件的可靠性 R，或者软件可靠性是否达到了规定的指标要求。同时软件可靠性测试还可以给出软件测试应该何时结束，否则，可能由于测试不够彻底而不能满足用户对软件可靠性的要求，或者因为过多的测试会增加测试费用。

通常，软件可靠性有自己的行业标准。常见的标准有：
- ANSI/AIAA R-013
- MIL-STD-882C
- RTCA DO-178B
- IEEE-Std-730
- MIL-HDBK 338,Electronic Reliability Design Handbook
- MIL-HDBK-217，Reliability Prediction of Electronic Equipment
- MIL-HDBK-781，Reliability Test Methods, Plans and Environments
- IEEE-Guide-982.1 and .2
- NHB 1700.1，Preliminary Hazards Analysis
- NASA STD 8719.13A，Software Safety
- NASA GB 1740.13，Guidebook for Safety Critical Software

7.6.1 可靠性测试的基本概念

1. 软件可靠性测试过程

基本的软件可靠性测试过程如图 7.10 所示。图中描述的一些基本概念如可靠性分配、计算运行剖面、可靠性计算等将在后面几节中分别叙述。测试用例的生成可以采用前面几章中叙述的任何一种方法。

2. 描述软件可靠性的基本参数

描述软件系统可靠性的基本参数比较公认的有下列几个，同时也给出了各个参数之间的相互关系。

假设系统 S 投入测试或运行一段时间 t_1 后，软件出现错误，系统被停止并进行修复，经过 T_1 时间后，故障被排除，又投入测试或运行。假设 t_1，t_2，…，t_n 是系统正常的工作时间，T_1，T_2，…，T_n 是维护时间，如图 7.11 所示。

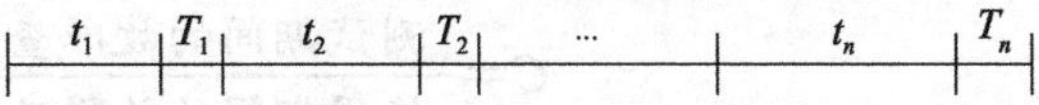

（1）故障率（风险函数）

$$\lambda = \frac{总失效次数}{总工作时间} = \frac{n}{\sum_{i=1}^{n} t_i}$$

λ 的单位是 FIT，$1FIT = 10^{-9}$/小时。

（2）维修率

$$u = \frac{总失效次数}{总维护时间} = \frac{n}{\sum_{i=1}^{n} T_i}$$

（3）平均无故障时间

$$MTBF = \frac{总工作时间}{总失效次数} = \frac{\sum_{i=1}^{n} t_i}{n} = \frac{1}{\lambda}$$

（4）平均维护时间

$$MTTR = \frac{总维护时间}{总失效次数} = \frac{\sum_{i=1}^{n} T_i}{n} = \frac{1}{u}$$

（5）有效度

$$A = \frac{总工作时间}{总工作时间+总失效次数} = \frac{MTBF}{MTBF+MTTR} = \frac{1}{\lambda+u}$$

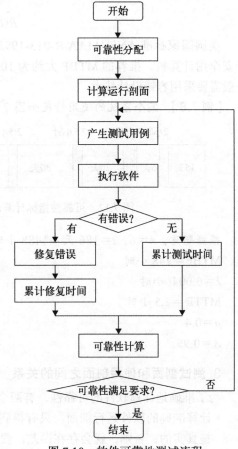

图 7.10 软件可靠性测试流程

图 7.11 系统工作状态图

（6）残留的缺陷数目 N_0

可以采用第 2 章叙述的方法进行估计。

（7）可靠性

$$R(t)=\mathrm{e}^{-\int_0^t \lambda(t)\mathrm{d}t}$$

美国国家标准 ANSI/AIAA R-013-1992 要求最合理的故障率大约在 10^{-4}/ 小时左右，对于安全用计算机，推荐的 MTBF 大约为 1000～10 000 小时，如果 MTBF 超过 10 000 小时，一般需要采用容错设计技术。

【**例 7.8**】 某个系统的使用情况如图 7.12 所示。

图 7.12   可靠性指标计算的例子（阴影部分代表修复时间）

根据题意，$n=6$，$t=186$ 天 $=1488$ 小时（每天 8 小时），$T=15$ 小时，则：

MTBF$=248$ 小时

$\lambda=0.004$/ 小时

MTTR$=2.5$ 小时

$\mu=0.4$

$A=0.99$。

3. 测试剖面和使用剖面之间的关系

为了准确地计算软件的可靠性，有两个基本问题必须要弄清楚，如下所示：

- 计算准确的软件运行剖面。只有得到真实的软件运行剖面，软件可靠性计算的结果才是真实的，否则，就会存在误差。假设 Test(D) 是测试时的运行剖面，User(D) 是用户使用时的运行剖面。
- 计算测试强度 C，也称为压缩因子。C 的定义如下：

$$C=\frac{测试期间的故障查明率}{使用期间的故障查明率}$$

$$=\frac{测试期间单位时间内执行测试用例的个数}{使用期间单位时间内执行测试用例的个数}$$

$$=\frac{测试期间单位时间内的平均执行时间}{使用期间单位时间内的平均执行时间}$$

（1）Test (D)＝User (D)

定理 7.1：设 $x_1, x_2, \cdots, x_n$ 是测试期间的 n 个无故障时间间隔，测试剖面等于使用剖面，即 Test (D)＝User (D)，则：

$$\mathrm{MTBF}_{\mathrm{Test}}=\frac{\sum_{i=1}^{n}x_i}{n}$$

$$\mathrm{MTBF}_{\mathrm{User}}=C\times\mathrm{MTBF}_{\mathrm{Test}}$$

$$\lambda_{\text{User}} = \frac{\lambda_{\text{Test}}}{C}$$

【例 7.9】　设某软件的测试剖面和使用剖面是一致的。总共的测试时间为 1000H，测试期间共发现 5 个故障，每个故障发生的时间分别为 100H、200H、400H、500H、800H（假设不考虑故障修复时间）。测试期间每小时执行的测试用例数目为 1000 个，而使用期间每小时执行的测试用例的数目为 100 个，则软件的风险函数和平均无故障时间分别为：

$$\text{MTBF}_{\text{Test}} = \frac{\sum_{i=1}^{n} t_i}{n} = \frac{1000}{5} = 200\text{H}$$

$$\text{MTBF}_{\text{User}} = C \times \text{MTBF}_{\text{Test}} = 10 \times 200 = 2000\text{H}$$

$$\lambda_{\text{User}} = \frac{\lambda_{\text{Test}}}{C} = \frac{1}{2000} = 0.000\,5$$

（2）$f_{\text{Test}}(D) \neq f_{\text{User}}(D)$

传统上，由于测试者难以对软件使用时的运行剖面进行确定，故在测试时，往往是假设一个运行剖面。其中，均匀分布是许多测试者经常想到的，均匀分布假设每个功能或模块是等概率的。之前，人们一直认为均匀分布是一个比较坏的分布，也就是说，用假设均匀分布测试出来的可靠性要大于其他分布测试出来的可靠性。

假设软件有 n 个功能，实际使用时每个功能被执行的概率分别为 p_1，p_2，$\cdots$，p_n。均匀分布测试 M 小时，则每个功能的执行时间分别为 Mp_1，Mp_2，$\cdots$，Mp_n。在均匀分布假设下，每个模块被执行的概率皆为 $1/n$，因此，每个模块的执行时间皆为 M/n。将均匀分布的执行时间折合成实际使用时间，只能认为第 i 个模块的执行时间为 $\min\{Mp_i, M/_n\}$，故有下列结论。

定理 7.2　假设软件有 n 个功能或模块，实际使用时每个模块被执行的概率分别为 p_1，p_2，$\cdots$，p_n，均匀分布测试 M 小时，则相当于按使用剖面测试的时间如下（单位为小时）：

$$M \sum_{i=1}^{n} \min\left\{p_i, \frac{1}{n}\right\}$$

【例 7.10】　对 Manger 系统的 6 个模块，在均匀分布假设下，每个模块被执行的概率为 1/6，假设系统总共的测试时间为 120H，则每个模块的测试时间为 20H。而根据用户的使用剖面，6 个模块被执行的概率分别近似为 0.14，0.23，0.26，0.20，0.07，0.1，对同样的 120H，6 个模块实际的执行时间分别为 16.8，27.6，31.2，24.0，8.4，12.0，相当于实际测试了 $\min\{16.8, 20\} + \min\{27.6, 20\} + \min\{31.2, 20\} + \min\{24.0, 20\} + \min\{8.4, 20\} + \min\{12.0, 20\} = 16.8 + 20 + 20 + 20 + 8.4 + 12.0 = 97.2\text{H}$。

定理 7.3　假设软件有 n 个功能，实际使用时每个功能被执行的概率分别为 p_1，p_2，$\cdots$，p_n，测试期间假设的每个功能被执行的概率分别为 p'_1，p'_2，$\cdots$，p'_n，令：

$$x = \sum_{i=1}^{n} |p_i - p'_i|$$

则 x 越大，说明其剖面和实际差距大，测试时估计的可靠性就越不准确。反之，x 越小则越准确。

测试假设的分布和使用分布相差得越大，则测试评估的可靠性越不准确；测试假设的分布和使用相差得越小，则测试评估的可靠性越准确。因此，准确地计算使用剖面是精确的评估软件可靠性的基础。

7.6.2 软件的运行剖面

1. 运行剖面的概念及意义

定义 7.1 软件的运行剖面：设 D 是软件 S 的定义域，$D = \{d_1, d_2, \cdots, d_n\}$，$P(d_i)$ 是 d_i 的发生的概率，则运行剖面被定义为 $\{(d_1, P(d_1)), (d_2, P(d_2)), \cdots, (d_n, P(d_n))\}$。

软件测试与软件可靠性的评估离不开软件的运行剖面。软件 S 的运行剖面是指软件输入空间 D 以及 D 中的点取值的分布，也就是说，D 中每个点取值的概率（一般将 D 及 D 的分布称为运行剖面）。显然，如果 $\forall d \in D$，若 $S(d)$ 是正确的，则 S 正确运行的概率为 1，即 $P(S)=1$。假设 $D=D_1 \cup D_2$，D_1 是 S 正确运行的概率，D_2 是 S 产生错误的概率。在均匀分布假设下，S 正确运行的概率为：

$$P(S) = \frac{\|D_1\|}{\|D\|}$$

实际上，人们是不可能给出这样的划分的。在软件可靠性的评估中，人们所关心的是软件投放市场后，用户实际使用时软件的可靠性 R 是多少，而这一点，软件产品生产单位往往是给不出的，因为真实的情况只有靠实际的可靠性数据统计才能得出。而在实验室中，软件生产单位只能给出软件在实验室测试时的可靠性 $R_{测}$。在许多情况下 $R_{测} \neq R$，因此，经常存在用户和软件生产者对软件可靠性的计算不一致的情况。

存在问题的原因是运行剖面的不一致。一是测试时的运行剖面，称为**测试剖面**，记为 $f_{\text{Test}}(D)$；二是用户使用时的运行剖面，称为**使用剖面**，记为 $f_{\text{User}}(D)$。显然，如果 $f_{\text{Test}}(D) = f_{\text{User}}(D)$，则测试时评估的软件可靠性 R 即等于用户实际使用时的可靠性，一般情况下，$f_{\text{Test}}(D)$ 是测试者假设的，而 $f_{\text{User}}(D)$ 是实实在在存在的，但实际又很难精确描述的。无论是测试者还是用户，所关心的软件可靠性是指用户使用时的可靠性，如果 $f_{\text{Test}}(D)$ 和 $f_{\text{User}}(D)$ 相差较大，则通过测试给出的软件可靠性是不能令人信服的。

精确的用户剖面除了能得到准确的软件可靠性之外，还有下列作用：使用运行剖面指导系统测试能保证如因紧急状态制约而引起终止测试和装载软件，使用最多的操作定会接受最多的测试，且在给定时间内可靠性程度实际上可以达到最大值。在指导回归测试的过程中，它能从环境变化引起的所有错误中找出对可靠性影响最大的错误。

资料表明，AT&T 的 Definity 项目，由于采用运行剖面和其他提高软件质量的方法，使软件维护费用降低为原来的 1/10，系统测试费用降低为原来的 1/2。Hewlett_Packard 由于采用操作运行剖面组织系统测试，使测试费用降低了 50%。只要软件设计符合软件工程的标准，开发一个运行剖面并不是一件困难的事情，资料表明，有 10 个开发者、100 000 行源代码、用时 18 个月的平均项目来说，构思运行剖面大约需要 1 个人月。

2. 获取运行剖面的步骤

软件的运行剖面一般由软件系统工程师、高级设计人员和测试计划人员给出，这些人员必须对整个软件系统有深刻的了解，而且要了解本软件市场应用的详细情况。一般来讲，构建软件的运行剖面要经过图 7.13 所示的五个步骤。

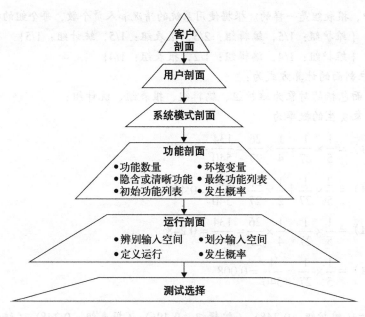

图 7.13　构建运行剖面的步骤

　　构建运行剖面的过程自客户剖面开始，自上而下逐步进行分解。但并不是所有的步骤都是必需的。例如，如果某软件只有一个客户或者所有的客户都以相同的方式使用该软件，则客户剖面可以省略。

（1）客户剖面

　　所谓客户是指用同一种方式使用系统的一组用户。客户剖面是关于客户及其客户发生概率的集合。可以从软件的销售或发售数据中获得潜在的客户信息。计算某个客户概率最简单的方法是：该客户个数 / 总的客户个数。客户剖面作为一个中间环节，更有利于简化用户使用剖面的计算。

　　客户剖面可以表示为：

　　客户剖面＝{ 客户 1：P（客户 1），客户 2：P（客户 2），…，客户 n：P（客户 n）}

　　【例 7.11】 某个信息管理系统 Manger，包括的功能为：系统管理、数据编辑、数据管理、数据统计、报表、窗口管理。从使用该软件的用户群来看，可以分为机关客户和基层客户，从发售情况来看，机关客户为 1 个，而基层客户为 26 个。故客户剖面为：

　　{ 机关客户：1/27，基层客户：26/27}

（2）用户剖面

　　用户剖面是关于用户及其用户发生概率的集合。用同一种方法使用系统的用户称为一个用户组，不同客户的用户组可以以相同或不同的方式使用系统。通过客户剖面和用户组就可以最终计算用户剖面。

　　用户剖面可以表示为：

　　用户剖面＝{ 用户 1：P（用户 1），用户 2：P（用户 2），…，用户 n：P（用户 n）}

　　由于每个客户可以包括一个或者多个用户，每个用户又可以包括一个或多个用户组，因此，在计算用户剖面时，要将不同客户剖面中包括的相同用户组进行合并。

　　【例 7.12】 Manger 系统，对机关客户而言，可以分为四个用户组，{ 维护组、编辑组、报表组、统计组 }，而对基层客户而言，也分为三个用户组 { 维护组、编辑组、报表组 }，在这两个用户组中，报表组是一样的。根据使用系统的情况和人员个数，每个组的概率可确定为：

机关客户：{维护组：1/5，编辑组：2/5，报表组：1/5，统计组：1/5}

基层客户：{维护组：1/4，编辑组：1/2，报表组：1/4}

因此，用户剖面的计算方式为：

1）用户剖面包括的对象为维护组、编辑组、报表组、统计组；

2）每个对象发生的概率为

$$P（维护组）=\frac{1}{5}\times\frac{1}{27}+\frac{1}{4}\times\frac{26}{27}=\frac{134}{540}=0.248$$

$$P（编辑组）=\frac{2}{5}\times\frac{1}{27}+\frac{1}{2}\times\frac{26}{27}=\frac{268}{540}=0.496$$

$$P（报表组）=\frac{1}{5}\times\frac{1}{27}+\frac{1}{4}\times\frac{26}{27}=\frac{134}{540}=0.248$$

$$P（统计组）=\frac{1}{5}\times\frac{1}{27}=\frac{4}{540}=0.008$$

故

用户剖面＝{(维护组，0.248)，(编辑组，0.496)，(报表组，0.248)，(统计组，0.008)}

（3）系统模式剖面

系统模式是为便于管理系统或分析执行行为，分组而成的一个功能或操作的集合。一般来讲，软件都有多种系统模式，例如，一个 OS 软件，就有系统管理模式和用户模式。Manger 系统可以是 { 网络模式、单机模式 }，也可以分为 { 系统模式、用户模式 }。系统模式剖面是关于系统模式及其发生概率的一个集合。系统模式有许多种分类：

• 从功能或操作的角度分类：如系统模式和用户模式。

• 从环境条件分类：不同的软硬件环境可能使该软件的运行方式不同。

• 从任务的紧迫性分类：按任务的轻重缓急。

• 从使用的角度分类：例如是初学者模式还是专家模式等。

对每一种模式都要产生相应的剖面。其一般形式为：

系统模式剖面＝{ 模式 1：P（模式 1），模式 2：P（模式 2），…，模式 n：P（模式 n）}

【例 7.13】 分析表明，Manger 系统有三种工作模式，分别是维护模式、多用户模式、单机模式。各个用户组使用不同模式的比例如表 7.2 所示。

表 7.2　各个用户组使用不同系统模式的比例分配

用户组	系统模式		
	维护模式	多用户模式	单机模式
维护组	0.9	0.1	0
编辑组		0.2	0.8
报表组		0.4	0.6
统计组		0.7	0.3

P（维护模式）＝ 0.9×0.248 ＝ 0.22

P（多用户模式）＝ 0.1×0.248 ＋ 0.2×0.496 ＋ 0.4×0.248 ＋ 0.7×0.008 ＝ 0.55

P（单机模式）＝ 0.8×0.496 ＋ 0.6×0.248 ＋ 0.3×0.008 ＝ 0.23

因此，系统模式剖面为：

系统模式剖面＝{ 维护模式：0.22，多用户模式：0.55，单机模式：0.23}

（4）功能剖面

将每种模式进一步分解为其对应的功能，并确定每个功能发生的概率，就构成了功能剖面。系统有多少种模式，就对应着多少种功能剖面。

功能剖面的一般形式为：

功能剖面＝{功能1：P（功能1），功能2：P（功能2），…，功能n：P（功能n）}

对给定软件来说，其功能是明确的。在不同系统模式下，可以根据用户使用该软件的情况计算每个功能发生的概率。

【例7.14】 Manger系统的功能包括：系统管理、数据编辑、数据管理、数据统计、数据报表、窗口管理。统计表明，在各种不同模式下使用各个功能的比例如表7.3所示。

表7.3 各个不同模式下使用不同功能的比例分配

维 护 模 式		多 用 户 模 式		单 机 模 式	
系统管理	0.7	系统管理	0.1	系统管理	0
数据编辑	0.1	数据编辑	0	数据编辑	0.6
数据管理	0.1	数据管理	0.4	数据管理	0.1
数据统计	0	数据统计	0.2	数据统计	0.2
数据报表	0	数据报表	0.2	数据报表	0.1
窗口管理	0.1	窗口管理	0.1	窗口管理	0

P（系统管理）＝ $0.7 \times 0.22 + 0.1 \times 0.55 = 0.21$

P（数据编辑）＝ $0.1 \times 0.22 + 0.6 \times 0.23 = 0.16$

P（数据管理）＝ $0.1 \times 0.22 + 0.4 \times 0.55 + 0.1 \times 0.23 = 0.27$

P（数据统计）＝ $0.2 \times 0.55 + 0.2 \times 0.23 = 0.15$

P（数据报表）＝ $0.2 \times 0.55 + 0.1 \times 0.23 = 0.13$

P（窗口管理）＝ $0.1 \times 0.22 + 0.1 \times 0.55 = 0.08$

因此，系统模式剖面为：

功能剖面＝{系统管理：0.21，数据编辑：0.16，数据管理：0.27，数据统计：0.15，
数据报表：0.13，窗口管理：0.08}

（5）运行剖面

系统的具体实现功能及其对应的发生概率的集合称为运行剖面。

运行剖面的一般形式为：

运行剖面＝{实现功能1：P（实现功能1），实现功能2：P（实现功能2），…，实现功能n：
P（实现功能n）}

在软件设计中，一个功能可能对应一个或多个具体的实现，而不同的功能又可能对应相同的实现。而在软件的测试过程中，测试用例是从软件具体的实现功能中选择的，因此，必须将功能折合成具体的软件实现功能。这个过程也是实现功能剖面的计算过程。

【例7.15】 在Manger系统中，每个功能包括的具体实现功能及其每个实现功能的比例分配如表7.4所示。

表 7.4　每个功能包括的具体实现功能及其使用每个实现功能的比例分配

系统管理		数据编辑		数据管理		数据统计		数据报表		窗口管理	
磁盘整理	0.3	数据输入	0.5	数据整理	0.4	直方图统计	0.4	首长报表	0.2	窗口设置	0.6
密码管理	0.3	数据存储	0.3	数据压缩	0.3	折线统计	0.3	机关报表	0.4	窗口显示	0.4
系统自检	0.1	数据拷贝	0.2	数据解压缩	0.3	数据打印	0.3	基层报表	0.3		
数据拷贝	0.3							数据打印	0.1		

P（磁盘整理）$= 0.21 \times 0.3 = 0.063$

P（密码管理）$= 0.21 \times 0.3 = 0.063$

P（系统自检）$= 0.21 \times 0.1 = 0.21$

P（数据拷贝）$= 0.21 \times 0.3 + 0.16 \times 0.2 = 0.095$

P（数据输入）$= 0.16 \times 0.5 = 0.08$

P（数据存储）$= 0.16 \times 0.3 = 0.048$

P（数据整理）$= 0.27 \times 0.4 = 0.108$

P（数据压缩）$= 0.27 \times 0.3 = 0.081$

P（数据解压缩）$= 0.27 \times 0.3 = 0.081$

P（直方图统计）$= 0.15 \times 0.4 = 0.06$

P（折线统计）$= 0.15 \times 0.3 = 0.045$

P（数据打印）$= 0.15 \times 0.3 + 0.13 \times 0.1 = 0.058$

P（首长报表）$= 0.13 \times 0.2 = 0.026$

P（机关报表）$= 0.13 \times 0.4 = 0.052$

P（基层报表）$= 0.13 \times 0.3 = 0.039$

P（窗口设置）$= 0.08 \times 0.6 = 0.048$

P（窗口显示）$= 0.08 \times 0.4 = 0.032$

由此，可以获得 Manger 系统的运行剖面为：

运行剖面 = {磁盘整理：0.063，密码管理：0.063，系统自检：0.21，数据拷贝：0.095，
数据输入：0.08，数据存储：0.048，数据整理：0.108，数据压缩：0.081，
数据解压缩：0.081，直方图统计：0.06，折线统计：0.045，数据打印：
0.058，首长报表：0.026，机关报表：0.052，基层报表：0.039，窗口设置：
0.048，窗口显示：0.032}

3. 获取运行剖面的一般描述

从软件到运行剖面的求解过程可用图 7.14 所示的网络模型来描述。在该图中，每个箭头代表了从上一级剖面的某个元素到下一级剖面的某个元素的转换概率。n_x 代表不同剖面中结点的个数。用 W_{jk}^i 代表第 i 层从结点 j 到结点 k 之间的转换概率。因此 R_k 可以表示为：

$$R_k = \sum_{m=1}^{n_F} \left(\sum_{n=1}^{n_M} \left(\sum_{l=1}^{N_U} \left(\sum_{p=1}^{n_C} W_p^0 W_{pl}^1 \right) W_{nl}^2 \right) W_{nm}^3 \right) W_{mk}^4$$

7.6.3　可靠性测试案例分析

【例 7.16】"××飞机起落架故障诊断专家系统"是一个使用专家系统方法对××飞机起落架进行故障诊断的软件。该软件是用 VC++ 开发的，源代码近一万行。在该软件调试后期对其进行了软件可靠性测试，主要工作包括：运行剖面的构造和测试用例的生成，测试

运行及数据收集，可靠性数据分析。

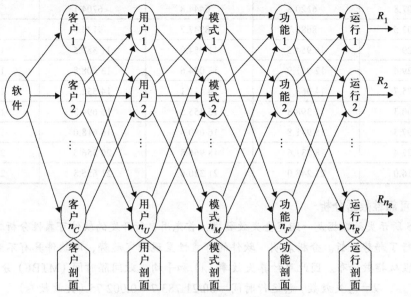

图 7.14　构建运行剖面的网络模型

（1）运行剖面的构造及测试用例生成

根据被测软件功能的说明，结合软件的有关文档以及对相关概率的估计，可构造软件的系统模式剖面、功能剖面和运行剖面。

由于运行剖面描述了完成某一功能输入变量的取值区间，通过两次随机抽样，可以得到一个测试用例。第一次抽样选择运行，第二次抽样在每一个输入变量取值区间内随机抽取输入变量的具体取值。将其按照测试过程中的输入顺序组合起来形成测试用例。一个测试用例的具体形式如下：

测试用例序号的具体取值	输入变量名称	输入变量
1	var_1	$nenu_{1.1}$

（2）测试运行及数据收集

按照上述方法生成了 400 个测试用例。在一台配置为 Pentium 586（133 MHz），内存为 16 MB，操作系统为 Windows 95 中文版环境的计算机上，通过手动方式将测试用例输入被测软件，利用一个为配合这种软件可靠性测试方法而开发的数据辅助收集软件，采集测试运行的时间与失效信息，包括测试用例序号、测试日期、测试开始时刻、测试结束时刻 / 失效发生时刻、测试运行时间、累计运行时间、失效现象等。通过测试，共记录下了 60 次失效，收集到的失效数据如表 7.5 所示。数据为每次失效发生的累计运行时间（执行时间，单位为 s），并按照从左至右、从上至下的顺序排列。

表 7.5　某软件可靠性测试失效数据

897.8	977.4	1419.9	1539.0	1615.8
1711.1	1923.3	1997.0	2070.3	2708.2
3067.9	3460.5	4078.2	4471.8	5695.8

（续）

5807.8	6120.8	6444.8	6704.1	6879.7
7002.5	8688.7	8947.7	9134.9	9687.3
10 229.2	10 954.5	11 084.0	11 387.5	12 086.7
12 329.4	12 951.9	13 084.6	13 608.8	13 707.2
13 975.7	14 068.3	14 451.1	14 552.2	14 634.0
14 800.3	15 398.8	15 455.5	15 694.3	15 804.5
15 897.5	15 971.8	16 090.6	16 618.0	17 820.9
18 622.4	18 731.6	18 966.8	20 356.5	20 510.6
21 116.0	21 248.0	21 320.6	21 655.8	21 783.7

（3）可靠性数据分析

表 7.5 所示失效数据是一组完全失效数据，首先用自行开发的软件可靠性分析工具（SRAT）对数据进行了趋势分析。分析表明，软件的可靠性呈现稳定趋势，即软件具有不变的失效率，失效时间服从指数分布。因此可计算失效率（λ）和平均失效间隔时间（MTBF）分别为：

$$\lambda = 总失效数 / 总运行时间 = 60/21\ 783.7 = 0.002\ 75（失效数/s）$$
$$MTBF = 1/\lambda = 363s$$

事实上，在测试中，每次失效发生后，并没有对软件进行失效纠正，因此失效率应该是不变的，数据分析结果也验证了这一点。分析结果表明，该软件的可靠性尚需进一步提高。事实上，上述失效数据中，许多失效是由相同的缺陷造成的。如果对相同的失效只考虑首次发生的失效，即首次发现就加以纠正的话，软件的可靠性将得到很大提高。需要强调的是，该分析结果是在给定的运行剖面、给定的运行环境下进行测试得到的分析结果。不同的运行剖面，不同的运行环境（如不同的机器速度）会得到不同的可靠性估计。另外，所收集的失效时间数据的类型也会影响数据分析的结果。

7.7 恢复性测试与备份测试

恢复性测试主要检查系统的容错能力，即当系统出错时，能否在指定时间间隔内修正错误并重新启动系统。恢复性测试首先要采用各种办法强迫系统失败，然后验证系统是否能尽快恢复。对于自动恢复，需要验证重新初始化、检查点、数据恢复和重新启动等机制的正确性；对于人工干预的恢复系统，还需要估测平均修复时间，确定其是否在可接受的范围内。

备份测试是恢复性测试的一个补充，也是恢复性测试的一个部分。备份测试的目的是验证系统在软件或者硬件失败时备份数据的能力。

在设计恢复性测试用例时，需要考虑下面这些关键问题：

- 测试是否存在潜在的灾难，以及它们可能造成的损失。消防训练式地布置灾难场景是一种有效的方法。
- 保护和恢复是否为灾难提供了足够的准备？评审人员应该评审测试工作及测试步骤，以便检查对灾难的准备情况。评审人员包括主要事件专家和系统用户。
- 当真正需要时，恢复过程是否能够正常工作？模拟的灾难需要和实际的系统一起被创建以验证恢复过程。用户、供应商应当共同完成测试工作。

备份测试需要从以下几个角度来进行设计：

- 备份文件，并且比较备份文件与最初文件的区别。
- 存储文件和数据。
- 完善系统备份工作的步骤。
- 检查点数据备份。
- 备份引起系统性能衰减程度。
- 手工备份的有效性。
- 系统备份"触发器"的检测。
- 备份期间的安全性。
- 备份过程日志。

7.8 协议一致性测试

在计算机网络的发展历程中，协议一直处于核心地位，它是计算机网络和分布式系统中各种通信实体之间相互交换信息所必须遵守的一组规则。1984 年国际标准化组织 ISO 提出了开放式系统互联 ISO/OSI 参考模型。1993 年 1 月 1 日 TCP/IP 被宣布为 Internet 上唯一正式的协议，为 Internet 的发展铺平了道路。

协议软件作为软件的一种特殊形式，自 20 世纪 80 年代以来，其开发和检测方法已经得到快速发展，并形成了一个崭新的学科——协议工程学，它的研究范围包括协议说明（Protocol Specification）、协议证实（Protocol Validation）、协议验证（Protocol Verification）、协议综合（Protocol Synthesis）、协议转换（Protocol Conversion）、协议性能分析（Protocol Performance Analysis）、协议自动实现（Protocol Automatic Implementation）和协议测试（Protocol Testing）。

7.8.1 协议一致性测试的基本概念

目前的网络协议多是以自然语言描述的文本，实现者对于协议文本的不同理解以及实现过程中的非形式化因素，都会导致不同的协议实现，有时甚至是错误的协议实现。即使协议实现正确，也不能保证不同的实现彼此之间能够准确无误地通信，而且对于同一协议来讲，其不同实现的性能也会有差别。在这种情况下，需要一种有效的方法对协议实现进行评价，这种方法就是协议测试。

伴随着计算机网络的普及和网络需求的增多，计算机网络协议越来越复杂庞大，协议实现不仅仅要求功能正确完善、能够互通，而且要求具有良好的性能，因此协议的实现和开发越来越复杂。为了保证质量，协议测试是一个必须而且十分重要的手段。目前的协议测试已经不仅仅是产品开发研制过程中一个简单的检测支持过程，而是发展成为计算机网络技术的一个重要分支。对协议测试技术的研究将直接影响到计算机网络技术的进步和世界网络市场的竞争与发展。所以很多国家都投入了大量的人力物力来从事协议测试的研究工作。英国的国家物理实验室（NPL）、法国国家通信研究中心、德国国家通信研究局（GMD）、美国国家标准化研究局、美国新罕布什尔大学互操作研究实验室、中国清华大学计算机科学与技术系的计算机网络与协议测试实验室等单位都在这个领域投入了大量的研究力量。

协议测试是在软件测试的基础上发展起来的。根据对被测软件的控制观察方式，软件测试方法分为三种：白盒测试、黑盒测试和灰盒测试。协议测试是一种黑盒测试，它按照协议标准，通过控制观察被测协议实现的外部行为对其进行评价。目前协议测试分成三个方面进行研究：一致性测试（conformance testing）、互操作性测试（interoperability testing）和性能测试（performance testing）。一致性测试主要测试协议实现是否严格遵循相应的协议描述；互操作性测试关注的是对于同一个协议标准，不同协议实现之间的互联互通问题；性能测试是用实验的方法来观测被测协议实现的各种性能参数，如吞吐量和传输延迟等，其结果往往与输入负载有关。

在上述三个方面，一致性测试开展最早，也形成了很多有价值的成果。1991年国际标准化组织 ISO 制订的国际标准 ISO9646，即 OSI 协议一致性测试的方法和框架，用自然语言描述了基于 OSI 七层参考模型的协议测试过程、概念和方法。但是随着计算机网络技术的不断发展，新的协议越来越复杂，协议一致性测试工作遇到了很多困难。在这个过程中，大量形式化方法被引进到协议测试研究领域。1995年，ISO 推出了"一致性测试中的形式化方法"国际标准，对协议一致性测试过程各个阶段使用的形式化方法进行了说明。但由于协议一致性测试本身的复杂性，使得该标准一直停留在草案阶段。对于互操作测试的研究技术基本上是从一致性测试继承过来的。由于对网络应用的需求急剧增长，网络性能已经变得与功能同等重要了。协议实现性能测试的研究工作也正在进行之中。在进行大量的测试实践的同时，理论研究也正在起步。

目前，国际协议测试研究领域已经取得了以下两点共识：

第一，理顺了协议一致性测试的过程；第二，将形式化技术引入了协议测试领域，力图用严格的数学语言清晰、无二义性地研究协议测试的概念和方法。但是这种方法也存在很多不足，其中最明显的就是这些理论研究与实际应用之间还存在着巨大的差距。

7.8.2 协议一致性测试方法

国际标准化组织 OSI/ITU 针对协议一致性测试需求，颁布了协议一致性测试基本框架和方法，该标准（ISO/IEC 9646 ITU X.290 series）由五大部分构成，树表描述语言（Tree Tabular Combine Notation）是其中的第三部分，即 ISO/IEC 9646-3。该标准的颁布为通信协议的一致性测试提供了准则，所以 TTCN 得到了广泛的应用。下面分别介绍协议一致性测试框架、协议一致性测试标准方法以及 TTCN 的执行过程。

1. 协议一致性测试基本框架

在一致性测试中，被测试部分（Implement Under Test，IUT）是 OSI 协议实体，IUT 所在的系统称为被测试系统（System Under Test，SUT）。一致性测试体系概念性结构如图 7.15 所示。

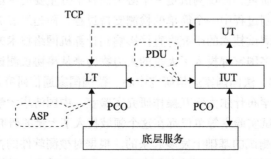

图 7.15   一致性测试体系结构

IUT 有一个上层测试（Upper Test，UT）接口和下层测试（Low Test，LT）接口，UT 和 LT 通过控制观察点（Points of Control and Observation，PCO）对系统进行测试。通常 LT 是远程可访问接口，因此 IUT 定义一个远端的 PCO，即底层接口被设置在远端。通信被认为是异步通信，所以在每一个 PCO 都对应两个队列（FIFO），一个是输入，另一个是输出。在一致性测试方法框架（Conformance Testing Methodology Framework，CTMF）中，严格区分上层测试和下层测试功能。IUT 的上层测试由 UT 控制，下层测试由 LT 控制。在测试过程中，UT 扮演一个用户来使用 IUT 提供的功能，而 LT 模仿一个 IUT 下层的通信实体。也就说 UT 与 IUT 的交互是通过 LT 来实现的。

IUT 和 UT 之间通过抽象服务原语（Abstract Service Primitive，ASP）进行通信。从概念角度，IUT 和 LT 通过协议数据单元（Protocol Data Unit，PDU）交换数据；PDU 采用 ASP 对基本服务动作进行编码，即 PDU 不是直接进行交互，而是 CTMF 允许根据 PDU 的编码进行交互，即在一个抽象的测试中使用 PDU 进行交换，所以 ASP 与 PDU 不再加以区分。

正如图 7.15 所示，测试协调过程（Test Coordination Procedure，TCP）来协调 LT 和 UT 的动作，这在 LT 和 UT 是两个独立的过程时十分必要。图 7.15 仅表现了一致性测试方法框架（CTMF）的概念结构，实际中的测试系统可根据采用的测试方法的不同有相应的变化。在 CTMF 中测试方法可分为局部的、分布的、协调的和远程的测试。它们的主要不同是对 LT 和 UT 的协调以及对它们的控制与观察程度不同。

2. 协议一致性测试标准

为了测试 IUT，需要建立一个仿真测试事件集合或交互行动序列。这个用于描述测试任务的事件或行动的序列称为测试用例（test case），一个特定协议的测试用例集合称为**测试套**。

TTCN 就是一种用于说明测试用例的符号集，它可以建立一个实际被测系统的抽象模型，并说明测试用例的执行过程。抽象的测试用例包括所有的 IUT 所支持的被测目标，但它不包括测试系统的信息。然而，说 TTCN 是一个符号集，并不意味着 TTCN 本身是抽象的，现在 TTCN 已经逐渐进化成具有可操作的语法和语义的形式化描述语言，用 TTCN 描述协议测试用例如同编写程序一样。

在 ISO/IEC 9646-3 中定义了两种 TTCN 的图表，一种是图形符号，另一种是语义符号。图形符号采用表格的形式描述测试用例的内容。这种表现形式比较直观，所以称为 TTCN-GR，它适合于测试用例的分析与设计。语义符号采用**巴科斯 – 诺尔范式**（Backus-Naur Form，BNF）说明 TTCN 测试用例，所以它更适合于计算机处理，因此把这种形式的表示称为 TTCN-MP（TTCN-Machine Processable）。本书主要采用 TTCN-GR 来描述测试用例。

3. 协议一致性测试执行

在 TTCN 中，许多标准服务定义和协议说明都采用图或表来描述，并在此基础上产生测试用例。然而，一致性测试只关心控制与观察点上的交互，所以系统行为用一棵树来表示比较自然，这棵树就称为行为树，如图 7.16 所示。在行为树中，每一个树枝表示两个协议状态之间可能发生交互。在 TTCN 中，为了与表格形式一致，把行为树的分支随着时间逐层横向缩排，并写在一个表框内。

在行为树中，处在同一层的节点不一定是姊妹关系，如 F、G 与 I、J 就是如此。

在行为树中，一个节点被称为行为行。一个行为行由以下部分构成：

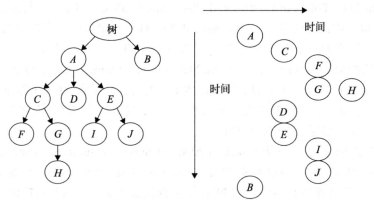

图 7.16　TTCN 行为树

- 行号
- 标签
- 声明行
- 约束
- 结论
- 行为行注释

在上面的构成成员中，哪些被使用可随具体情况而定。如行号和注释是必须体现的，而约束和结论仅在需要时使用。

在 TTCN 中，所有的行为行用动态行为表来说明。有三种类型的行为表，它们的表头和表体有所不同。

- 测试用例动态行为表
- 测试步动态行为表
- 默认动态行为表

虽然它们的表体基本相同，但有不同的表头，实质上的区别是使用方法不同。

在动态行为表中（见表 7.6），各个列分别是行号、标签、声明行、约束条件、结论和注释。淡灰底纹的行表示一个行为行的范围，而深灰底纹的行表示一个声明行。

表 7.6　测试用例动态行为表

序　号	标　号	行为描述（声明）	约束条件	结　论	注　释
1		A			
2		C			
3		F			
4		G			
5		H			
6		D			
7		E			
8		I			
9		J			
10		B			

（1）声明行与声明

在一个动态行为表中，声明行在行为描述栏中定义，用于说明事件发生顺序。在声明行中描述测试系统的行为，如发送和接受 ASP 等。一个声明又可分成事件、行动、条件三个不同的类型。

1）**事件**：声明是否成立，取决于当前所发生的事件。声明成立也称为事件匹配。有两类事件，分别是输入事件（input event）和时间事件（timer event）。一个输入事件是一个到达指定 PCO 的 ASP，或者是指定协同点（Coordination Point，CP）的消息。一个时间事件是一个协议时间结束时刻。TTCN 声明中的事件有：

- RECEIVE
- OTHERWISE
- TIMEOUT

2）**行动**：有时声明总是成立的，也就是说它是可执行的，这种声明称为活动。虽然在 ISO/IEC 9646-3 标准中没有行动这个词，但实际上一个测试系统有许多行动被执行。在 TTCN 中假定它们都能够成功地执行。TTCN 中的行动有：

- SEND
- IMPLICIT_SEND
- ASSIGNMENT_LIST
- TIMER_OPERATION
- GOTO

3）**条件**：声明行也可以包括条件声明，即布尔表达式，这个声明行称为条件声明行。如果没有事件匹配，也就没有行动被执行，除非声明行中的条件的值为 True。如果一个声明行不包括条件，则为非条件声明行。

一个 TTCN 条件就是布尔表达式 BOOLEAN_EXPRESSION。

4）**事件、行动和条件的结合**：事件、行动和条件组合可以通过 TTCN-MP 来定义。下面的章节中将根据具体内容介绍基于 TTCN-MP 的事件、行为和条件组合的应用。

（2）执行和匹配

现在讨论一个行为树如何被执行或遍历。

1）**替换**：在同一缩排的声明行的集合中，有相同父节点的节点称为可替换声明行，简称替换。例如，在图 7.16 中，(A, B)，(C, D, E)，(F, G)，(I, J) 和 (H) 是所有的替换。

因为一个替换集合中不同替换的前后次序是十分重要的，所以必须把所有事件和条件在一个没有激活的行动之前声明。

2）**行为树的执行**：行为树的执行从树根开始。首先第一个替换集合被循环执行，每一个替换均以它们在集合中出现的先后次序被赋值。如果一个替换不成功，则执行下一个替换；如果替换成功，则执行该替换的下一级替换集。在所有的替换都被执行后，该替换集合的循环停止。这时将得出结论。

图 7.16 是一个行为树执行的例子。首先被执行的是替换集合 (A, B)。如果 B 成功，则执行终止。如果 A 成功，则下一个替换集合 (C, D, E) 被激活。现在假定 E 是成功的，则下一个替换集合是 (I, J)。如果 I 或 J 有一个是成功的，则执行终止。

注意：如果在任意一个替换集合中没有声明是成功的，则执行将"死锁"。

7.9 兼容性测试

兼容性测试是指检查软件之间是否能够正确地进行交互和共享信息。对软件兼容性进行测试，需要解决以下问题：

- 软件设计需求与运行平台的兼容性。如果被测软件本身是一个支持平台，那么还要设计一个在该平台上运行的应用程序。
- 软件的行业标准或规范，以及如何达到这些标准和规范的条件。
- 被测软件与其他平台、其他软件交互或共享的信息。

上述问题是兼容性测试用例设计的依据，在具体应用时还应该考虑被测软件的具体情况。例如，Microsoft Windows 认证软件要求为：

- 支持三键以上的鼠标。
- 支持在 C 盘和 D 盘以外的磁盘上安装。
- 支持超过 DOS 8.3 格式文件名长度的文件名。
- 不能读、写或者以其他形式使用旧系统中的 win.ini、system.ini、autoexec.bat 和 config.sys 文件。

【例 7.17】 浏览器测试。浏览器是 Web 客户端最核心的构件，来自不同厂商的浏览器对 Java、JavaScript、ActiveX、plug-ins 或不同的 HTML 规格有不同的支持。例如，ActiveX 是 Microsoft 为 Internet Explorer 而设计的产品。JavaScript 是 Sun 为 Netscape 设计的 Java 产品。浏览器的测试就是要测试 Netscape 对 ActiveX，以及 Explorer 对 JavaScript 兼容性的测试。通常可以用一个兼容性矩阵，即被测软件与被测环境（平台）的二维方阵，来设计测试用例，如表 7.7 所示。

表 7.7　兼容性测试矩阵

	Explorer 浏览器	Netscape 浏览器
ActiveX	√	√
JavaScript	√	√

7.10 安装测试

软件运行的第一件事就是安装（除嵌入式软件外），所以安装测试是软件测试首先需要解决的问题。安装测试看上去简单，但实际上并非如此。安装测试不仅要考虑在不同的操作系统上运行，还要考虑与现有软件系统的配合使用问题。因此，安装测试应考虑多个方面的内容，可以从以下几个方面考虑：

- 参照安装手册中的步骤进行安装，主要考虑到安装过程中所有的默认选项和典型选项的验证。安装前应先备份测试机的注册表。
- 安装有自动安装和手工配置之分，应测试不同的安装组合的正确性，最终使所有组合均能安装成功。
- 安装过程中异常配置或状态情况（继电等）要进行测试。
- 检查安装后能否产生正确或是多余的目录结构和文件，以及文件属性是否正确。
- 安装测试应该在所有的运行环境上进行验证，如操作系统、数据库、硬件环境、网络环境等。

- 至少要在一台笔记本电脑上进行安装测试，台式机和笔记本电脑硬件的差别会造成其安装时出现问题。
- 安装后应执行卸载操作，检测系统是否可以正确完成任务。
- 检测安装该程序是否对其他的应用程序造成影响。
- 如有 Web 服务，应检测会不会引起多个 Web 服务的冲突。

7.11 可用性测试

7.11.1 可用性测试的概念

可用性测试（Usability Testing）是对于用户友好性的测试，是指在设计过程中被用来改善易用性的一系列方法。测试人员为用户提供一系列操作场景和任务让他们去完成，这些场景和任务与产品或服务密切相关。通过观察来发现完成过程中出现了什么问题、用户喜欢或不喜欢哪些功能和操作方式，原因是什么，针对问题提出改进的建议。

可用性区别于实用性。可用性是指产品在特定使用环境下为特定用户用于特定用途时所具有的有效性、效率和用户主观满意度。有效性是用户完成特定任务时所具有的正确和完整程度；效率是用户完成任务的正确完整程度与所用资源（如时间）之间的比率；满意度是用户在使用产品过程中具有的主观满意和接受程度。可用性体现的是用户在使用过程中所实际感受到的产品质量，即使用质量；而实用性体现的是产品功能，即产品本身所具有的功能模块。与实用性相比，可用性重视了人的因素，重视了产品最终是要被用户使用的。

可用性测试的价值在于能够及早发现产品或服务中将会出现的存在于用户使用过程中的问题，从而在产品开发或正式投产之前给出改进建议，以较小的投入帮助开发人员全面改善产品，节约开发成本。典型的可用性测试会包含以下维度：

- 任务操作的成功率。
- 任务操作效率。
- 任务操作前的用户期待。
- 任务操作后的用户评价。
- 用户满意度。
- 各任务出错率。
- 二次操作成功率。

可用性测试的文档主要包括以下内容：

- 日程安排文档。
- 用户背景资料文档。
- 用户协议。
- 测试脚本。
- 测试前问卷。
- 测试后问卷。
- 任务卡片。
- 测试过程检查文档。
- 过程记录文档。

- 测试报告。
- 影音资料。

7.11.2 可用性测试方法

可用性测试方法有很多，这里介绍如下三个。

（1）一对一用户测试

一个可用性测试部分包括测试人员（主持人／助理）和一个目标用户，这个目标用户会在测试人员的陪同下完成一系列的典型任务。征得参与者的同意后测试过程将被摄像，测试人员将持续观察、了解用户的操作过程、思维过程以及相关各项指标（包括用户出错次数、完成任务的时间等），记录用户遇到的可用性问题并进行分析。

（2）启发式评估

邀请 5～8 名用户作为评估人员来评价产品使用中的人机交互状况，发现问题，并根据可用性设计原则提出改进方案。

启发式评估法是一种用来发现用户界面设计中的可用性问题，从而使这些问题作为再设计过程中的一部分被重视的评估方法。启发式评估法旨在利用已确立的可用性原则来解释每个发现的可用性问题，据研究发现，一般情况下，5 个评估人员能够发现 75% 的可用性问题，从可用性问题产生的市场价值与评估费用的比率来看，是较为理想的数字。

（3）焦点小组

这是在可用性工程中使用得比较多的一种方法，通常用于产品功能的界定、工作流程的模拟、用户需求的发现、用户界面的结构设计和交互设计、产品的原型的接受度测试、用户模型的建立等。焦点小组是依据群体动力学原理由 6～12 个参试人组成的富有创造力的小群体，他们将在一名专业主持人的引导下对某一主题或观念进行深入讨论，主持人要在不限制用户自由发表观点和评论的前提下，保持谈论的内容不偏离主题。同时主持人还要让每个参试人都能积极地参与，避免部分用户主导讨论，部分消极用户较少的参与讨论。焦点小组实施之前，通常需要列出一张清单，包括要讨论的问题及各类数据收集目标。小组借由参与者之间的互动来激发想法和思考，从而使讨论更加深入、完整。

典型的可用性测试通常需要 2 周时间进行前期沟通和准备，1 周进行测试，2 周提交分析报告。实际工作中，根据测试的内容及项目规模做具体调整。

一些测试人员应当关注的可用性问题包括：

- 过于复杂的功能或者指令。
- 困难的安装过程。
- 错误信息过于简单，例如"系统错误"。
- 语法难于理解和使用。
- 非标准的 GUI 接口。
- 用户被迫去记住太多的信息。
- 难以登录。
- 帮助文本上下文不敏感或者不够详细。
- 和其他系统之间的连接太弱。
- 默认值不够清晰。
- 接口太简单或者太复杂。

- 语法、格式和定义不一致。
- 没有给用户提供所有输入的清晰的认识。

7.12 配置测试

7.12.1 配置测试的概念

配置测试（Configuration Testing）用于验证系统在不同的系统配置下能否正确工作，这些配置包括：软件、硬件和网络等。一开始准备进行软件的配置测试，就要考虑哪些配置与程序的关系最密切。通常认为的理想状况是所有生产厂家都严格遵照一套标准来设计硬件，那么所有使用这些硬件的软件就可以正常运行了，但是在实际应用中，并没有严格遵守标准，一般都是由各个组织或公司自行定义规范。因此，就有必要进行配置测试，配置测试的目的就是促进被测软件在尽可能多的硬件平台上运行。配置测试有时经常会与兼容性测试或安装测试一起进行。

7.12.2 配置测试方法

在进行配置测试之前，有两项准备工作需要提前完成。第一是分离配置缺陷。配置缺陷不是普通的缺陷，这里有一个简单有效的办法来进行判断，即在另外一台有完全不同配置的计算机上一步步执行导致问题的相同操作，如果缺陷没有产生，就极有可能是特定的配置问题，在独特的硬件配置下才会暴露出来。第二是计算配置测试工作量。假设有一款新的 3D 游戏，画面丰富，具有多种音效，允许多个用户联机对战，还可以打印游戏细节以便进行策划。此时，至少需要考虑对各种图形卡、声卡、网卡和打印机进行配置测试。如果决定进行完整、全面的配置测试，检查所有可能的制造者和组合情况，这样就会导致巨大的工作量。有效的解决办法是划分等价类，找出一个方法把巨大无比的配置可能性减少到尽可能控制的范围。由于没有完备的测试，因此存在一定的风险，但这正是软件测试的特点。配置测试用例选择应该从以下几个方面考虑：

- 确定所需的硬件类型。在选择用哪些硬件来测试时容易忽略的一个特性例子是联机注册。如果软件有联机注册功能，就需要把调制解调器和网络通信考虑在配置测试之中。
- 确定有哪些厂商的硬件和驱动程序可用。确定要测试的设备驱动程序，一般选择操作系统附带的驱动程序，硬件附带的驱动程序或者硬件或操作系统公司网站上提供的最新的驱动程序。
- 确定可能的硬件特性、模式和选项。
- 将确定后的硬件配置缩减为可控制的范围。假设有成千上万种配置存在，此时就需要把它们缩减到可以接受的范围内，即测试的范围。一种方法是把所有配置信息放在电子表格中，列出生产厂商、型号、驱动程序版本和可选项。软件测试员和开发小组可以审查这张表，确定要测试哪些配置。注意：用于把众多配置等价划分为较小范围的决定过程最终取决于软件测试员和开发小组。这没有一个定式，每一个软件工程都有不同的选择标准。
- 明确与硬件配置有关的软件唯一特性。不应该也没有必要在每一种配置中完全测试软件。只需测试那些与硬件交互时互不相同的特性即可。选择唯一特性进行尝试并非那么容易，首先应该进行黑盒测试，通过查看产品找出明显的特性，然后与小组成员交流，了解其内部的白盒情况，最后发现与配置紧密的联系。

- 设计在每一种配置中执行的测试用例。
- 在每种配置中执行测试。执行测试用例，仔细记录并向开发小组报告结果，必要时还要向硬件生产厂商报告。明确配置问题的准确原因通常很困难，并且非常耗时，软件测试员需要和程序员紧密合作。如果软件缺陷是硬件导致的，就利用生产厂商的网站向其报告问题。
- 反复测试直到小组对结果满意为止。

配置测试一般不会贯穿整个项目期间。最初可能会尝试一些配置，接着整个测试通过，然后在越来越小的范围内确认缺陷的修复。最后达到没有未解决的缺陷或缺陷限于不常见或不可能的配置上。

7.13 文档测试

7.13.1 文档测试的概念

软件产品由可运行的程序、数据和文档组成。文档是软件的一个重要组成部分。在软件的整个生命周期中会产生许多文档，在各个阶段中以文档作为前阶段工作成果的总结和后阶段工作的依据。软件文档的分类如表 7.8 所示。

表 7.8　软件文档的分类

用 户 文 档	开 发 文 档	管 理 文 档
用户手册，操作手册，维护修改建议	软件需求说明书，数据库设计说明书，概要设计说明书，详细设计说明书，可行性研究报告	项目开发计划、测试计划、测试报告、开发进度月报、开发总结报告

文档测试（Documentation Testing）主要针对系统提交给用户的文档进行验证，目标是验证软件文档是否正确记录系统的开发全过程的技术细节。通过文档测试可以改进系统的可用性、可靠性、可维护性和安装性。下面按照表 7.11 列举的文档类型，分别讨论文档测试的内容。

（1）用户文档测试内容

在进行用户文档测试时，测试人员假定自己是用户，按照文档中的说明进行操作。测试时可以考虑以下几个方面：

- 把用户文档作为测试用例选择依据。
- 确切地按照文档所描述的方法使用系统。
- 测试每个提示和建议，检查每条陈述。
- 查找容易误导用户的内容。
- 把缺陷并入缺陷跟踪库。
- 测试每个在线帮助超链接。
- 测试每条语句，不要想当然。
- 表现得像一个技术编辑而不是一个被动的评审者。
- 首先对整个文档进行一般的评审，然后进行详细的评审。

- 检查所有的错误信息。
- 测试文档中提供的每个样例。
- 保证所有索引的入口有文档文本。
- 保证文档覆盖所有关键用户功能。
- 保证阅读类型不是太技术化。
- 寻找相对比较弱的区域，这些区域需要更多的解释。

（2）开发文档测试内容

- 系统定义的目标是否与用户的要求一致。
- 系统需求分析阶段提供的文档资料是否齐全。
- 文档中的所有描述是否完整、清晰，准确地反映用户要求。
- 与所有其他系统成分相关的重要接口是否都已经描述。
- 被开发项目的数据流与数据结构是否足够、确定。
- 所有图表是否清楚，在不补充说明时能否理解。
- 主要功能是否已包括在规定的软件范围之内，是否都已充分说明。
- 软件的行为和它必须处理的信息、必须完成的功能是否一致。
- 设计的约束条件或限制条件是否符合实际。
- 是否考虑了开发的技术风险。
- 是否考虑过软件需求的其他方案。
- 是否考虑过将来可能会提出的软件需求。
- 是否详细制定了检验标准，它们能否对系统定义成功进行确认。
- 有没有遗漏、重复或不一致的地方。
- 用户是否审查了初步的用户手册或原型。
- 项目开发计划中的估算是否受到了影响。
- 接口：即分析软件各部分之间的联系，确认软件的内部接口与外部接口是否已经明确定义。模块是否满足高内聚低耦合的要求。模块作用范围是否在其控制范围之内。
- 风险：即确认软件设计在现有的技术条件和预算范围内是否能按时实现。
- 实用性：即确认该软件设计对于需求的解决方案是否实用。
- 技术清晰度：即确认该软件设计是否以一种易于翻译成代码的形式表达。
- 可维护性：从软件维护的角度出发，确认该软件设计是否考虑了未来维护的便利性。
- 质量：即确认该软件设计是否表现出良好的质量特征。
- 各种选择方案：看是否考虑过其他方案，比较各种选择方案的标准是什么。
- 限制：评估对该软件的限制是否实现，是否与需求一致。
- 其他具体问题：对于文档、可测试性、设计过程等进行评估。

7.13.2 文档测试方法

非代码的文档测试主要检查文档的正确性、完备性和可理解性。正确性是指不要把软件的功能和操作写错，也不允许文档内容前后矛盾。完备性是指文档不可以虎头蛇尾，更不许漏掉关键内容。文档中很多内容对开发者可能是显而易见的，但对用户而言不见得都是如此。文档能否让用户看得懂，能否理解术语？用户是否理解缩写表示的含义？内容和主题是否一致？很多程序员能编写出好程序，却写不出清晰的文档。与文档作者密切合作，对文档仔细阅读，跟随每个步骤，检查每个图形，尝试每个示例是进行文档测试的基本方法。

行之有效的用户文档测试方法可以分两大类：**走查**，只通过阅读文档，不必执行程序就可完成测试，方法包括文档走查、边界值检查、标识符检查、标题及标题编号检查、引用测试、可用性测试；**验证，对比文档和程序执行结果**，用于测试操作步骤、示例和屏幕截图，方法包括操作流程检查、链接测试、界面截图测试。表 7.9 列出了测试技术适宜找出的 Bug 类型。

表 7.9　用户文档测试技术与 Bug 类型的关系

	语言类错误	版面类错误	逻辑类错误	一致性错误	联机文档功能错误
文档走查	√	√	√	√	√
数据校对			√	√	
操作流程检查			√		√
引用测试				√	
链接测试			√		
可用性测试			√		
界面截图测试				√	

（1）文档走查

熟悉软件特性的人，只通过阅读文档来检查文档的质量。走查最有效的工具是检查单，检查单的设计有两条原则：横向分块，将文档分为若干部分，划分的基本单位是文档的章节；纵向分类，将同一类错误设计在一个检查单中，只检查规定的检查项。

（2）数据校对

只需检查文档中数据所在部分，而不必检查全部文档。检查的数据主要有：边界值、软件版本、硬件配置、参数默认值等。

- 边界值校对：通过查阅设计文档，检查用户文档中的边界值，例如所需内存最小值，数据表示范围等。如果设计文档中没有给出明确值，就需要测试人员测试这些值。
- 软件版本校对：检查操作系统、数据库管理系统、中间件、软件补丁等，保证说明的准确和完整。校对的标准首先是需求文档，其次是软件规格或设计文档。
- 硬件配置校对：检查软件运行所需要的硬件环境中 CPU、内存、I/O 设备、网络设备以及专用设备等的名称和型号，保证硬件配置的正确和完整。校对的标准首先是软件需求文档，其次是软件规格或设计文档。

（3）操作流程检查

程序的操作流程主要有：安装 / 卸载操作过程、参数配置操作过程、功能操作和向导功能。对这些操作流程的检查如同程序的测试，需要运行程序，检查的方法是对比文档是否符合程序的执行流程，检查文档的描述是否准确和易于理解。

操作流程检查与程序测试相似，但是测试人员不需要编写测试用例，文档的输入 / 输出就是测试输入 / 输出，如果程序执行的结果与文档不一致，则需要进一步确认是文档的错误还是程序的错误。

（4）引用测试

文档之间的相互引用，如术语、图、表和示例等，是 Bug 多发的原因之一，加之文档中究竟有多少处引用，事先并不清楚，因此，测试起来比较困难。引用是单向指针，适用追踪法，即从文档开始处，逐项检查引用的正确性。

（5）链接测试

与引用测试类似，但是链接测试是专用于测试电子文档中的超级链接。当超级链接关系复杂时，这项测试也较复杂，需要借助于有向图，否则可能迷失在链接中。测试方法是为每个链接在有向图中画一条有向边，直到所有的链接都反映到有向图中，如果有失败的链接或不正确的链接，就找到了 Bug。然后，还要分析有向图，每个节点的出度 dego＝1，而入度 d≥1，不能有孤立节点。

（6）可用性测试

本项测试只针对文档的可用性，不涉及整个软件的可用性，软件可用性测试是更复杂的问题。这项测试又分为两种策略：一是由软件专家进行测试，要求测试者是软件专家，对被测试软件的功能非常熟悉，掌握相应领域知识，专家依靠他们的经验和知识完成测试；二是用户测试，选择一些对软件不熟悉，但具有操作软件相应领域知识的人员来承担，他们以用户加初学者的身份测试文档的可用性。

（7）界面截图测试

界面截图测试需要分为两种情况进行分别测试：一是走查的方法，检查文档的图片的大小、编号、色彩和文档中的位置，以及引用的界面是否正确、合理和有代表性；二是执行程序，对比文档的界面截图与程序是否一致，保证界面截图的连续性，例如标题、菜单、列表内容、用户名、系统响应等是否与实际程序一致。

7.14　GUI 测试

图形用户界面（Graphics User Interface，GUI）是一种常见的软件系统界面设计模式，通过 GUI 用户可以方便地使用软件产品的功能，所以 GUI 测试在整个软件产品测试中占有非常重要的地位。

7.14.1　GUI 测试的概念及方法

GUI 测试是功能测试的一种表现形式。这种测试不但要考虑 GUI 本身的测试，也要考虑 GUI 所表现系统功能的测试。一般来说，当一个软件产品完成 GUI 设计后，就确定了它的外观架构和 GUI 元素，这时 GUI 本身的测试工作就可以进行；而 GUI 对应的功能完成之后，才进入功能测试阶段。有时可以把上述两个阶段加以合并，待功能代码完成后一并进行。GUI 测试可以采用手工测试方法和自动化测试方法完成。

GUI 的手工测试。手工测试方法是按照软件产品的文档说明设计测试用例，依靠人工点击鼠标的方式输入测试数据，然后把实际运行结果与预期的结果相比较后，得出测试结论。但是当今的软件产品的功能越来越复杂，越来越完善，一般一套软件包括丰富的用户界面，每个界面里又有相当数量的对象元素，所以 GUI 测试完全依靠手工测试方法是难以达到测试目标的。

GUI 的自动化测试。GUI 的自动化测试方法包括两个方面：一是选择一个能够完全满足测试自动化需要的测试工具；二是使用编程语言，如 Java、C++ 等编写自动化测试脚本。但是任何一种工具都不能完全支持众多不同应用的测试，所以常用的做法是使用一种主要的自动化测试工具，并且使用编程语言编写自动化测试脚本以弥补测试工具的不足。自动化测试的引入大大提高了测试的效率和准确性，而且专业测试人员设计的脚本可以在软件生命周期的各个阶段重复使用。

GUI 的自动化测试可以分为三类，如下所示。

（1）记录回放

这种方法不需要太多的计划、编程和调试。优点在于简单方便。缺点在于稳定性差、兼容性差，所以脚本运行寿命很短。同时由于缺少结果的验证部分，所以很难找出 Bug。

（2）测试用例自动化

这种方法是指将需要反复测试或在多种配置下重复测试的用例自动化。基本实现过程为：

- 制订测试计划。
- 设计测试用例。
- 针对每一个测试用例评估自动化的可行性和效益。
- 对测试用例做详细步骤分解。
- 编写公用资源库（日志记录、异常处理等）。
- 编写自动化程序。
- 调试。
- 运行。

这类自动化测试最为灵活，能够发现较多的 Bug，并且可以较好地与测试计划相协调。当前大中型软件企业主要使用这种类型的自动化测试。

（3）自动测试

这种方法是指自动生成测试用例并自动运行。它的最大优点在于可以重复使用。另外它通常能发现手工测试极难发现的错误。而且一旦实现了这种自动化，其维护费用将大大低于前两类测试。不过这类自动化测试的初期投入成本非常高，而且它的测试效果受其智能化程度的制约也非常大。这类测试的基本实现过程为：

- 购买或开发基本测试自动化框架。
- 编写必要的接口及其他公用资源。
- 建立行为模型。
- 设立测试目标参数。
- 自动生成测试计划和测试用例。
- 筛选并执行测试用例。

GUI 开发环境提供了可复用的构件，使得开发工作更加省时、更精确；但从另一个角度，GUI 的复杂性也增加了设计和执行测试用例的难度，GUI 对软件测试提出了新的挑战。由于 GUI 软件的普遍性，也产生了一些 GUI 测试用例的选择规范。

窗口相关标准如下：

- 窗口是否基于相关的输入和菜单命令打开。
- 窗口能否改变大小、移动和滚动。
- 窗口中的数据内容能否用鼠标、功能键、方向键和键盘访问。
- 当被覆盖并重新调用后，窗口能否正确地显示。
- 需要时能否使用所有窗口相关的功能。
- 所有窗口相关的功能是否可操作。
- 是否有相关的下拉式菜单、工具条、滚动条、对话框、按钮、图标和其他控制可为窗口使用，并适当地显示。
- 显示多个窗口时，窗口的名称是否被适当地显示。
- 活动窗口是否被适当地加亮。
- 如果使用多任务，是否所有的窗口都能实时更新。
- 多次或不正确按鼠标是否会导致无法预料的副作用。
- 窗口的声音和颜色提示与窗口的操作顺序是否符合要求。
- 窗口是否正确地关闭。

下拉式菜单和鼠标的相关标准如下：
- 菜单项是否显示在合适的语境中。
- 应用程序的菜单项是否显示系统相关的特性（如时钟显示）。
- 下拉式操作是否运行正确。
- 菜单、调色板和工具条是否运行正确。
- 是否适当地列出了所有的菜单功能和下拉式子功能。
- 是否可以通过鼠标访问所有的菜单功能。
- 文本字体、大小和格式是否正确。
- 是否能够用其他文本命令激活每个菜单功能。
- 菜单功能是否根据当前的窗口操作加亮或变灰。
- 菜单功能是否正确执行。
- 菜单项是否重复。
- 菜单功能的名字是否具有自解释性。
- 菜单项是否有帮助。
- 在整个交互式语境中，是否可以识别鼠标操作。
- 如果要求多次点击鼠标，是否能够在语境中正确识别。
- 光标、处理指示器和识别指针是否根据操作适当地改变。

数据项相关标准如下：
- 字母、数字、数据项能否正确回显，并输入系统中。
- 图形模式的数据项（如滚动条）是否正常工作。
- 能否识别非法数据。
- 数据输入消息是否可理解。

7.14.2　GUI 测试案例分析

【例 7.18】　重复的菜单项问题测试。重复菜单是 GUI 软件开发过程中经常出现的问题之一。在软件开发过程中，由于一些功能相似或一种功能在多处使用，就可能出现重复菜单。下面是一个重复菜单的例子，如图 7.17 所示。其中，File 中出现 Project 命令，而 Project 菜单中也出现 Create 命令；再如，View 菜单中出现了 Option 命令，而主菜单中也包括一个 Option 菜单。

重复菜单的出现有时并不是坏事，但一定要明确功能重复后的执行结果的一致性问题。所以对重复菜单还是要进行检测，以便核实功能的一致性。一种检测重复菜单的方法是对每一个重复菜单建立数据字典，并逐一检验其一致性。

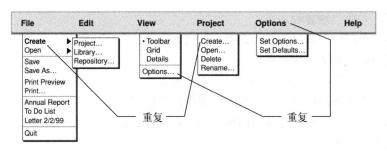

图 7.17　重复的菜单项

7.15　回归测试

在软件生命周期中的任何一个阶段，只要软件发生了改变，就可能给该软件带来新的问题。软件的改变可能是源于发现了错误并做了修改，也可能是因为在集成或维护阶段加入了新的模块。为了验证软件修改后的正确性，需要进行回归测试。

7.15.1　回归测试的概念

回归测试是在软件发生变动时保证原有功能正常运作的一种测试策略和方法。回归测试不需要进行全面的测试，而是根据修改的情况进行有选择性的测试。这里所说的保证软件原有功能正常运作，或称之为软件修改的正确性，可以从两方面来理解：
- 所做的修改达到了预期的目的，例如缺陷得到了修改，新增加的功能得到了实现。
- 软件的修改没有引入新的缺陷，没有影响原有的功能实现。

当发现软件中有错误时，如果跟踪与管理系统不完善，就可能会遗漏对这些错误的修改；而开发者对错误理解得不透彻，也可能导致所做的修改只修正了错误的外在表现，而没有修复错误本身，从而造成修改失败；修改还有可能产生副作用，从而导致软件未被修改的部分产生新的问题，使本来工作正常的功能产生错误。同样，在有新代码加入软件的时候，除了新加入的代码中有可能会含有错误外，新代码还有可能对原有的代码带来影响。因此，每当软件发生变化时，必须重新测试现有的功能，以便确定修改是否达到了预期的目的，检查修改是否损害了原有的正常功能。同时，还需要补充新的测试用例来测试新的或被修改了的功能。

7.15.2　回归测试方法

回归测试作为软件生命周期的一个组成部分，在整个软件测试过程中占有很大的比重，软件开发的各个阶段都会进行多次回归测试。在渐进和快速迭代开发过程中，新版本的连续发布使得回归测试进行得更加频繁，而在极限编程方法中，更是要求每天都进行若干次回归测试。因此，通过选择正确的回归测试策略来改进回归测试的有效性是非常有意义的。

对于一个软件开发项目来说，项目的测试组在实施测试的过程中，会将所开发的测试用例保存到测试用例库中，并对其进行维护和管理。当得到一个软件的基线版本时，用于基线版本测试的所有测试用例就形成了基线测试用例库。在需要进行回归测试的时候，就可以根据所选择的回归测试策略，从基线测试用例库中提取合适的测试用例组成回归测试包，通过运行回归测试包来实现回归测试。保存在基线测试用例库中的测试用例可能是自动测试脚本，也有可能是测试用例的手工实现过程。

为了在给定的预算和进度下高效地进行回归测试，需要对测试用例库进行维护，并且依据一定的策略选择相应的回归测试包。

（1）测试用例库的维护

为了最大限度地满足客户的需要和适应应用的要求，软件在其生命周期中会频繁地被修改和不断推出新的版本。修改后的新版本软件会添加一些新的功能或者在软件功能上产生某些变化。随着软件的改变，软件的功能和应用接口以及软件的实现发生了演变，测试用例库中的一些测试用例可能会失去针对性和有效性，而另一些测试用例可能会变得过时，还有一些测试用例将完全不能运行。为了保证测试用例库中测试用例的有效性，必须对测试用例库进行维护。同时，被修改的或新增添的软件功能仅仅依靠重新运行以前的测试用例并不足以揭示其中的问题，有必要追加新的测试用例来测试这些新的功能或特性。因此，测试用例库的维护工作还应包括开发新的测试用例，这些新的测试用例用来测试软件的新特征或者覆盖现有测试用例无法覆盖的软件功能或特性。

（2）回归测试包的选择

在软件生命周期中，即使一个得到良好维护的测试用例库也可能会变得相当庞大，这使得每次回归测试都重新运行完整的测试包变得不切实际。一个完整的回归测试包括每个基线测试用例，时间和成本的约束可能阻碍运行这样的完整测试，测试组不得不选择一个缩减的回归测试包来完成回归测试。

回归测试的价值在于它是一个能够检测到回归错误的受控实验。当测试组选择缩减的回归测试时，有可能删除了将揭示回归错误的测试用例，消除了发现回归错误的机会。然而，如果采用了代码相依性分析等安全的缩减技术，就可以决定哪些测试用例可以被删除而不会让回归测试的意图遭到破坏。

（3）回归测试的基本过程

有了测试用例库的维护方法和回归测试包的选择策略，回归测试可遵循下述基本过程进行：

1）识别出软件中被修改的部分。

2）从原基线测试用例库 T 中排除所有不再适用的测试用例，确定那些对新的软件版本依然有效的测试用例，其结果是建立一个新的基线测试用例库 T_0。

3）依据一定的策略从 T_0 中选择测试用例测试被修改的软件。

4）生成新的测试用例集 T_1，用于测试 T_0 无法充分测试的软件部分。

5）用 T_1 执行修改后的软件。

第2步和第3步测试验证修改是否破坏了现有的功能，第4步和第5步测试验证修改后的功能。

7.16　系统测试工具及其应用

7.16.1　LoadRunner

Mercury LoadRunner 是一种预测系统行为和性能的负载测试工具。通过模拟上千万用户实施并发负载及实时性能监测的方式来确认和查找问题，LoadRunner 能够对整个企业架构进行测试。通过使用 LoadRunner，企业能最大限度地缩短测试时间，优化性能和加速应用系统的发布周期。

LoadRunner 的测试原理很简单，用多线程或多进程的方式向服务器端发送大量的数据包，同时接收服务器的返回结果。下面通过一个实例来看一下如何使用 LoadRunner。

被测系统：6.1.3.2 中 Tomcat 自带的猜数游戏。

测试目的：测试该应用中的 Jsp 提交表单的性能。

测试步骤如下：

1）**录制脚本**。启动 LoadRunner 选择 Visual User Generator，在协议选择框中选择 Web(HTTP/HTML) 协议，进入主界面。在工具条上选择 Start Record，弹出启动 Start Recording 对话框。在 URL 输入框中输入上述要测试的第一个页面的 URL。同时，取消选择 Record the application startup，以便手工控制录制开始的时间，跳过刚开始的输入页面。点击 OK，这时 LoadRunner 会启动浏览器，并指向第一个输入页面，同时在浏览器窗口上方将出现一个 "Recording Suspended..." 的工具条窗口。等待输入页面显示完全以后，点击工具条窗口中的 Record 按钮，进入录制状态。从现在开始，在打开的浏览器上的所有操作将被录制成测试的脚本。执行预定的表单提交动作，等结果页面显示完整以后，点击工具条上的黑色方框按钮，停止录制，回到 Visual User Generator 的主窗口，脚本录制成功，然后保存脚本。

2）**生成测试场景**。选择 Tools 菜单中的 Create Controller Scenario 选项，弹出 Create Scenario 对话框，如需更改测试结果文件生成的路径，可在此更改，其余参数保持默认值不变，点击 OK。这时，将启动 LoadRunner 的另一个工具 Controller，这是执行压力测试的环境。首先进入的是 Design 界面，在这里可以调整运行场景的各种参数，如果只是做强度测试，唯一需要调整就是并发用户数，如图 7.18 所示。

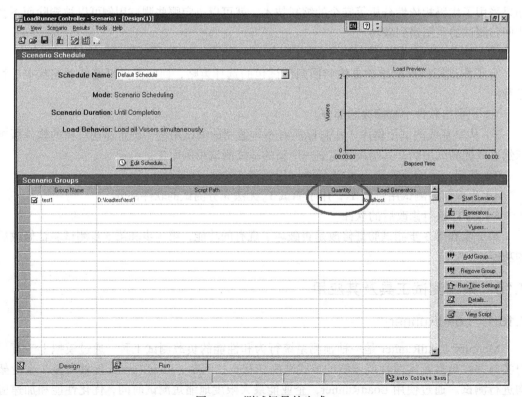

图 7.18　测试场景的生成

这时运行场景设置完毕，切换到 Run 界面，如图 7.19 所示。

图 7.19　运行场景

点击 Start Scenario 按钮，开始执行测试场景，执行过程中，左上方的运行状态表格会实时显示当前执行中的虚拟用户的情况，等到所有虚拟用户都执行完毕以后，左下方的四个曲线窗口和底部的数据窗口会显示出测试结果。

3）**查看测试结果**。在上述结果界面上，有四个曲线窗口，主要的结果信息集中反映在上面两个界面上，点击各个窗口，可以对应地看到底部的数据窗口会显示响应数据。左上角的曲线代表随时间变化的虚拟用户数，响应的数据是各个虚拟用户的执行情况，如图 7.20 所示。

Color	Scale	Status	Max	Min	Avg	Std	Last
	1	Error	0.000	0.000	0.000	0.000	0.000
	1	Finished	10.000	0.000	0.833	2.764	10.000
	1	Ready	0.000	0.000	0.000	0.000	0.000
	1	Running	0.000	0.000	0.000	0.000	0.000

图 7.20　测试结果 1

从第二行可以看到，总共有 10 个虚拟用户，都成功执行了预定操作。由于采用默认执行方式，意味着所有并发用户一起同步运行，没有分组和时间的先后关系，所以其他数据没有意义，可以不看。右上方的曲线代表响应时间，响应的数据如图 7.21 所示。

Color	Scale	Transaction	Max	Min	Avg	Std	Last
	1	vuser_init_Transaction	0.005	0.002	0.003	0.000	0.003
	1	vuser_end_Transaction	0.000	0.000	0.000	0.000	0.000
	1	Action_Transaction	0.326	0.210	0.272	0.039	0.272

图 7.21　测试结果 2

由于所录制的脚本只有一个动作，而且没有前导和后续动作，所以只需要看" Action_ Transaction"一行数据即可。从数据中可以看到，这个表单提交动作在当前压力测试场景下，最长的执行时间是 0.326 秒，最短的是 0.210 秒，平均是 0.272 秒，标准差是 0.039，最后一次响应时间是 0.272 秒。

LoadRunner 执行时，随着虚拟用户数的增加，耗用的系统资源也会增加。一般来说，在 512MB 的机器上可以模拟 500 个并发用户，所以应根据运行 LoadRunner 的机器的性能决定最大的并发用户数，一般的应用系统在 100 并发用户的情况下就已经是满负载了。

LoadRunner 还有很多图表和数据分析方法，在 Controller 的主界面上左下方的树状列表就是所有可用的数据查看方式。LoadRunner 还有一个专门的数据分析工具，可以根据统计学的原理进一步进行分析。

7.16.2 TTworkbench

TTworkbench 是德国的 Testing Tech 公司旗下的一款测试平台软件。TestingTech 公司除推出了 TTCN-3 开发和执行工具产品系列 TTworkbench 外，还提供针对 VoIP 进行测试的 TTsuite-VoIP 解决方案产品套件、IPv6 测试、WiMAX 测试等解决方案。结合 TTCN-3 测试语言来使用这一平台来进行协议一致性测试，使用起来相当方便。

TTworkbench 是使用 TTCN-3 核心语言（TTCN-3 Core Language）来开发测试方案的专业软件。TTworkbench 是一个全整合环境，涵盖测试方案的规格撰写、编译、管理、执行与分析。它包含以下两个组件：

- TTCN-3 Core Language Editor（CL-Editor 组件）：以对用户友善的文字为基础，来撰写测试规格定义。
- TTCN-3 Compiler（TTthree 组件）：将以 TTCN-3 语言撰写的模块编译成可执行的测试套件。

其优点可以归结如下：

- 完整支持 ETSI 的 TTCN-3 标准，包含动态设定、信息导向（message-based）通信、程序导向（procedure-based）通信、模块化和测试控制功能。
- 搭配 Java 可供跨平台使用。
- 透过 TTCN-3 Runtime Interface（TRI），能有弹性地导入要测试的设备。
- 透过 TTCN-3 Control Interface（TCI），能轻易地整合其他的编码解码器。

7.16.3 QACenter

QACenter 是软件黑盒测试工具，Compuware 的 QACenter 家族集成了一些强大的自动工具，这些工具符合大型机应用的测试要求，使开发组获得一致而可靠的应用性能。

QACenter 可以帮助所有的测试人员创建一个快速、可重用的测试过程。这些测试工具自动帮助管理测试过程，快速分析和调试程序，包括针对回归、强度、单元、并发、集成、移植、容量和负载建立测试用例，自动执行测试和产生文档结果。QACenter 主要包括以下几个模块：

- QARun：应用的功能测试工具。在 QACenter 测试产品套件中，QARun 组件主要用于客户 / 服务器应用中客户端的功能测试。在功能测试中主要包括对应用的 GUI（图形用户界面）的测试、回归测试及客户端事物逻辑的测试。由于不断变化的需求将导致应用不同版本的产生，每一个版本都需要对它测试，因为每一个被调整的内容往往容易隐含错误，所以回归测试是测试中最重要的阶段，而回归测试通过手工方式是很难完成的，工具在这方面可以大大提高测试的效率，使测试更具完整性。QARun 组件的测试实现方式是通过移动鼠标、敲击键盘操作被测应用，既而得到相应的测试脚本，对该脚本可以进行编辑和调试。

- QALoad：强负载下应用的性能测试工具。QALoad 是企业范围的负载测试工具，该工具支持的范围广，测试的内容多，可以帮助软件测试人员、开发人员和系统管理人员对于分布式的应用执行有效的负载测试。负载测试能够模拟大批量用户的活动，从而发现大量用户负载下对 C/S 系统的影响。QALoad 的适用范围很广，可以支持 DB2、DCOM、ODBC、Oracle、NETLoad、Corba、QARun、SAP、SQL Server、Sybase、Telnet、TUXEDO、UNIFACE、WinSock、WWW 等。
- QADirector：测试的组织设计和创建以及管理工具。
- TrackRecord：集成的缺陷跟踪管理工具。
- EcoTools：高层次的性能监测工具。EcoTools 是 EcoSystem 组件产品的基础——解决应用可用性中计划、管理、监控和报告的挑战。EcoTools 提供一个广泛范围的打包的 Agent 和 Scenarios，可以立即在测试或生产环境中激活。计划和管理以商务为中心应用的可用性，EcoTools 支持一些主流成型的应用，如 SAP、PeopleSoft、Baan、Oracle、UNIFACE 和 LotusNotes，以及定制的应用。EcoTools 与 QALoad 集成为所有加载测试和计划项目需求能力提供全面的解决方案。EcoTools 可对应用的可用性进行管理，优化应用性能，监控服务器性能。
- TestBytes：是一个用于自动生成测试数据的强大易用的工具，通过简单的点击式操作，就可以确定需要生成的数据类型（包括特殊字符的定制），并通过与数据库的连接来自动生成数百万行的正确的测试数据，可以极大地提高数据库开发人员、QA 测试人员、数据仓库开发人员、应用开发人员的工作效率。
- EcoScope：应用性能优化工具。EcoScope 是一套定位于应用（即服务提供者本身）及其所依赖的所有网络计算资源的解决方案。EcoScope 可以提供应用视图，并标出应用是如何与基础架构相关联的。这种视图是其他网络管理工具所不能提供的。EcoScope 能解决在大型企业复杂环境下，分析与测量应用性能的难题。通过提供应用的性能级别及其支撑架构的信息，EcoScope 能帮助 IT 部门就如何提高应用性能提出多方面的决策方案。

7.16.4 DataFactory

DataFactory 是一种快速的，易于产生测试数据的带有直觉用户接口的工具，它能建模复杂数据关系。DataFactory 是一种强大的数据产生器，它允许开发人员和测试人员很容易地产生百万行有意义的正确的测试数据库，DataFactory 首先读取一个数据库方案，用户随后点击鼠标产生一个数据库。

DataFactory 支持 DB2、Oracle 等任何与 ODBC 兼容的数据库，支持灵活多样的数据导入和导出操作，并能维持引用关系的完整性和对多种外键的支持。

7.16.5 JMeter

1. 运行预准备

下载解压后，在目录 jakarta-jmeter-2.4\bin 下可以见到一个 jmeter.bat 文件，双击此文件，打开初始界面如图 7.22 所示。

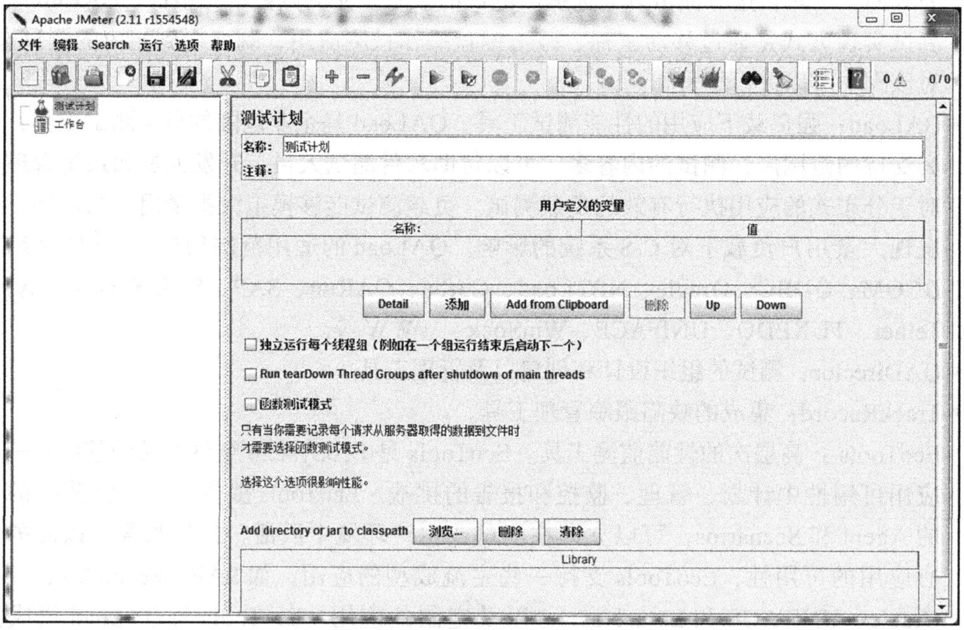

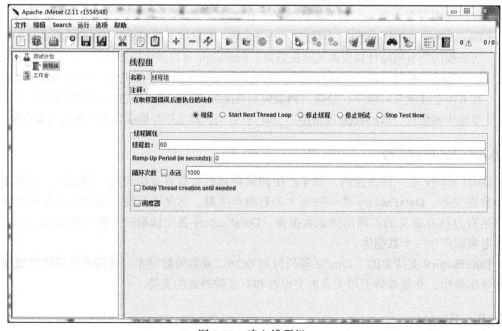

图 7.22　Jmeter 初始界面

现在要对某网站来进行一番压力测试。压力测试对象为随机的几个网页链接，这几个链接是写在一个文本文件中的，在压力测试的时候会随机读取。

1）建立一个线程组，模拟多个线程（用户）来访问网站，如图 7.23 所示。

图 7.23　建立线程组

名称可以随意填写，默认选中"继续"即可。

线程属性部分中，线程数是启动多少个线程。这里填写的是 60，Ramp-Up Period (in seconds) 表示线程之间允许间隔多少时间，单位是秒，比如如果填写 120，那么 120/60＝2 表示 60 个线程间每隔 2 秒钟请求网站。

循环次数：60 个线程运行完毕算是一次，循环次数就是这样的一个请求过程运行多少次，这里填写的是 1000。

2）设置请求服务器、压力链接等信息。

右键点击刚创建的线程组，在弹出的菜单中，选择"添加→Sampler→Http 请求"，弹出如图 7.24 所示界面。

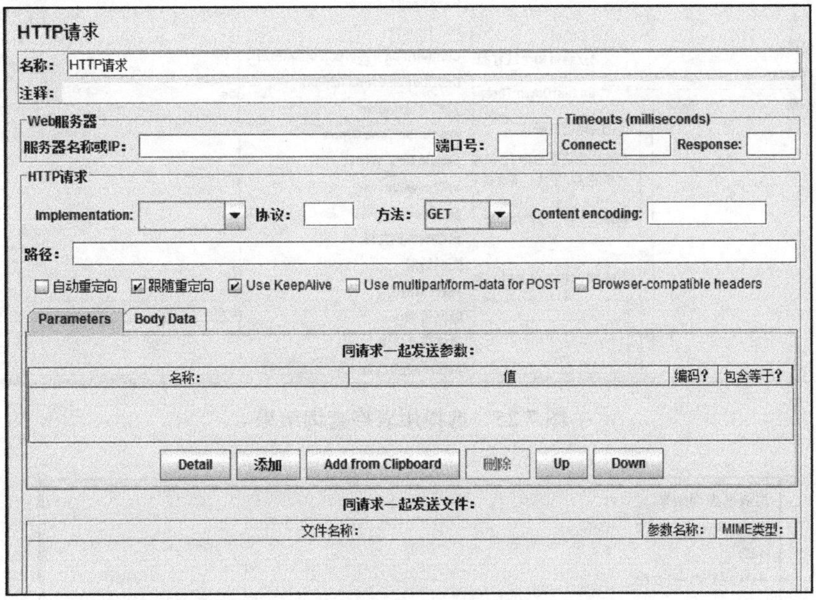

图 7.24　设置信息

其中设置信息如下：

• 名称：随意填写。

• 注释：可有可无。

• 端口号：这里填写 80。

• Timesouts：这一部分可以不设置。

• HTTP 请求部分：协议为 http，方法为 GET，Content encoding 为 UTF-8。

3）查看运行结果。

上面设置好后，Jmeter 在查看运行结果这方面提供了很多查看方式，有表格形式、曲线形式等。右键点击线程组，在弹出的菜单中选择"添加→监听器→用表格查询结果"，如图 7.25 所示。弹出界面如图 7.26 所示。

2. 运行

现在可以运行了。在运行前，要保存所有修改。选择菜单项"运行→启动"，如图 7.27 所示。

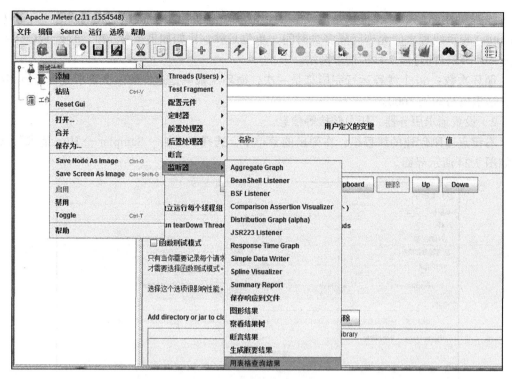

图 7.25　选择用表格查询结果

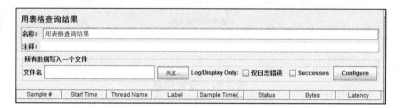

图 7.26　用表格查询结果

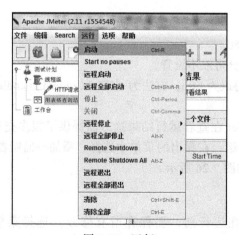

图 7.27　运行

运行后的结果表格如图 7.28 所示。

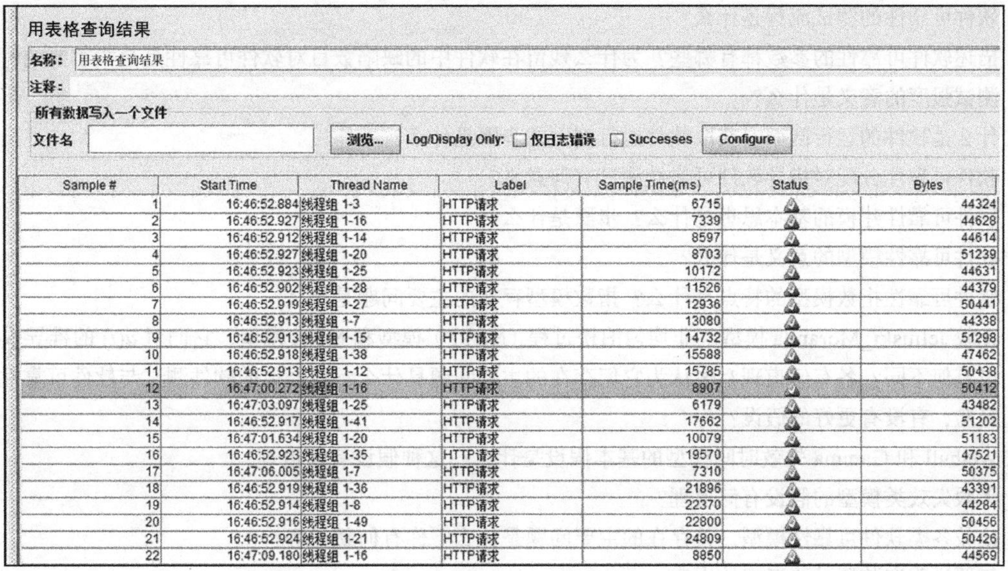

图 7.28 运行后结果

各属性如下：
- Sample：每个请求的序号。
- Start Time：每个请求开始的时间。
- Thread Name：每个线程的名称。
- Label：Http 请求名称。
- Sample Time：每个请求所花时间，单位为毫秒。
- Status：请求状态，如果为勾则表示成功，如果为叉则表示失败。
- Bytes：请求的字节数。

诸如以上介绍的测试工具还有很多，比如数据库测试工具 TestBytes、回归测试工具 Rational TeamTest 等。以上只选了几个常用的或前面章节没有涉及的工具来简单介绍一下其功能和应用，针对不同的测试类型，有不同的测试方法。

习题

1. 什么是压力测试？在实际设计中压力测试的侧重点是什么？
2. 压力测试与其他功能测试相比较有哪些区别？
3. 什么是容量测试？
4. 容量测试与压力的测试的区别有哪些？
5. 容量测试一般由哪几步构成？
6. 什么是健壮性测试？
7. 健壮性测试的执行可以从哪几点来考虑？
8. 结合平时自己开发的小程序，设计一个健壮性测试用例。
9. 判断正误：安全性测试最终证明应用程序是安全的。
10. 如何测试缓冲区溢出？
11. Windows 画图程序帮助索引包含 200 多个条目，从 airbrush tool 到 zooming in or out，是否要测试每一个条目看其能否到达正确的帮助主题？假如有 10 000 个索引条目呢？

12. 软件可靠性的测试流程是什么？

13. 描述软件可靠性的参数都有哪些？为什么残留在软件中的缺陷数目对软件可靠性是至关重要的？

14. 测试强度的意义是什么？

15. 什么是软件的运行剖面？获取软件运行剖面的步骤是什么？

16. 软件可靠性分配对指导软件可靠性测试有何意义？

17. 软件可靠性建模的基本思想是什么？步骤是什么？

18. 软件可靠性模型的意义是什么？

19. 软件可靠性指数模型的特点是什么？指数模型存在的主要问题是什么？

20. 比较 Jelinski_Moranda 模型、非均匀泊松过程（NHPP）模型和 Musa 模型，它们对 $u(t)$ 的推导或假设有何不同？各有何道理？你认为它们存在的主要问题是什么？根据你的软件测试与软件可靠性的经验，有没有更好的假设？

21. Weibull 和 Gamma 失效时间模型的基本假设是什么？这种假设有何道理？

22. 无限失效类模型的假设有何道理？

23. 比较各类软件可靠性模型，其存在的主要问题是什么？你有何新见解？

24. 简要说明安装测试要考虑的内容。

25. 试说明 TTCN 一致性测试框架中 PCO 的含义，为什么要保持两个队列？

26. 试说明 TTCN 一致性测试框架中 PDU、ASP 的含义，它们有何区别？

27. 试说明 TTCN 一致性测试框架中 UT、LT 的含义，它们有何区别？

28. 试说明 TTCN 一致性测试框架中底层服务的含义。

29. 判断正误：测试错误提示信息属于文档测试范围。

30. 对一个 GUI 测试案例进行分析。

31. 举例说明验收测试的流程。

32. 验收测试需要提交哪些文档？

33. 配置测试分为哪几个步骤？

第8章 主流信息应用系统测试

前几章讲述的是软件测试的一般方法，在所有软件系统开发的过程中，这些方法或多或少都是用得到的。对于不同的软件、不同的应用场景，其侧重点是有差别的。当前，随着信息技术快速发展，产生了众多类型的信息系统。针对一些主流系统，本章对其测试方法进行论述。这些系统除了软件所拥有的一般特性外，尚有一些特殊的性质，而这些性质就需要专门的测试。一般来说，这些测试是在实施了前面所叙述测试的基础之上进行的。

8.1 Web 应用系统测试

8.1.1 Web 系统基本组成

C/S（Client/Server，客户端 / 服务器）和 B/S（Browser/Server，浏览器 / 服务器）是开发模式技术架构的两大主流技术，C/S 是美国 Borland 公司最早研发的，B/S 是美国微软公司研发的。图 8.1 和图 8.2 分别给出了 C/S 架构和 B/S 架构的示意图。B/S 架构是随着 Internet 技术的兴起，对 C/S 架构的一种变化或者改进的架构。在这种架构下，用户工作界面通过 WWW 浏览器来实现，极少部分事务逻辑在前端（Browser）实现，但是主要事务逻辑在服务器端（Server）实现，形成所谓三层结构。相对于 C/S 架构属于"胖"客户端，需要在使用者计算机上安装客户端软件来说，B/S 架构属于一种"瘦"客户端，大多数或主要的业务逻辑都在服务器端。因此，B/S 架构的系统不需要安装客户端软件，它运行在客户端的浏览器之上，系统升级或维护时只需更新服务器端软件即可。这样就大大简化了客户端计算机载荷，减轻了系统维护与升级的成本和工作量，降低了用户的总体成本。B/S 架构系统的产生为系统面对无限未知用户提供了可能。当然，与 C/S 架构相比，B/S 架构也存在着系统运行速度较慢、访问系统的用户不可控等缺点。

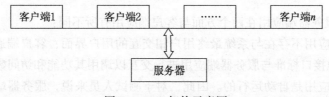

图 8.1　C/S 架构示意图

从技术上来讲，无论是 .NET 还是 J2EE，Web 系统都是多层构架，有界面层、业务逻辑层、数据层。其次，从结构上来讲，都有客户端部分、传输网络部分和服务器端部分。一个典型的 Web 系统包括：

1）访问客户端：包含用户操作的浏览器及运行平台。最常见的一个例子就是 Windows XP+IE，另外，还有 Windows 及其他平台上的 Netscape、Opera、Mozilla 等浏览器。

2）Web 应用服务器：用于发布 Web 页面，接受来自客户端的请求，并把请求的处理结果返回客户端。一般采用的 Web 应用服务程序有各种版本 UNIX 上的 Apache、WebLogic，

Windows 服务器上的 Tomcat、IIS 等。

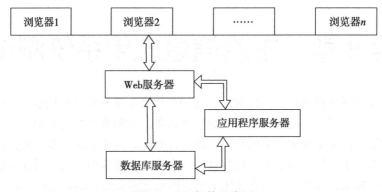

图 8.2　B/S 架构示意图

3）数据库：虽然数据库不是 Web 系统的必要部分，但在现有的大多数 Web 系统中，数据库是重要的部分。数据库多为关系型数据库，常用的有 Oracle、SQL Server、Sybase 和 MySQL 等。

4）网络及中间件：提供客户端的请求到 Web 服务器的通道。网络可以是 Internet/Intranet/Extranet，也可能是局域网。中间件常常是传输中间件或交易中间件。

5）防火墙与 CA（Certificate Authority）认证：保障系统安全性的一个系统，对于重要的系统也必不可少。

另外，一些大型 Web 系统为了承受较大的访问压力，会采用负载均衡技术，使用多个 Web 应用服务器分担来自客户端的访问压力。

8.1.2　Web 应用系统测试综述

Web 系统可能包含多个物理服务器。比如，一个 Web 系统可能包括多个 Web 服务器、应用服务器和数据库服务器（如服务器群，即一组共享工作负荷的相似服务器）。Web 系统可能还包括其他服务器类型，如电子邮件服务器、聊天服务器、电子商务服务器以及用户特征信息服务器。

Web 系统的服务器端应用在两个方面与客户端应用有所不同：

1）服务器端应用不存在与系统最终用户相交互的用户界面；客户端通过通信协议、应用编程接口和其他接口标准与服务器端应用进行交互以调用其功能和访问数据。

2）服务器端应用是自动运行的。因此，对于测试人员来说，服务器端应用就是一个黑盒子。一种用来提高错误重现能力的方法是记录事件日志。应用日志允许跟踪由具体应用生成的事件。

一个 Web 应用程序是由完成特定任务的各种 Web 组件构成的，并通过 Web 将服务展示给外界。在实际应用中。Web 应用程序由多个 Servlet、JSP 页面、HTML 文件以及图像文件等组成。所有这些组件相互协调，为用户提供一组完整的服务。

Web 应用是由先前存在的对象或组件相互结合而构造的。因此，新创建的系统不仅继承了原有对象中的性能，还继承了原来对象中已有的错误。面向对象编程和基于组件编程的主要优点之一就是复用性。Web 应用由于采用了基于组件的体系结构，因此特别容易出现错误共享。从底层来看，这种问题对测试有两个主要的影响：

- 已有对象或组件在被其他的应用或对象引用时必须经过全面测试。
- 必须进行过全面的回归测试。

Web 系统的数据经常是分布式的。在标准的 Web 应用系统中，通常使用关系型数据库，这样对数据的访问和操纵比使用文件系统更高效。在文件系统中查询时，为了获得数据，应用必须确切知道文件的位置及其名称，且在应用层通常还要施加访问安全措施。数据库以表记录的形式存储数据，借助数据库引擎，应用通过获得记录集来访问数据，无须知道实际的数据文件位置和名称。关系数据库通过数据库名和表名来访问，而且可存放在多个服务器上。采用关系型数据库的 Web 系统可以在应用服务器级、数据库服务器级、表级和基于用户的优先级上施加安全控制。

对于 Web 系统的瘦客户端和胖客户端应用的测试问题，应该围绕功能、兼容性和性能等几个方面进行折中考虑。

对于 Web 系统，互操作性是指系统或系统中的组件与其他系统或组件相交互和无缝协作的能力。一般通过某些应用编程接口、通信协议标准、接口转换技术，如 CORBA 和 DCOM 等来实现。互操作性可能导致在组件之间的通信出现信息丢失或误解的情况。

针对 Web 系统的构成和 Web 系统的一些特点，需要对涉及 Web 系统质量的各个方面进行测试。按系统架构，可分为客户端测试、服务器端测试和网络测试；按职能，可分为应用功能测试、Web 应用服务测试、安全系统测试、数据库服务测试；按软件的质量特性，又可分为功能测试、性能测试、安全性测试、兼容性测试和易用性测试等。下一节将重点讲述 Web 系统测试的实施。

8.1.3　Web 应用系统测试的实施

1. 功能测试

链接测试：链接是 Web 应用系统的一个主要特征，它是在页面之间切换和指导用户去一些不知道地址的页面的主要手段。链接测试可分为三个方面：首先，测试所有链接是否按指示的那样确实链接到了该链接的页面；其次，测试所链接的页面是否存在；最后，保证 Web 应用系统上没有孤立的页面。

表单测试：当用户给 Web 应用系统管理员提交信息时，就需要使用表单操作。例如用户注册、登录、提交信息等。在这种情况下，我们必须测试提交操作的完整性，以校验提交给服务器的信息的正确性。例如用户填写的出生日期与职业是否恰当，填写的所属省份与所在城市是否匹配等。如果使用了默认值，还要检验默认值的正确性。

Cookie 测试：Cookie 通常用来存储用户信息和用户在某应用系统的操作。当一个用户使用 Cookie 访问了某一个应用系统时，Web 服务器将发送关于用户的信息。把该信息以 Cookie 的形式存储在客户端计算机上，这可用来创建动态和自定义页面或者存储关于登录等的信息。如果 Web 应用系统使用了 Cookie，就必须检查 Cookie 是否能正常工作。测试的内容可包括 Cookie 是否起作用，是否按预定的时间进行保存，刷新对 Cookie 有什么影响等。

应用程序特定的功能需求：除了以上基本的功能测试外，测试人员仍需要对应用程序特定的功能需求进行验证。例如，某企业的订单管理应用软件应尝试用户可能进行的所有操作：下订单、更改订单、取消订单、核对订单状态、在货物发送之前更改送货信息、在线支付等。

2. 性能测试

连接速度测试：用户连接到 Web 应用系统的速度随着上网方式的变化而变化。它们或许是电话拨号，或许是宽带上网。当下载一个程序时，用户可以等较长的时间，但如果仅仅访问一个页面就不会这样。如果 Web 系统响应时间太长（例如超过 5 秒钟），用户就会因没有耐心等待而离开。另外，有些页面有超时的限制，如果响应速度太慢，用户可能还没来得及浏览内容，就需要重新登录了。而且，连接速度太慢，还可能引起数据丢失，使用户得不到真实的页面。

负载测试：负载测试是为了测量 Web 系统在某一负载级别上的性能，以保证 Web 系统在需求范围内能正常工作。负载级别可以是某个时刻同时访问 Web 系统的用户数量，也可以是在线数据处理的数量。例如，Web 应用系统能允许多少个用户同时在线？如果超过了这个数量，会出现什么现象？ Web 应用系统能否处理大量用户对同一个页面的请求？负载测试应该安排在 Web 系统发布以后，在实际的网络环境中进行测试。

压力测试：压力测试是指实际破坏一个 Web 应用系统时测试系统的反应。压力测试旨在测试系统的限制和故障恢复能力，也就是测试 Web 应用系统会不会崩溃，在什么情况下会崩溃。黑客常常提供错误的数据负载，直到 Web 应用系统崩溃，接着当系统重新启动时获得访问权。压力测试的区域包括表单、登录和其他信息传输页面等。

3. 可用性测试

导航测试：导航描述了用户在一个页面内操作的方式，在不同的用户界面控件之间进行操作，例如按钮、对话框、列表和窗口等；或在不同的连接页面之间进行操作。通过考虑下列问题，可以决定一个 Web 应用系统是否易于导航，比如导航是否直观？ Web 系统的主要部分是否可通过主页访问？ Web 系统是否需要站点地图、搜索引擎或其他的导航帮助？在一个页面上放太多的信息往往会起到与预期相反的效果。Web 应用系统的用户趋同于目的驱动，很快地扫描一个 Web 应用系统，看是否满足自己需要的信息，如果没有，就会很快地离开。很少有用户愿意花时间去熟悉 Web 应用系统的结构，因此，Web 应用系统导航帮助要尽可能地准确。导航的另一个重要方面是 Web 应用系统的页面结构、导航、菜单、连接的风格是否一致。确保用户凭直觉就知道 Web 应用系统里面是否还有内容，内容在什么地方。Web 应用系统的层次一旦确定，就要着手测试用户导航功能，让最终用户参与这种测试，效果将更加明显。

图形测试：在 Web 应用系统中，适当的图片和动画既能起到广告宣传的作用，又具备美化页面的功能。一个 Web 应用系统的图形可以包括图片、动画、边框、颜色、字体、背景、按钮等。

内容测试：内容测试用来检验 Web 应用系统提供信息的正确性、准确性和相关性。信息的正确性是指信息是可靠的还是误传的。例如，在商品价格列表中，错误的价格可能引起财政问题甚至导致法律纠纷。信息的准确性是指是否有语法或拼写错误。这种测试通常使用一些文字处理软件来进行，例如使用 Microsoft Word 的"拼音与语法检查"功能。信息的相关性是指是否在当前页面可以找到与当前浏览信息相关的信息列表或入口，也就是一般 Web 站点中所谓的"相关文章列表"。

表格测试：表格测试需要验证表格是否设置正确，例如：用户是否需要向右滚动页面才能看见产品的价格；把价格放在左边，而把产品细节放在右边是否更有效；每一栏的宽度是否足够宽：表格里的文字是否都有换行；是否有因为某一格的内容太多,而将整行的内容拉长,等等。

整体界面测试：整体界面是指整个 Web 应用系统的页面结构设计,是给用户的一个整体感。例如,当用户浏览 Web 应用系统时是否感到舒适？是否凭直觉就知道要找的信息在什么地方？整个 Web 应用系统的设计风格是否一致？对整体界面的测试过程,其实是一个对最终用户进行调查的过程。一般 Web 应用系统采取在主页上做一个调查问卷的形式,来得到最终用户的反馈信息。

对所有的可用性测试来说,都需要外部人员（与 Web 应用系统开发没有联系或联系很少的人员）的参与,最好有最终用户的参与。

4. 客户端兼容性测试

平台测试：市场上有很多不同的操作系统类型,最常见的有 Windows、UNIX、Macintosh、Linux 等。Web 应用系统的最终用户究竟使用哪一种操作系统,取决于用户系统的配置。这样,就可能会发生兼容性问题,同一个应用可能在某些操作系统下能正常运行,但在另外的操作系统下可能会运行失败。因此,在 Web 系统发布之前,需要在各种操作系统下对 Web 系统进行兼容性测试。

浏览器测试：浏览器是 Web 客户端最核心的构件,来自不同厂商的浏览器对 Java、JavaScript、ActiveX、插件或不同的 HTML 规格有不同的支持。例如,ActiveX 是 Microsoft 的产品,是为 Internet Explorer 而设计的,JavaScript 是 Netscape 的产品,等等。另外,框架和层次、结构、风格在不同的浏览器中也有不同的显示,甚至根本不显示。不同的浏览器对安全性和 Java 的设置也不一样。测试浏览器兼容性的一个方法是创建一个兼容性矩阵。在这个矩阵中,测试不同厂商、不同版本的浏览器对某些构件和设置的适应性。

分辨率测试：在分辨率测试中主要需要考虑以下问题：

- 页面版式在 640×400、600×800 或 1024×768 的分辨率模式下是否显示正常？即在当前的分辨率模式下能否正常显示？
- 字体是否太小以至于无法浏览？或者是太大？
- 文本和图片是否对齐？

打印测试：用户可能会将网页打印下来,有时在屏幕上显示的图片和文本的对齐方式可能与打印出来的东西不一样,因此在设计网页时要考虑到打印问题,注意节约纸张和油墨。

组合测试：600×800 的分辨率在 Mac 机上可能不错,但是在 IBM 兼容机上却很难看。在 IBM 机器上使用 Netscape 能正常显示,但却无法使用 Lynx 来浏览。对于内部使用的 Web 站点,测试可能会轻松一些。如果公司指定使用某个类型的浏览器,那么只需在该浏览器上进行测试。对于有些内部应用程序,开发部门可能在系统需求中声明不支持某些系统而只支持一些已设置的系统。但是,理想的情况是系统能在所有机器上运行,这样就不会限制将来的发展和变动。

5. 安全性测试

安全性测试涉及的方面如下所示：

1）现在的 Web 应用系统基本采用先注册,后登录的方式。因此,必须测试有效和无效的用户名和密码,要注意是否区分大小写,可以试多少次的限制,是否可以不登录而直接浏览某个页面等。

2）Web 应用系统是否有超时的限制。也就是说，用户登录后在一定时间内（例如 15 分钟）没有点击任何页面，是否需要重新登录才能正常使用。

3）为了保证 Web 应用系统的安全性，日志文件是至关重要的。需要测试相关信息是否写进了日志文件、是否可追踪。

4）当使用了安全套接字时，还要测试加密是否正确，检查信息的完整性。

5）服务器端的脚本常常构成安全漏洞，这些漏洞又常常被黑客利用。所以，还要测试没有经过授权，就不能在服务器端放置和编辑脚本的问题。

6. 接口测试

在很多情况下，Web 站点不是孤立的，Web 站点可能会与外部服务器通信，请求数据、验证数据或提交订单。与外接口的测试内容如下：

1）**服务器接口**：第一个需要测试的接口是浏览器与服务器的接口。测试人员提交事务，然后查看服务器记录，并验证在浏览器上看到的正好是服务器上发生的。测试人员还可以查询数据库，确认事务数据已正确保存。这种测试可以归到功能测试中的表单测试和数据校验测试中。

2）**外部接口**：有些 Web 系统有外部接口。例如，网上商店可能要实时验证信用卡数据以减少欺诈行为的发生。测试的时候，要使用 Web 接口发送一些事务数据，分别对有效信用卡、无效信用卡和被盗信用卡进行验证。如果商店只使用 Visa 卡和 Mastercard，可以尝试使用 Discover 卡的数据。通常，测试人员需要确认软件能够处理外部服务器返回的所有可能的消息。

3）**错误处理**：最容易被测试人员忽略的地方是接口错误处理。通常我们试图确认系统能够处理所有错误，但却无法预测系统中所有可能的错误。尝试在处理过程中中断事务，看看会发生什么情况？订单是否完成？尝试中断用户到服务器的网络连接。尝试中断 Web 服务器到信用卡验证服务器的连接。在这些情况下，系统能否正确处理这些错误？是否已对信用卡进行收费？如果用户自己中断事务处理，在订单已保存而用户没有返回网站确认的时候，需要由客户代表致电用户进行订单确认。

7. 故障恢复测试

故障恢复测试目的是确保系统能从各种意外数据损失或完整性破坏的软/硬件故障中恢复。所采取的方法是核实系统能够在 4 种状况下正确恢复到预期的已知状态：

- 客户端/服务器断电。
- 网络通信中断。
- 异常关闭某个功能。
- 错误的操作顺序。

8.2 数据库测试

8.2.1 数据库测试概述

数据库技术的广泛使用为企业和组织收集并积累了大量的数据，直接导致了联机分析处理、数据仓库和数据挖掘等技术的出现，促使数据库向智能化方向发展。同时企业应用越来越复杂，会涉及应用服务器、Web 服务器、其他数据库、旧系统中的应用以及第三方软件等，数据库产品与这些软件是否具有良好的集成性往往关系到整个系统的性能。

从整个软件系统的开发来看，软件开发技术日新月异。软件开发也从以前的单层结构进入了三层架构甚至现在的多层架构的设计，而数据库从以前一个默默无闻的后台仓库逐渐成为数据库系统，数据库开发设计人员也成为软件开发中的核心人员。以前往往把数据库操作写在应用层，从而提高各个模块的独立性和易用性，而现在越来越多的数据库操作作为存储过程直接放在数据库上执行以提高执行效率和安全性，或者数据库的相关操作作为独立的逻辑层存在。

既然数据库开发在软件开发中所占的比重逐步提高，那么随之而来的问题也很突出。以前往往重视对代码的测试工作，随着软件开发技术的完善和多元化，软件质量得到了大幅度的提高，但数据库方面的测试仍然处于起步阶段。人们从来没有真正将数据库作为独立的系统进行测试，而是通过对代码的测试工作间接对数据库进行一定的测试。随着数据库开发的日益升温和数据库系统的复杂化，数据库测试也需要独立出来进行符合数据库本身的测试工作。

8.2.2 数据库功能性测试

1. 功能测试内容

数据库系统功能部分的测试点为安装与配置、数据库存储管理、模式对象管理、非模式对象管理、交互式查询工具、性能监测与调优、数据迁移工具及作业管理等几个方面。各个部分又分成若干个具体的测试项目，具体测试点概括如下：

1）**安装与配置**：主要测试数据库管理系统是否具有完整的图形化安装程序，是否提供集中式多服务器管理及网络配置，是否在安装界面中显示数据文件、日志文件、控制文件等参数文件的默认路径及其命名规则，以及是否提供运行参数查看与设置功能，能够正确地进行数据库的创建和删除等。

2）**数据库存储管理**：主要测试点为表空间（文件组）管理、数据文件管理、日志文件管理以及归档文件管理等功能。

3）**模式对象管理**：模式对象管理是数据库管理系统最基本的数据管理服务功能特性，是数据库所有功能的基础。其主要测试功能点包括表管理、索引管理、视图管理、约束管理、存储过程管理和触发器管理等。

- 表管理：主要测试点为图形方式下创建表，图形方式下修改表，数据类型下拉框选择与修改，重组表数据，图形工具中查看编辑数据，支持图形下拉框条件选择与查询、表属性及相关性图形化显示等。
- 索引管理：主要测试点为创建、修改索引信息，提供索引定义类型选择、索引的存储管理、索引的重组与合并等。
- 视图管理：主要测试点包括图形方式下创建、删除视图，图形工具中查看视图定义，图形工具中查看视图数据，支持条件查询、视图属性及其相关性图形化显示等。
- 约束管理：主要测试点包括约束定义与修改（主键 / 外键 / （NOT）NULL/CHECK/UNIQUEDEFAULT 设置），支持约束状态控制（延时 / 立即）、约束查看、相关性图形化显示等。
- 存储过程管理：主要测试点包括创建、删除存储过程，图形工具中查看、修改存储过程代码（支持所得即所写）等。

- 触发器管理：主要测试点包括支持图形工具中创建、删除触发器，支持行级触发器，支持语句级触发器，图形工具中查看、修改触发器代码（支持所得即所写）等。

4）**非模式对象管理**：主要测试点为模式管理，包括模式的创建、删除、查看、用户指派等；用户管理，包括用户的创建、删除、修改、授权、口令策略管理；角色管理，包括角色的创建、删除、修改、查看、用户指派；权限管理，包括数据库对象权限的查看与指派、用户对象权限的查看与指派；审计选项设置，包括语句审计、对象审计、权限审计、审计开关等。

5）**交互式查询工具**：主要测试点包括易用性、稳定性等。

6）**性能监测与调优**：要求以图形方式提供 SQL 语句执行计划，提供数据库运行图形监控，提供可配置的性能数据跟踪与统计、提供死锁监测与解锁功能等。

7）**数据迁移工具**：要求支持 txt 文件的数据迁移，支持 excel 文件的数据迁移，支持 XML 数据导出，支持从 SQL Server 的表、约束及数据迁移，支持从 Oracle 的表、约束及数据迁移，支持从 DB2 的表、约束及数据迁移以及从 Oracle 进行数据迁移的性能等。

8）**作业管理**：包括作业调度、通知（操作员）管理、维护计划管理等。

此外，还会涉及其他方面的功能测试，如在不同数据库之间同步的数据，在测试时要考虑数据库间的差异，如边界值是否一致。

2. 测试方法

采用黑盒测试方法，可以通过图形化管理工具、交互式 SQL 工具等对数据库管理系统的功能特性进行测试。要求被测数据库提供 Windows 和 Linux 平台上的图形化管理工具，任一平台上的工具都能够管理 Windows 和 Linux 平台上的数据库服务器。例如工具 DataFactory 是一款优秀的数据库数据自动生成工具，通过它可以轻松地生成任意结构的数据库，对数据库进行填充，帮助生成所需要的大量数据，从而验证数据库中的功能是否正确。

8.2.3 数据库性能测试与原因分析

1. 数据库性能测试

一般来说，引起数据库性能问题的主要原因有两个：数据库的设计和 SQL 语句。数据库设计的优劣在于数据库的逻辑结构设计和数据库的参数配置。数据库参数的配置比较好解决，数据库结构的设计是测试人员需要关注的，糟糕的表结构设计会导致很差的性能表现。例如，没有合理地设置主键和索引则可能导致查询速度大大降低，没有合理地选择数据类型也可能导致排序性能降低。不合理的甚至冗余的数据库表字段设计也将导致对数据库访问效率的下降。

低效率的 SQL 语句是引起数据库性能问题的主要原因之一，其中又包括程序请求的 SQL 语句和存储过程、函数等 SQL 语句。对这些语句进行优化能大幅度地提高数据库性能，因此它们是测试人员需要重点关注的对象。

数据库的性能优化可以从以下方面考虑：

- 物理存储。
- 逻辑设计。

- 数据库的参数调整。
- SQL 语句优化。

可以借助一些工具来找出有性能问题的语句，例如 SQL Best Practices Analyzer、SQL Server 数据库自带的事件探查器和查询分析器、LECCO SQL Expert 等。

2. 数据库性能问题及原因分析

数据库服务器性能问题主要表现在某些类型操作的响应时间过长，同类型事务的并发处理能力差和锁冲突频繁发生等方面。应该说，这些问题是数据库服务器性能不佳的典型表现。由于造成上述情况的原因众多，因此需要分情况加以分析。

1）**单类型事务响应时间过长**：响应时间是系统完成事务执行准备后所采集的时间戳与系统完成待执行事务后所采集的时间戳之间的时间间隔，是衡量特定类型应用事务性能的重要指标，标志了用户执行一项操作大致需要多长时间。响应时间过长意味着用户执行一项命令需要等待相当长的时间。实践表明，通常情况下用户能够接受的响应时间最长为 200ms。不仅如此，响应时间过长也是造成系统锁冲突严重的重要原因之一。

2）**并发处理能力差**：并发处理能力差是指应用系统在执行同一类型事务的多个实例时，不能获得与执行实例数量相当的吞吐量，而是大大低于理论值。一般来说，这类问题都是互斥访问造成的，即并发执行中的某个实例以互斥方式对资源进行访问，造成了其他同类型用户必须等待该实例释放锁定资源后才能执行。应该指出，由于某些资源必须以互斥的方式进行访问，因此某些类型的事务在同一时间只能有一个执行。对于并发处理能力差的问题，可能的解决方法有：降低同类型事务中锁的粒度，优化应用逻辑以缩短单一类型事务响应时间等。

3）**锁冲突严重**：锁冲突是每个以关系数据库为核心的信息系统必须解决的问题。这里的锁冲突是指同一类型或不同类型事务在并发执行的情况下，由于资源互斥而相互影响，造成一个或多个事务无法正常执行的情况，包括资源锁定造成的数据库事务超时和死锁两个方面。

4）**性能瓶颈的处理方法**：解决数据库性能问题是一个迭代和反复的过程，通常需要在各种条件的矛盾之间寻求最佳的平衡点。下面分别分析。

- 监视并记录性能相关数据：对数据库服务器软件、操作系统、网络环境乃至客户端等各类处理单元的性能相关信息进行监视并记录，是发现数据库性能问题的基础。这一步骤的作用是搜集与数据库服务器性能表现密切相关的数据，作为分析性能问题的基础。由于各个处理单元的状态是随着时间的推移而动态变化的，因此性能数据的监控与采集必须尽可能详细地记录下所有时间点上各个处理单元的状态信息。为此，对各个采样时间点的处理单元状态信息采用快照方式来对性能相关数据进行监控和记录，相邻采样时间点之间的间隔越小，状态信息就越准确。

　　在各类监控活动中，对数据库服务器软件性能属性的监控是整个活动的重点，主要集中在数据库会话的状态信息、执行的结构化查询语句和锁使用情况等方面。其中状态信息代表了单一数据库会话在其生命周期中的状态变化情况，包括在哪一个时间点开始一个事务，在哪一个时间点被其他会话锁定，何时超时等。执行的结构化查询语句代表单一数据库会话在其生命周期中执行的所有数据库操作。锁使用情况代表整个数据库服务器的锁资源使用和变化情况。此外，顺序扫描、高代价查询等属性也是代表数据库服务器性能的重要数据。

- 定位资源占用较多的事务并做出必要的优化或调整：通过对数据库使用情况和 SQL 语句的执行历史进行分析，可以发现一个事务同时占用大量数据库锁的应用逻辑事务。通常这类事务都属于批任务。由于批任务本身的特性，决定了在其整个执行过程中必然消耗大量资源，最好将其放置在系统具有充足空闲时间时进行。

- 定位锁冲突，修改锁冲突频繁发生的应用逻辑：如果应用系统锁冲突频繁发生，那么该系统的性能表现不可能令人满意。导致这种问题的原因非常复杂，主要表现在事务粒度过大、响应时间过长、异类事务互相影响并形成死锁等情况。通过对数据库使用情况信息的分析可以定位发生锁冲突的各个会话。在此基础上对发生锁冲突的会话各自的执行状态变化和结构化查询语句进行分析，可以定位发生锁冲突的应用逻辑源程序。如果造成锁冲突的是同种或者异种普通事务，必须对其本身特性加以分析，确定是否本身粒度过大，数据访问是否存在瓶颈等。对这类事务的优化相对较难，一般需要开发人员的经验和对应用逻辑本身特性的了解。

- 进行必要的数据分布：数据分布的主要目的是通过数据库服务器的并行执行特性，使得单一事务的执行具有较短的响应时间且不同类事务之间的影响相对缩小。在缩短响应时间方面，这种方法主要适用于对规模较大的数据库表进行访问的情况。它不仅使得特定的查询可以并行执行，而且有可能改变结构化查询语句的执行计划，缩小查询范围。此外，对于异类事务之间，或者同类事务的不同实例锁冲突频繁的问题，可以通过数据分布加以解决。

8.2.4　数据库可靠性及安全性测试

1. 可靠性测试

作为支撑企业应用的后台核心和基础，数据库系统的稳定性和可靠性是应用企业最关心的问题，它与整个企业的经营活动密切相关，一旦出现宕机或者数据丢失，企业的损失将无法估量。这不仅仅是企业的经济利益会遭受损失的问题，甚至会引起一些法律纠纷，比如银行系统和证券系统中的数据库稳定性等。另外，在一些意外造成数据库服务停止的情况下，如何尽快地恢复服务也是必须考虑的问题。因此，应该对数据库系统 7×24 小时不间断运行、备份数据、容错、容灾等能力进行测试，测试点如下。

- 数据库备份：考察数据库系统能否支持多种完全备份方式，包括对指定库、指定某一对象、指定一组对象进行备份；是否支持多种完全还原方式，包括对指定库、指定某一对象、指定一组对象进行还原；是否支持对指定库进行增量备份以及支持联机备份等，同时还要考察系统备份、恢复的效率。

- 故障恢复：在系统出现故障或者存储介质出现故障的情况下，数据库系统是否提供相应的数据恢复机制。

- 运行稳定性：数据库系统的长期稳定运行能力，是应用系统对后台数据库的最基本要求，因此有必要对数据库进行不间断运行 7×24 小时的测试。

- 数据库复制：数据库系统是否提供了复制数据库的机制。

2. 安全性测试

数据库的安全性主要是指数据库的用户认证方式受其权限管理，当数据库遭受非法用户访问时，系统的跟踪与审计功能等。具体的测试点如下：

- 用户及口令管理。包括用户定义与管理、角色定义与管理、口令管理等。
- 授权和审计管理。主要测试点为数据库审计、授权管理（表权限 / 列权限）、支持操作系统用户验证方式等。

8.3　嵌入式系统测试

嵌入式系统由嵌入式硬件与嵌入式软件组成。硬件以芯片、模板、组件、控制器形式嵌入设备内部，软件是实时多任务 OS 和各种专用软件，一般固化在 ROM 或闪存中。图 8.3 为嵌入式系统的基本结构。一般嵌入式系统的软硬件可剪裁，以适用于对功能、体积、成本、可靠性、功耗有严格要求的计算机系统。

嵌入式系统主要用于各种信号处理与控制，在国防、国民经济及社会生活各领域被普遍采用，可用于企业、军队、办公室、实验室以及个人家庭等各种场所。作为数字化电子信息产品的核心，嵌入式系统凝聚了信息技术发展的最新成果，电子产品升级换代必须采用嵌入式系统。而芯片技术、软件技术、通信网络技术等嵌入式系统关键技术的新进展也推动着嵌入式系统升级换代。

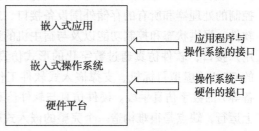

图 8.3　嵌入式系统的基本结构

随着嵌入式领域目标系统的应用日趋复杂，硬件的稳定性越来越高，软件故障却日益突出。同时由于竞争、开发技术日新月异等因素，嵌入式产品上市时间缩短，对产品的质量要求也越来越高，因此软件的重要性和质量引起人们的高度重视。

8.3.1　嵌入式软件测试策略及测试流程

嵌入式软件开发一般采用典型的"宿主机 / 目标机"交叉方式，即利用宿主机上丰富的资源及良好的开发环境，通过串口或网络等将交叉编译生成的目标代码传输并装载到目标机，用调试器在监控程序或实时内核 /OS 的支持下进行实时分析、测试和调试。目标机在特定的环境（如分布式环境）下运行。

通常嵌入式软件开发的最小编程环境主要是交叉编译器、交叉调试器、宿主机和目标机间的通信工具、目标代码装载工具、目标机内驻监控程序或实时操作系统等。

1. 嵌入式软件测试问题及测试方法

嵌入式软件开发采用"宿主机 / 目标机"交叉方式，相应的测试也称为交叉测试（cross-testing）。这是因为所有测试放在目标平台上会有很多不利的因素：

- 测试软件可能会造成与开发者争夺时间的瓶颈，要避免它就只有提供更多的目标环境。
- 目标环境可能还不可用。
- 比起主机平台环境，目标环境通常是不精密的和不方便的。
- 提供给开发者的目标环境和联合开发环境通常是很昂贵的。
- 开发和测试工作可能会妨碍目标环境已存在的持续应用。

嵌入式软件测试同传统软件测试相比有较大的差别，除了要考虑和运用传统的测试技术外，还要考虑与时间和硬件密切相关的测试技术运用，例如，对外部事件响应的测试问题。

在对嵌入式软件进行测试的过程中经常要用到各种技术，如嵌入式软件的分析技术或嵌入式软件的调试技术，因为实时嵌入式系统最大的特点是具有一组动态属性，即中断处理和上下文切换、响应时间、数据传输率和吞吐量、资源分配和优先级处理、任务同步及任务通信等，而这些性能属性（特别是时间确认）的测试或验证都比较困难。对实时嵌入式系统进行分析需要建模、仿真和数学计算。

对于嵌入式应用，无论是测试还是调试，有效的方法仍是借助硬件仿真或软件模拟的手段来进行软件的测试和调试。

硬件仿真一般由硬件和软件构成。硬件提供低级的监控、控制和保护功能，包含仿真控制的处理器和所有的存储外围设备接口、通信口和在线仿真所需的硬件。而在仿真器里的软件，提供状态和控制功能以及与宿主机的通信。在宿主机上工作的软件提供操作仿真器的用户接口；软件仿真通过数字化的形式仿真嵌入式软件的运行环境，包含支撑嵌入式应用的 CPU 的虚拟目标机、支撑嵌入式软件工作的外围硬件（元器件、电路、传感器及外部设备等）的数字仿真手段。硬件仿真与软件仿真相比，主要优点是嵌入式软件是在真实的 CPU 上运行，缺点是很难构造一个完整的嵌入式应用环境，很难支持嵌入式软件的先期开发、测试和调试。

2. 嵌入式软件的测试流程

嵌入式软件测试的一般流程：

1）使用测试工具的插装功能（主机环境）执行静态测试分析并且为动态覆盖测试准备好已插装的软件代码。

2）使用源码在主机环境下执行功能测试，修正软件的错误和测试脚本中的错误。

3）使用插装后的软件代码执行覆盖率测试，添加测试用例或修正软件的错误，保证达到所要求的覆盖率目标。

4）在目标环境下重复步骤 2，确认软件在目标环境中执行测试的正确性。

5）若测试需要达到极端的完整性，最好在目标系统上重复步骤 3，确定软件的覆盖率没有改变。

通常在主机环境执行多数的测试，只是在最终确定测试结果和最后的系统测试时才移植到目标环境，这样可以避免在访问目标系统资源时出现瓶颈，也可以减少在昂贵资源（如在线仿真器）上的费用。

另外，若目标系统的硬件由于某种原因而不能使用，最后的确认测试可以推迟，直到目标硬件可用，这为嵌入式软件的开发、测试提供了弹性。

设计软件的可移植性是成功进行交叉的先决条件，它通常可以提高软件的质量，并且对软件的维护大有益处。很多测试工具都可以通过各自的方式提供在主机与目标机之间的移植测试，从而使嵌入式软件的测试得以方便地执行。

8.3.2 嵌入式软件测试代表工具

按照传统的软件测试分类方法，嵌入式软件测试也分为静态测试和动态测试，其中动态测试又分为白盒测试和黑盒测试。下面基于这种方法介绍一些典型的嵌入式软件测试工具。

1. 嵌入式白盒测试工具

白盒测试以源代码为测试对象，除对软件进行通常的结构分析和质量度量等静态分析外，主要进行动态测试。

IBM Rational 公司的 Logiscope TestChecker 和 Rational Test RealTime（RTRT），通过串口、以太网口与被测软件运行的目标机进行连接，在对被测软件进行插装后下载到目标机上运行，进行准实时或事后分析。

美国 Freescale 公司的 CodeTest 与被测目标机通过总线或飞线方式进行连接，将被测软件进行插装，当被测软件在目标机上运行时，对其进行实时监测。

美国 Vector 公司的 VectorCAST 用于高级语言的单元测试组装测试及集成测试，它支持 Ada 语言和 C/C++ 等高级语言，能够自动打桩（Stub）及针对被测程序单元自动生成驱动程序，与主流编译程序器目标机以及实时操作系统（RTOS）相结合，在主机仿真器和嵌入式目标机系统上执行测试。

2. 嵌入式黑盒测试工具

黑盒测试将嵌入式软件当作一个黑盒子，只关注系统的输入输出。目前的测试做法是以硬件方式将被测系统的输入/输出端口用硬件对接相连，使用实时处理机和宿主机对被测系统进行激励和输入，实施驱动，然后获取输出结果进行分析，进行开环或闭环测试。

代表工具是德国 TechSAT 的 ADS-2 系统，该系统提供集成的实时软件环境和硬件平台，适用于嵌入式系统的仿真、建模、集成、测试及验证等工作，国内的是北航的 GESTE 嵌入式系统测试环境。

3. 嵌入式灰盒测试工具

灰盒测试是指嵌入式软件既能做白盒测试，又能做黑盒测试。目前主要有基于全数字仿真或半实物仿真技术的应用。

目前在嵌入式测试领域的典型代表是欧洲航天局的 SPACEBEL、SHAM 等产品，国内北京奥吉通科技有限公司的科锐时系列产品 CRESTS/ATAT 和 CRESTS/TESS 等。

4. 嵌入式软件仿真工具

空间飞行器、卫星等工作在太空中，它们的控制软件，即嵌入式软件的调试与测试必须在模拟太空环境下的仿真环境里进行。仿真环境的建立需要仿真工具的支持，欧洲航天实时仿真产品 Eurosim 以及网络资源透明访问工具 SPINEware 都是代表性的嵌入式软件仿真工具。

8.4 游戏测试

近几年来，游戏产业迅猛发展，游戏（尤其是网络游戏）开发吸引了无数公司的眼球。随着用户对游戏稳定性、可玩性要求的提高，作为游戏产品开发不可缺少的环节，游戏测试正日益受到大家的关注。我国的游戏软件测试目前尚处于初级阶段，游戏测试还没有一个完善的规范、标准、流程，缺乏专业性。比如，游戏的可玩性测试更多地采用 β 测试来完成，即通过发布试用版游戏来达到检测可玩性的目的。这些给游戏软件的发展带来一定的障碍。

由于游戏软件和通用软件在开发过程中存在不同，因此游戏软件的测试方法及测试内容存在特殊性。

8.4.1 游戏开发与测试过程

游戏软件的开发过程包括 3 个必要条件：设计（Vision）、技术（Technology）和过程（Process）。其中设计是对还没有实现的游戏从总体上的把握、前瞻性的理解与策略的考量；技术是指有了设计而没有技术的话，各种美妙的想法只能停留在虚无缥缈的阶段，必须通过技术来实现设计；过程则是指有了设计作为指导，有了技术作为保证，也不一定能够把好的想法转换成高质量的游戏。要创造高品质的游戏尚缺重要的一环，即过程，制造游戏是一个长时间的动态过程。游戏产品的质量则要靠动态环节或部件保障，如果任意的环节或者部件出了问题，都会对最终的产品质量造成影响。因此对这个动态过程，一定要有规划与控制，以保证按部就班、保质、按时完成工作。

1. 游戏测试与开发的关系

对于游戏开发而言，很难在传统的 CMM/CMMI 框架下定义一种固定的过程模型。游戏开发团队是一个长期的、持续的开发团队，游戏的过程实际上也是一个软件过程，只不过是特殊的游戏软件开发过程而已。图 8.4 是一套以测试作为质量驱动的迭代式游戏开发过程示意图。

由于网络游戏的生命周期一般是三到四年，因此常常采用迭代式的开发过程，既可以适应网络游戏本身这种长周期的开发，又可以充分利用 RUP 的迭代式开发的优点与 CMM/CMMI 框架中的里程碑控制来进行开发管理，从而达到对游戏产品的全生命周期的质量保证。

在游戏开发过程中，通用软件的需求分析阶段被策划所代替，但所起的作用是一样的，即明确游戏的设计目标（包括游戏风格、玩家群）、游戏世界的组成，为后期的程序设计、美工设计、测试打下基础，并提出了明确的要求。由于开发是一个迭代式的过程，因此测试与开发的结合就比较容易。从图 8.4 中可以看到，测试的工作与游戏的开发是同步进行的。在每一个开发阶段中，测试人员都要参与，这样能够尽早地、深入地了解到系统的整体与大部分的技术细节，从而从很大程度上提高了测试人员对错误问题判断的准确性，并且可以有效地保证游戏系统的质量。

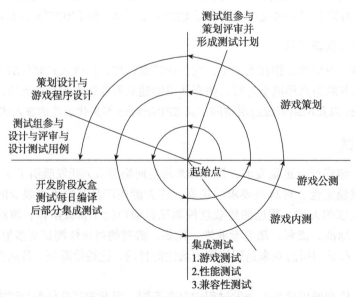

图 8.4   游戏迭代式开发与测试

2. 游戏的开发与通用软件的开发有何区别

1）通用软件的需求明确，游戏软件的需求理想化。

通用软件中用户每步操作的预期结果明确且有规范可参考，而游戏（特别是网游）中，并不是所有的需求都有明确的预期结果。拿技能平衡性来说，所谓的平衡也只是相对的平衡，而非绝对的平衡。没有什么明确的参考参数，只能根据以往游戏的经验获得一个感知的结果。

2）通用软件开发过程中需求变更少，游戏软件开发过程中需求变化快。

通用软件的使用人群和软件的功能针对性决定软件从开始制作就尽量减少新的需求或需求变更。而游戏软件为了满足玩家对游戏的认可度，策划需要不断地揣摩玩家的喜好进行游戏功能的改进。开发者不可能做到在开发的前期就对游戏架构及扩展性做出最好的评估，所以会导致为了满足用户的需求而不断地进行一些基础架构的修改，基础架构的修改必然导致某些功能的颠覆。所以就出现了游戏开发过程中的一个恶性循环，当基础架构被修改得满意了，玩家的需求又有了新的变化，随之而来又要进行新的调整，再进行新的修改，最终导致游戏软件的开发周期不断加长。

3）开发过程的阶段不同。

游戏开发过程一般包括游戏策划、游戏设计（其中包括游戏剧本等游戏元素的设计等）、编辑器设计（通常指游戏引擎）、关卡设计、关卡制作、游戏贴图、验收等阶段，常常是迭代开发并伴随着测试。而通常的软件开发包括需求调研、需求分析、概要设计、详细设计、编码、验收等阶段。

8.4.2　游戏测试主要内容

由于游戏软件的特殊性，游戏测试可分为两部分：一是传统的软件测试，二是游戏本身的测试。由于游戏，特别是网络游戏相当于网上的虚拟世界，是人类社会的另一种方式的体现，因此其中也包含了人类社会的一部分特性。同时它又是游戏，还涉及娱乐性、可玩性等独有特性，所以测试面相当广，也称为游戏世界测试。游戏测试主要有以下几个特性：

- 游戏情节的测试。主要指游戏世界中的情节、故事等任务系统，也称为游戏情感世界的测试。
- 游戏世界的平衡测试。主要表现在经济平衡、能力平衡（包含技能、属性等），保证游戏世界的竞争公平。
- 游戏文化的测试。比如整个游戏世界的风格，是中国文化主导，还是日韩风格等。大到游戏整体，小到人物对话，比如对于一个书生，他的对话就必须斯文，不可以用江湖语言。

游戏可玩性测试是游戏测试的最重要内容，其本质是功能性测试。另外，游戏测试还可能包括性能、压力等方面的测试。游戏软件测试主要包含以下方面：

- 游戏基本功能（任务）测试，保证游戏基本功能被覆盖。
- 游戏系统虚拟世界的搭建，包含聊天功能、交易系统、组队等可以让玩家在游戏世界交互的平台。在构建交互平台的前提下进行游戏完整情节的系统级别的测试。
- 游戏软件的风格、界面测试。
- 游戏性能、压力等必要的软件特性测试。

虽然策划游戏时对可玩性做了一定的评估，但这是总体上的，一些具体的涉及某个数据的分析，比如 PK 参数的调整、技能的增加等一些增强可玩性的测试则需要职业玩家对它进行分析。这里主要通过四种方式来达到测试的目的：

- 内部的测试人员，他们都是精选的职业玩家分析人员，对游戏有很深的认识，在内部测试时，对上面的四点进行分析。
- 利用外部游戏媒体专业人员对游戏做分析与介绍，既可以达到宣传的效果，又可以达到测试的目的。
- 利用外部一定数量的玩家对外围系统测试。主要测试游戏的可玩性与易用性，发现一些外围缺陷。
- 游戏进入最后阶段时，还要做内测、公测，有点像应用软件的 Beta 版的测试，让更多的人参与测试，测试有大量玩家在线时的运行情况。

可玩性测试是游戏中最重要的一块，只有得到玩家的认同，游戏才可能成功。

8.4.3　游戏测试的实施

1. 游戏策划与测试计划

在游戏测试过程实施之前，测试人员首先需要了解游戏的各个组成部分。通过测试计划明确测试的目标、所需要的资源、进度安排等，测试计划既可以让测试人员了解此次游戏测试的重点，又可以与产品开发小组进行交流。

游戏开发过程中，测试计划的来源是策划书。策划书包含了游戏定位、风格、故事情节、要求的配制等。从策划书里可了解到游戏的组成、可玩性、平衡（经济与能力）与形式（单机版还是网络游戏）。该阶段的主要任务就是通过策划书来制定详细的测试计划，主要分为以下几个方面：

1）游戏程序本身的测试计划。比如任务系统、聊天、组队、地图等由程序来实现的功能测试计划。

2）游戏可玩性测试计划。比如经济平衡标准是否达到要求，各个门派技能平衡测试参数与方法，游戏风格的测试。

3）关于性能测试的计划。比如客户端的要求，网络版的对服务器的性能要求。

同时测试计划书中还写明了基本的测试方法，是否需要自动化测试工具，为后期的测试打下良好的基础。

2. 游戏性能测试

游戏性能主要涉及以下几个方面：应用在客户端性能上的测试、应用在网络性能上的测试和应用在服务器端性能上的测试。通常情况下，这三个方面有效、合理地结合可以达到对系统性能全面的分析和瓶颈的预测。在单机版游戏时代，对性能的要求并不是很高，但是对于网络版游戏，性能则是至关重要的。目前网络游戏主要分为传统的 C/S 架构的网络游戏、B/S 架构的网络游戏和 WAP 网络游戏。

（1）C/S 架构的网络游戏

这种网络游戏历史最悠久，也是目前仍然在流行的网络游戏类型。这类游戏需要用户下载客户端，然后通过客户端来访问服务器进行登录和游戏。这类游戏的性能测试方法大体有三种：

- 较常规的做法是自主研发一个机器人程序，模拟玩家登录与游戏。这种方法的好处：一是操作方便，对执行性能测试的人员无要求；二是能够较真实地模拟出玩家的部分操作。但是缺点也不少，如对开发人员要求较高，因为不仅需要模拟用户访问服务器，还需要收集多种数据，并且将数据进行实时计算等，成本较高，而且也不易维护。除此之外，当机器人发生问题的时候，维护起来也不够方便。在复杂架构下不利于判断瓶颈所在位置。最重要的是一旦机器人开发进度推迟或者出现致命缺陷，性能测试将无法进行。
- 使用性能测试工具进行性能测试。可以使用工具来模拟用户端与服务器交互的底层协议来进行测试。这种方法的优点是灵活方便、易于维护、开发成本低。增加、删除性能点比较容易，发生问题也能立即维护。开发成本相对于机器人来说减少很多，并可以较容易地判断性能瓶颈所在的位置。这种方式的缺点也有不少，如对性能测试人员的要求比较高，需要根据用例来编写模拟用户端与服务器之间的协议交互脚本。对于模拟真实性方面也比机器人程序差。
- 进行封测、内测、公测等开放性测试。让广大的玩家在测试服务器中进行游戏，帮助游戏公司找到游戏中缺陷的同时，也对服务器的性能进行真实的测试。

（2）B/S 架构的网络游戏

随着技术的发展，B/S 架构的网络游戏越来越受到用户的喜欢。它具有传统 C/S 架构的网络游戏所没有的优势，即方便、简单，无须下载客户端，无须担心机器配置不够，就可以享受到网络游戏的乐趣。

这类游戏的性能测试方法大体有两种：

- 使用工具来模拟用户访问。与其他 B/S 架构的软件产品一样，通过各种工具和协议来模拟用户访问服务器，与服务器进行交互。
- 和传统的 C/S 架构的网游一样，它也采用封测、内测、公测等测试活动，让广大玩家为游戏系统进行性能方面的测试。

（3）WAP 网络游戏

WAP 网络游戏的性能测试方法大体有两种：

- 使用模拟器在计算机上模拟 WAP 环境，然后使用工具来进行性能测试。使用的协议可以是 WAP，也可以是 SOAP 等其他协议。
- 与上述两类游戏一样，采用开放性测试。

8.5 移动应用软件测试

在最近几年里，移动通信和互联网成为当今世界发展最快、市场潜力最大、前景最诱人的两大业务，移动互联网将移动通信和互联网二者结合起来，成为一体。随之而来的移动互联网应用也缤纷多彩，娱乐、商务、信息服务等各种各样的应用开始渗入人们的生活，深刻地改变了人们的生活方式。基于移动终端的便携性，移动应用呈现出跨平台、轻量化和 Web 化等特点，移动应用类型涉及语音类、消息类、视频类、内容类、个人信息管理类、位置服务、电子商务、游戏类等。一般的移动应用系统结构如图 8.5 所示。

随着移动企业应用的普及，各行业的移动应用测试需求也将与日俱增。包括移动办公

（电子政务等），银行、证券业的移动支付以及旅游业应用等，这些需求可以来自运营商、移动应用开发商、移动终端厂商、互联网络运营商、应用开发企业等。移动应用的测试类型涉及功能性测试、性能测试、安全性测试、稳定性测试、易用性测试、可靠性测试、兼容性测试及非技术性测试；众多的移动应用及其推向市场的快速响应需求，以及移动终端使用的便利性，对测试的质量和响应速度提出了更高的要求。

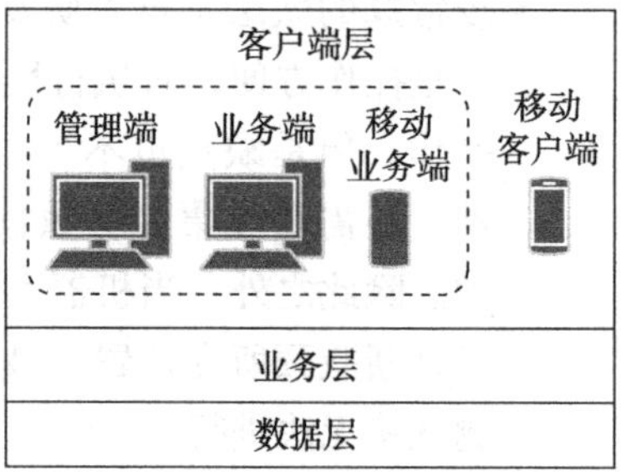

图 8.5　移动应用系统结构图

8.5.1　移动应用测试的困难

自 2010 年开始，人们开始热衷于通过 App 使用移动互联网，移动 App 已经渗透到每个人的生活、娱乐、学习、工作当中，各类 App 也在智能终端快速发布。而开发者对于全球移动设备 / 智能终端的质量和性能却掌握甚少，App 与设备的兼容性问题频繁出现，App 测试与服务质量保证之间的矛盾十分突出。

移动开发和测试的一个重要难题，就是应用在开发和测试过程中，必须使用手机 / 终端真实环境进行系统测试，才有可能进入商用。由于手机 / 终端操作系统的不同，以及操作系统版本之间的差异，使得真机系统测试这个过程尤其复杂，涉及终端、人员、管理等方面的问题。

1. 手机 / 终端配置测试实验室

首先必须购买足够多的手机 / 终端，包括不同操作系统、不同版本、不同分辨率，甚至来自不同厂商，目前市场上的手机 / 终端平台有 iOS、Android、HomonOS、WP 等，平台之间存在较大差异，语言和标准完全不同。一个商业化运作的开发团队，一般至少需要几十部手机 / 终端，才能完成必要的配置测试工作。如果缺失这个真机系统测试环节，极有可能会给应用的推广和使用埋下隐患，一旦出问题将直接招致用户的投诉或抛弃。

其次在拿到不同手机进行测试的时候，还将面临不同手机厂商的系统版本差异问题，即使是标准统一的 Android 系统，手机厂商的版本也并非完全相同，导致 Android 应用必须进行单独适配。

2. 安全问题严重

由开发者错误导致的漏洞，包括加密键和个人认证信息的应用误操作等，使 App 泄露一些重要的信息。为此，我们必须在移动应用领域启动安全保障，捕捉并修复漏洞并最终拥有产品，以使黑客入侵更为困难。

3. 专业测试队伍

移动应用开发人员工资的高涨使得很多开发团队在紧张的预算下优先向产品、运营、技术倾斜，很多成规模的互联网企业通常只拥有几个人的小测试团队。

4. 管理难度加大

终端、人员、流程等管理问题也非常突出，终端、Bug、人员要在测试、开发、产品、客服、运营等不同的部门之间交错。如何进行卓有成效的 App 系统测试，以及协调好与之相关的计划、管理、人员、资源、终端等各个环节，一直是困扰各个 App 开发企业的问题。

8.5.2 测试类型

App 是基于移动互联网软件及软硬件环境的应用软件。App 测试就是要找出 App 中的 Bug，通过各种手段和测试工具，判断 App 系统是否能够满足预期标准。移动 App 由于增加了终端、外设和网络等多项元素，测试内容和项目也相应有所增加。

1. 冒烟测试

冒烟测试（smoke testing）的对象是每一个新编译的、需要正式测试的 App 版本，目的是确认软件基本功能正常，可进行后续的正式测试工作。如果通过了该测试，则可以根据正式测试文档进行正式测试。否则，就需要重新编译，再次执行确认测试，直到成功。

2. 图形用户界面测试

图形用户界面（GUI）测试用于核实用户与 App 之间的交互，主要测试在不同分辨率下，用户界面（如菜单、对话框、窗口和其他可视控件）布局、风格是否满足客户要求，文字是否正确，页面是否美观，文字、图片组合是否完美，操作是否友好等。

3. 安全性测试

移动设备 / 智能终端的安全性是一个需要考虑的重大问题，特别是在越来越多的业务功能和流程采用移动方式的情况下。移动应用提供对信息的访问能力，并让用户能够像连接至物理网络一样完成敏感的事务处理。据报道："56% 的智能手机用户的手机曾经丢失或被盗。"

与其他软件类似，App 安全性测试包括应用程序级别和系统级别两个方面。

4. 性能测试

性能测试主要用来测试移动 App 在真实环境中的运行性能，以及与硬件、网络资源的匹配度，最终度量系统相对于预定义目标的差距。性能测试主要采取以下测试方法：负载测试、强度测试、稳定性测试、基准测试、资源竞争测试、故障转移和恢复测试等。

5. 兼容性测试

兼容性测试即配置测试，核实测试对象在不同的 App、硬件配置中的运行情况，测试系统在各种软硬件配置、不同的参数配置下具有的功能和性能。

6. 网络测试

网络测试是指在网络环境下和其他设备对接，进行系统功能、性能与指标方面的测试，保证设备对接正常。

7. 本地化测试

本地化测试是指为各个地方开发产品的测试，如英文版、中文版等，包括程序是否能够正常运行，界面是否符合当地习俗，快捷键是否正常起作用等，特别测试在 A 语言环境下运行 B 语言版本的 App，看显示是否正常。

8.5.3 移动应用测试工具

移动互联网发展至今，无论是 Android/iOS 官方的文档还是第三方开发的工具都层出不穷。在移动应用测试中，具有代表性的测试工具包括：Monkey、Robotium、Appium、Instrumentation 和 Robolectric 等。下面简单介绍 Monkey 和 Instrumentation。

1.Monkey

Monkey 是 Android SDK 提供的一个命令行工具，它可以简单、方便地运行在任何版本的 Android 模拟器和实体设备上。Monkey 会发送伪随机的用户事件流，适合对应用做压力测试。

Monkey 测试的基本流程是：选择被测试的机器或模拟器→输入制定过策略的命令→按回车键即可运行。

Monkey 工具提供多种参数，让测试变得多样化。例如，可以在命令中增加参数 --ignore-crashes 和 --ignore-timeouts，让 Monkey 在遇到崩溃或没有响应的时候，会在日志中记录相关信息并继续执行后续的测试。

2. Instrumentation

Android 提供了一系列强大的测试工具，针对 Android 的环境，扩展了业内标准的 JUnit 测试框架。尽管可以使用 JUnit 测试 Android 工程，但 Android 工具允许我们对应用程序的各个方面进行更为复杂的测试，包括单元层面和框架层面。

Android 执行测试活动的核心就是 Instrumentation 框架，在该框架下我们可以实现界面化测试、功能测试、接口测试甚至单元测试。Instrumentation 框架通过在同一个进程中运行主程序和测试程序来实现这些功能。

在 Android 系统中，测试程序也是 Android 程序。因此，它和被测试程序的构建方式有很多相同的地方。SDK 工具能帮助用户同时创建主程序工程及其他测试工程。可以通过 Eclipse 的 ADT 插件或者命令行来运行 Android 测试工具。

8.6 云应用软件测试

近年来，云计算技术的出现给软件生产组织及软件架构设计带来了巨大的影响。软件即服务（Software as a Service，SaaS）、平台即服务（Platform as a Service，PaaS）、基础设施即服务（Infrastructure as a Service，IaaS）是云计算的基本服务模式，这些服务模式的出现改变了软件产品的生产和消费方式，软件测试的方法、技术和工具也需要随之变化。

在云计算环境下，将软件测试过程迁移到云中，应用云计算平台提供的计算和存储等资源进行各种测试活动，这是一种新型的软件测试方式，是云计算技术的一种新应用。云计算的出现必然会给传统软件的测试方式带来深刻变革，相关软件工程测试的方法、工具以及概念都会因此发生变化。

8.6.1 云测试基本概念

"云测试"是通过"云"而实施的一种软件测试，由于与"云"结合，它在测试方法、手段、过程等方面，具有一些特征：

- "测试资源"的服务化：软件测试本身以统一接口、统一表示方式实现为一种服务，用户通过访问这些服务，实现软件测试，而不用关注"测试"所使用的技术、运行过程、实现方式等。比如，要对某个软件进行测试，用户只需提交软件，提交的方式可能是源代码、可执行文件，或者已经部署好的系统，然后就可以访问云测试服务，直接执行测试，并获得测试结果。

- "测试资源"的虚拟化：云计算的虚拟化实现方式，为云测试的虚拟化提供了较大的便利，测试资源的虚拟化，使测试资源可以随用户的需求提供动态延展。

8.6.2　云测试方法和技术

从前面"云测试"特点所涉及的内容来看，可以认为云测试是一种有效利用云计算环境资源对其他软件进行的测试，或是一种针对部署在"云"中的软件进行的测试。

云测试的过程中经常会同时涉及在云环境中的测试和针对"云"的测试，比如部署在云环境中的软件需要进行测试，而此测试又要调用云计算环境的资源，这就同时涉及上面提到的两个方面。

1. 在云环境中的测试

在云环境中的测试主要利用云资源对其他的软件系统进行测试，涉及与云测试密切相关的资源调度、优化、建模等方面的问题，以便为其他软件搭建廉价、便捷、高效的测试环境，加速整个软件测试的进程。在这一类型的测试中，其他的软件可以是传统意义上的本地软件，也可以是"云"中的应用软件服务。而且，作为一种可以快速获得的有效资源，云计算已经参与到软件测试的各阶段中。云计算能够快速配置所需测试环境，此种转变必然会给传统测试方式带来变革。

2. 针对"云"的测试

针对"云"的测试涉及云计算内部结构、功能扩展和资源配置等多方面测试问题。测试部署在云环境中的各种云计算软件。在针对"云"的测试中，各层的云服务对一般服务用户是透明的，它由大量动态、异构、复杂的系统构建，并且随着业务需求的变化，系统还在不断更新和演化，这必然导致很多隐藏的错误不容易被发现，因此一般需要考虑如下几个主要方面的测试内容，如图 8.6 所示。

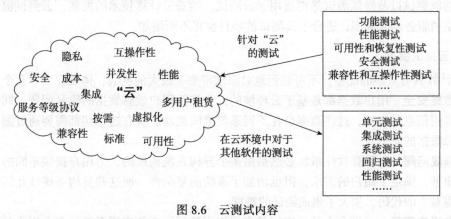

图 8.6　云测试内容

- 功能测试：与传统的软件类似，功能测试主要包括单元、集成、系统测试等内容，确保开发的云服务功能能够满足用户需求。

- 性能测试：性能测试包括压力和负载测试，测试云服务的性能能否满足用户按需服务的要求。
- 可用性和恢复性测试：可用性和恢复性测试主要针对发生灾难性事件后，"云"中的数据能够在较短暂的时间内快速恢复，使得云服务的可用性较高。
- 安全测试：安全测试是为了确保云服务中存储、流动数据的保密性、完整性。"云"的安全是让云服务能够使用的关键。
- 兼容性和互操作性测试：兼容性和互操作性测试是为了确保开发的云服务能够运行在不同的配置环境下，如不同的操作系统、浏览器、服务器等。

3. 迁移测试到"云"中

迁移测试到"云"中是指迁移传统的测试方法、过程、管理、框架到云环境中。迁移测试到"云"中包含在图 8.6 所示的两类测试中，这既有第一种云环境中的测试，也含有第二种针对"云"的测试问题，是两者的交叉。前者是指利用云环境测试其他软件，解决以往传统测试中资源获取的局限性问题，后者是指迁移传统的测试方法到"云"中，解决部署在云计算中软件的测试问题。

8.6.3 云测试现状及挑战

1. 云测试现状

目前云测试主要应用于以下三个方面。
- 测试人员利用云测试服务商提供的测试环境，运行自己的测试用例。
- 云测试服务商为测试人员提供测试执行的服务。测试人员编写好测试用例后，提交给云测试平台，云测试平台执行测试并返回测试结果。例如常见的性能测试，测试人员需要将测试用例、虚拟用户数、网络远接配置等性能参数提供给云测试平台，云测试平台通过性能测试软件，例如 LoadRunner 来执行测试，并生成性能测试报告。
- 测试中需要使用软件工具或测试运行于不同测试环境。例如：测试软件在不同硬件环境平台下的运行；测试软件运行于不同操作系统、数据库环境，浏览器对平台的适应性；测试软件在安装了不同防火墙及防病毒软件的环境下运行时的可靠性；自动化的功能测试以及性能测试等都适用于云测试。随着云计算技术的发展，云测试提供商提供的服务越来越多，适合于云测试的项目也将不断增加。

2. 云测试挑战

云计算具有众多的优势，不可避免地对测试带来了极大的挑战，体现在以下几个方面：
- **数据安全**　用户数据都是基于云环境的，会涉及用户敏感数据的隐私问题；同时随着应用信息的交互，这些数据会在不同系统之间流动。所有这一切都需要通过测试来保障数据的安全性。
- **集成问题**　云计算软件系统必然是由多个异构系统构成的，为用户提供不同的云计算服务，满足了用户的需求，但也增加了系统的复杂性。而这些异构系统彼此间很难获得对方的代码，加大了集成测试的难度。
- **多用户租赁**　云平台上的云应用是多用户租赁环境下的应用系统。多个用户共享一个实例化的应用实体及数据达到个性需求的目的，这就要求用户能够正确完成自身的操作功能。而彼此间的并发操作不会产生相互影响，对测试而言，这是一种极大的挑战。

- **服务保障**　尽管云服务推崇的是资源和性能的可扩展性、可用性，但实际中，比较著名的云厂商（如 Amazon、Google 等）也出现过故障（如响应时间延长、网络带宽等）导致服务不可用的情况，这大大降低了人们使用云服务的热情。构建这样一个可用性测试环境显得比以往更为复杂。
- **并发问题**　云服务可以迅捷地提供测试其他软件所需的资源和环境，但并不是所有的测试过程和场景都适合云测试框架，需要考虑系统间、测试用例间的相互依赖关系。
- **兼容和交互性**　云计算中的软件运行在多个不同环境中，因此测试比以往都要复杂，测试的环境显得更加不可控制，需要考虑"云"中软件和不同环境的兼容性以及与其他"云"的兼容问题。
- **虚拟化问题**　虚拟化技术提高了资源的利用效率，然而，并不是所有的测试方案都支持虚拟化技术：同台机器上产生的多个虚拟设备存在资源的竞争机制，这样测试的结果可能会与实际有偏差。

当前，主流信息应用系统还包括 ERP 系统、物联网系统、大数据系统等，限于篇幅，本书不一一叙述其测试技术。

习题

1. 分析 Web 应用测试的特殊性。
2. 分析数据库测试的重点。
3. 简述数据库性能测试的关注点。
4. 简述嵌入式软件测试的一般流程。
5. 简述游戏测试所具有的特点。
6. 简述游戏测试的主要内容。
7. 移动应用测试的问题或困难有哪些？通常是怎样开展移动应用的测试的？
8. 选择一款 App 测试工具，了解其主要功能并学习其使用方法，尝试进行移动应用测试。
9. 什么是云测试？云测试包括哪些测试内容？涉及哪些测试技术？

第9章 软件评审

评审（Peer Review）是对软件元素或者项目状态的一种评估手段。评审的目的是检验软件开发、软件评测各阶段的工作是否齐全、规范，各阶段产品是否达到了规定的技术要求和质量要求，以决定是否可以转入下一阶段的工作。

一般来说，评审包括检视（Inspection）、团队评审（Team Review）、走查（Walk Through）、结对编程（Pair Programming）、同行检查（Peer Desk Check）和特别检查（Ad hoc Review）等。实践表明，如果将软件评审也算作软件测试的话（我们认为是这样），在所有软件测试方法中，软件评审是发现软件缺陷效率最高的一种方法。在国际上许多大的 IT 企业，国内重要的工业部门，都把软件评审当作软件测试与质量保障最重要的环节。

软件评审主要是靠人来完成的，主要涉及评审的组织与评审的阶段。从人的角度来说，工作责任心强、认真、有经验的人员是比较受欢迎的。从经验来看，女士比较适合做此工作。评审涉及软件开发的各个阶段，包括需求、设计、测试，各个过程阶段都需要评审。

9.1 软件评审概述

1. 评审阶段的划分

软件评审可以分为以下阶段：

1）系统分析与设计。

2）软件需求分析。

3）软件概要设计。

4）软件详细设计。

5）编码和单元测试。

6）软件部件测试。

7）软件配置项测试。

8）软件系统测试。

9）系统验收。

2. 内部评审

内部评审是由承办方组织的评审。一般应达到如下要求：

1）软件开发的各个阶段都必须进行内部评审。

2）项目承办方的质量管理人员负责组织内部评审。

3）内部评审要成立评审组，承办方依据项目的具体情况，自行确定内部评审组的成员，一般情况下，评审组成员由具备相关背景知识、了解项目情况的同行专家、代表组成。

4）评审组一般由五人以上组成。

3. 外部评审

外部评审是由交办方组织的评审。特殊情况下，交办方可委托其他单位代理组织外部评审。一般应达到如下要求：

- 按照软件研制任务书的要求，落实规定的外部评审。
- 外部评审在内部评审通过后进行。
- 外部评审须成立评审委员会，由交办方确定评审委员会的成员。评审委员会一般为五人（含）以上单数，成员由交办方、承制方、评测方和用户方的相关专家组成。
- 外部评审活动分预先评审和外部评审会议两步完成。

外部评审可遵循如下步骤：

1）提出评审申请。承办方在完成阶段工作并通过内部评审后，提出外部评审申请。

2）成立评审委员会。交办方主管机关受理评审申请后，依据评审阶段和软件项目的具体情况负责组织外部评审委员会，安排评审时间和地点。

3）提交被评审的工作产品。一般情况下，承办方应在评审会召开的 10 天之前，将被评审的工作产品（如文档等）送达到各个评审委员。提交的工作产品应出自承办方的配置管理受控库。

4）预先审查。在评审会集中讨论之前，各个评审委员应预先审查被评审的工作产品：

- 本阶段工作产品是否齐全、规范，记录存在的问题。
- 每个工作产品是否符合技术要求或管理要求，记录存在的问题。

5）评审会议。评审委员会主任主持外部评审会议，会议议程主要包括：

- 听取承办方关于阶段工作的工作报告和相关说明。
- 评审委员会就相关问题开展质疑提问。
- 承办方认真回答问题，记录确实存在的问题，填写"评审问题记录表"。
- 形成评审意见。
- 评审委员会主任签署评审意见和评审问题记录表。
- 评审委员会成员在"评审委员会成员登记表"上签字。

6）评审结论。评审结论分以下两种：

- 通过。
- 不通过。

7）对评审结论的处理。对评审通过的处理：

- 评审中不存在问题的处理：存档评审意见，直接转入下一阶段工作。
- 评审通过但存在问题的处理：存档评审意见和评审问题记录表。根据评审问题记录表所记录的问题，按照更动处理程序完成对工作产品的更动，将新版本的工作产品纳入配置管理受控库，转入下一阶段的工作。

对评审不通过的处理：根据评审问题记录表所记录的问题，按照更动处理程序完成对工作产品的更动，将新版本的工作产品纳入配置管理受控库，重新提出外部评审申请。

9.2 需求评审

1. 需求评审概述

软件需求是软件开发的最重要的一个步骤，需求的质量很大程度上决定了项目质量或产品质量。需求风险也常常是软件开发过程中最大的一个风险，降低需求风险的一个重要手段就是需求评审，但是需求评审是所有的评审活动中最难的，也是最容易被忽视的一个评审。

在需求评审中经常存在以下问题：

1）需求报告很长，短时间内评审者根本不可能把需求报告读懂，想清楚。

2）没有做好前期准备工作，需求评审的效率很低。

3）需求评审的节奏无法控制。

4）找不到合格的评审员，与会的评审员无法提出深入的问题。

2. 如何做好需求评审

为了做好需求评审，采用如下建议可以收到较好的效果。

（1）分层次评审

我们知道用户的需求是可以分层次的，一般而言可以分成如下层次：

- **目标性需求**：定义了整个系统需要达到的目标。
- **功能性需求**：定义了整个系统必须完成的任务。
- **操作性需求**：定义了完成每个任务的具体的人机交互。

目标性需求是企业的高层管理人员所关注的，功能性需求是企业的中层管理人员所关注的，操作性需求是企业的具体操作人员所关注的。对不同层次的需求，其描述形式是有区别的，参与评审的人员也是不同的。如果让具体的操作人员去评审目标性需求，可能会很容易地导致"捡了芝麻，丢了西瓜"的现象。如果让高层的管理人员也去评审那些操作性需求，无疑是一种资源的浪费。

（2）正式评审与非正式评审结合

正式评审是指通过开评审会的形式，组织多个专家，将需求涉及的人员集合在一起，并定义好参与评审人员的角色和职责，对需求进行正规的会议评审。而非正式的评审并没有这种严格的组织形式，一般也不需要将人员集合在一起评审，而是通过电子邮件、文件汇签甚至是网络聊天等多种形式对需求进行评审。这两种形式各有利弊，但往往非正式的评审比正式的评审效率更高，更容易发现问题。因此在评审时，应该更灵活地利用这两种方式。

（3）分阶段评审

应该在需求形成的过程中进行分阶段的评审，而不是在需求最终形成后再进行评审。分阶段评审可以将原本需要进行的大规模评审拆分成各个小规模的评审，降低了返工的风险，提高了评审的质量。比如可以在形成目标性需求后进行一次评审，在形成系统的初次概要需求后进行一次评审，对概要需求细分成几个部分，对每个部分进行评审，最终再对整体的需求进行评审。

（4）精心挑选评审员

需求评审可能涉及的人员包括：需求方的高层管理人员、中层管理人员、具体操作人员、IT主管、采购主管；供方的市场人员、需求分析人员、设计人员、测试人员、质量保证人员、实施人员、项目经理以及第三方的领域专家等。在这些人员中由于大家所处的立场不同，对同一个问题的看法是不相同的，有些观点是和系统的目标有关系的，有些是关系不大的，不同的观点可能形成互补的关系。为了保证评审的质量和效率，需要精心挑选评审员。首先要保证使不同类型的人员都要参与进来，否则很可能会漏掉很重要的需求。其次在不同类型的人员中要选择那些真正和系统相关的，对系统有足够了解的人员参与进来，否则很可能使评审的效率降低或者最终不切实际地修改了系统的范围。

（5）对评审员进行培训

在很多情况下，评审员是领域专家而不是进行评审活动的专家，他们没有掌握进行评审的方法、技巧、过程等，因此需要对评审员进行培训。同样对于主持评审的管理者也需要进行培训，从而使参与评审的人员能够紧紧围绕评审的目标来进行，这样能够控制评审活动的节奏，提高评审效率。对评审员的培训也可以区分为简单培训与详细培训两种。简单培训可能需要十几分钟或者几十分钟，将在评审过程中需要把握的基本原则，需要注意的常见问题说清楚。详细培训则可能需要对评审的方法、技巧、过程进行正式的培训，需要花费较长的时间，是一个独立的活动。

（6）充分利用需求评审检查单

需求检查单是很好的评审工具，可以分成两类：需求形式的检查单和需求内容的检查单。需求形式的检查可以由 QA 人员负责，主要是针对需求文档的格式是否符合质量标准来提出的。需求内容的检查由评审员负责，主要是检查需求内容是否达到了系统目标、是否有遗漏、是否有错误等，这是需求评审的重点。检查单可以帮助评审员系统全面地发现需求中的问题，它也是随着工程经验的积累逐渐丰富和优化的。

（7）建立标准的评审流程

对正规的需求评审会需要建立正规的需求评审流程，按照流程中定义的活动进行规范的评审过程。比如在评审流程定义中可能规定评审的进入条件，评审需要提交的资料，每次评审会议的人员职责分配，评审的具体步骤，评审通过的条件等。

（8）做好评审后的跟踪工作

在需求评审后，需要根据评审人员提出的问题进行评价，以确定哪些问题是必须纠正的，哪些可以不纠正，并给出充分的客观的理由与证据。当确定需要纠正的问题后，要形成书面的需求变更申请，进入需求变更的管理流程，并确保变更的执行。在变更完成后，要进行复审。切忌评审完毕后，没有对问题进行跟踪，而无法保证评审结果的落实，使前期的评审努力付之东流。

（9）充分准备评审

评审质量的好坏很大程度上取决于在评审会议前的准备活动。常出现的问题是，需求文档在评审会议前并没有提前下发给参与评审会议的人员，没有留出更多更充分的时间让参与评审的人员阅读需求文档。更有甚者，没有执行需求评审的进入条件，在评审文档中存在大量的低级的错误或者没有在评审前进行沟通，文档中存在方向性的错误，从而导致评审的效率很低，质量很差。对评审的准备工作，也应当定义一个检查单，在评审之前对照检查单落实每项准备工作。

3.“软件需求规格说明”评审细则

对于需求规格说明的评审，可遵循如下评审细则：

1）是否清晰地定义了引用文档。

2）是否以软件配置项为单位分别对各个软件配置项进行了需求分析。

3）是否对每个软件配置项的外部接口进行了清晰、完整的说明。

4）是否对每个软件配置项所包含的功能及其性能进行了适当的了解。

5）是否对每个软件功能的输入、输出进行了细致的说明。

6）是否对每个软件功能所对应的处理模型或处理流程（还包括容错处理模型、异常处理模型等）进行了翔实的说明。

7）对于安全关键软件，是否清晰地表示了软件必须处理的安全关键事件或危险事件。

8）软件配置项的功能是否满足软件研制任务书的要求或系统设计文档的要求。

9）软件需求分析的方法、使用的工具是否得当。

10）是否明确了对软件的非功能性要求。

11）是否明确提出了软件的安全性、可靠性要求。

12）是否明确提出了软件的易用性需求。

13）是否明确提出了软件的维护性需求。

14）是否明确提出了软件的可移植性需求。

15）是否明确了对软件的数据保密性、完整性要求。

16）软件需求是否是可测试、可度量、可验证的。

17）是否具有需求追踪表，向上可追溯到"软件研制任务书"或"系统/子系统设计文档"。

18）是否所有需求都进行了明确定义，用例图覆盖了主要的用户功能需求。

19）用例图是否清楚说明了功能、角色、主事件流、异常事件流、前置条件、后置条件和非功能需求等内容。

20）对于业务流程，是否有详细的描述，包括处理机制、算法等。

21）文档编写是否规范。

22）文档描述是否正确、一致、完整。

9.3　概要设计评审

1. 概要设计评审概述

在软件概要设计结束后必须进行概要设计评审，以评价软件设计说明书中所描述的软件概要设计在总体结构、外部接口、主要部件功能分配、全局数据结构以及各主要部件之间的接口等方面是否合适。

一般应考察以下几个方面：

1）概要设计说明书是否与软件需求说明书的要求一致。

2）概要设计说明书是否正确、完整、一致。

3）系统的模块划分是否合理。

4）接口定义是否明确。

5）文档是否符合有关标准规定。

2. "概要设计说明"评审细则

对软件概要设计说明的评审，可遵循如下评审细则：

1）是否做到了以软件部件为基础进行软件体系结构的设计，即体系结构中的组成部分必须为实体部件。

2）软件体系结构是否优化、合理、稳健。

3）是否将软件需求规格说明中定义的功能、性能等全部都分配给了具体的软件部件。

4）为各个软件部件分配的功能、性能是否合理、和谐。

5）是否清晰、合理地定义了各个软件部件的接口。

6）软件部件的扇入、扇出是否符合要求（一般应控制在 7 以下）。

7）对于安全关键功能，是否采用了必要的设计策略。

8）是否说明了软件可靠性设计的具体措施。

9）是否清晰、合理地设计了软件部件之间的协同关系，如同步、互斥、顺序等。

10）是否清晰、完整地列出了所有要求监督的软件工作过程，如软件需求分析、软件设计、配置项测试、配置管理等。

11）是否具体地策划了软件质量监督的监督节点。

12）是否建立了软件设计与软件需求的追踪表，审查分配给每个 CSC（计算机软件部件）的功能或任务是否可追溯到"软件需求规格说明"或"接口需求和设计文档"。

13）逻辑视图对 CSCI（计算机软件配置项）的层次分解是否合理，分解到底层的包 / 类的粒度是否合适，即该包 / 类的后续实现者不必了解全系统的情况，并且中途换人不影响工作进度。

14）分解的包 / 类是否涵盖了所有的功能需求。

15）主要用例的主流程是否用分解的设计元素进行描述。

16）是否为完成需求的功能增加了必要的包 / 类，使得层次分解的结果是一个完整的设计。

17）进程视图是否描述了所有主要的进程 / 线程，进程的生命期、功能、同步、通信等机制描述是否完备。

18）实现视图是否描述了 CSCI 的实现组成，每个组件是否分配了合适的需求功能，组件的表现形式（exe、dll 或 ocx 等）是否合理。

19）部署视图是否描述了 CSCI 的安装运行情况，能否对未来的运行景象形成明确概念。

20）文档编写是否规范。

21）文档描述是否正确、一致、完整。

9.4 详细设计评审

1. 详细设计评审概述

在软件详细设计阶段结束后必须进行详细设计评审，以评价软件验证与确认计划中所规定的验证与确认方法的合适性与完整性。

一般应考察以下几个方面：

1）详细设计说明书是否与概要设计说明书的要求一致。

2）模块内部逻辑结构是否合理，模块之间的接口是否清晰。

3）数据库设计说明书是否完全，是否正确反映详细设计说明书的要求。

4）测试是否全面、合理。

5）文档是否符合有关标准规定。

2. "详细设计说明"评审细则

对软件详细设计说明的评审，可遵循如下评审细则：

1）是否将软件部件分解为软件单元。

2）是否对每个软件单元规定了程序设计语言所对应的处理流程。

3）对每个单元的入口、出口是否给予了清晰完整的设计。

4）软件单元之间的关系是否清晰完整。

5）文档编写是否规范。

6）文档描述是否正确、一致、完整。

9.5   数据库设计评审

1.数据库设计评审概述

在数据库设计阶段结束后必须进行数据库设计评审，以评价数据库的结构设计及运用设计得是否合适。

一般应考察以下几个方面：

1）概念结构设计。

2）逻辑结构设计。

3）物理结构设计。

4）数据字典设计。

5）安全保密设计。

2."数据库设计说明"评审细则

对数据库设计说明的评审，可遵循如下评审细则：

1）是否进行了数据库系统模式设计、子模式设计以及物理设计。

2）数据的逻辑结构是否满足完备性要求。

3）数据的逻辑结构是否满足一致性要求。

4）数据的冗余度是否合理。

5）数据库的后备、恢复设计是否合理、有效。

6）对数据的存取控制是否满足数据的安全保密性要求。

7）对数据的存取控制是否满足实时性要求。

8）网络、通信设计是否合理、有效。

9）审计、控制设计是否合理。

10）屏幕设计、报表设计是否满足要求。

11）文件的组织方式和存取方法是否合理、有效。

12）数据安排是否合理、有效。

13）数据在存储介质上的分配是否合理、有效。

14）数据的压缩、分块是否合理、有效。

15）缓冲区的大小和管理是否满足要求。

16）文档编写是否规范。

17）文档描述是否正确、一致、完整。

9.6   测试评审

1."软件测试需求规格说明"评审细则

对软件测试需求规格说明的评审，可遵循如下评审细则：

1）测试依据是否完整、有效。

2）是否标识了所有被测对象。

3）是否提出了对被测对象的评价方法。

4）是否对被测对象的测试内容进行了适当的分类，即标识为测试类型。

5）对于每个测试项，是否提出了测试的充分性要求。

6）对于每个测试项，是否清晰地给出了追踪关系。

7）是否明确提出了测试项目的终止条件。

8）是否对软件单元提出了关于圈复杂度的测试要求。

9）是否对软件单元提出了对源代码的注释行进行分析、检查和统计的测试要求（代码的有效注释行比率不低于20%）。

10）是否对软件单元提出了语句覆盖和分支覆盖的测试项要求（语句覆盖和分支覆盖应达到100%）。

11）是否对软件单元的每个特征都提出了测试要求（至少包括正常激励的测试要求和被认可的异常激励要求）。

12）是否提出了单元调用关系覆盖测试的要求。

13）测试内容（测试项）是否覆盖了每个部件的所有外部接口。

14）是否按照设计要求，对部件的功能、性能提出了强度测试要求。

15）对于安全关键部件，是否提出了安全性分析和安全性测试要求。

16）测试内容（测试项）是否覆盖了配置项的所有功能和性能。

17）测试内容（测试项）是否覆盖了配置项的所有外部接口。

18）是否按照软件需求规格说明的要求，对软件配置项的功能、性能提出了强度测试要求。

19）对于安全关键的配置项，是否提出了安全性分析和安全性测试要求。

20）测试内容（测试项）是否涵盖了系统的所有功能和性能。

21）测试内容（测试项）是否涵盖了系统的所有外部接口。

22）是否按照系统设计文档的要求，对系统的功能、性能提出了强度测试要求。

23）对于安全关键的系统，是否提出了安全性分析和安全性测试要求。

24）文档描述是否正确、一致、完整。

25）文档编写是否规范。

2."软件测试计划"评审细则

对软件测试计划的评审，可遵循如下评审细则。

1）是否明确了测试组织与成员，并为每个成员合理地分配了责任。

2）测试人员是否具有相对的独立性。

3）测试人员的资质是否符合测试项目的要求。

4）测试依据是否完整、有效。

5）是否标识了所有被测对象。

6）是否提出了对被测对象的评价方法。

7）是否对被测对象的测试内容进行了适当的分类，即标识为测试类型。

8）对于每个测试项，是否提出了测试的充分性要求。

9）对于每个测试项，是否提出了测试的终止条件。

10）对于每个测试项，是否清晰地给出了追踪关系（单元测试计划应追踪到详细设计文档，部件测试计划应追踪到设计文档或概要设计文档，配置项测试计划应追踪到软件需求规格说明，系统测试计划应追踪到系统设计说明）。

11）是否明确提出了测试环境要求，包括软件环境、硬件环境、测试工具等。

12）是否明确提出了测试项目的终止条件。

13）是否确定了测试进度，测试进度安排是否合理、可行。

14）是否对软件单元提出了复杂度的测试要求。

15）是否对软件单元提出了对源代码的注释行进行分析、检查和统计的测试要求（代码的有效注释行比率不低于 20%）。

16）是否对软件单元提出了语句覆盖和分支覆盖的测试要求（语句覆盖和分支覆盖应达到 100%）。

17）是否对软件单元的每个特征都提出了测试要求（至少包括正常激励的测试要求和被认可的异常激励的测试要求）。

18）是否提出了单元调用关系覆盖测试的要求。

19）测试内容（测试项）是否涵盖了每个部件的所有外部接口。

20）是否按照设计要求，对部件的功能、性能提出了强度测试要求。

21）对于安全关键部件，是否提出了安全性分析和安全性测试要求。

22）测试内容（测试项）是否涵盖了配置项的所有功能和性能。

23）测试内容（测试项）是否涵盖了配置项的所有外部接口。

24）是否按照软件需求规格说明的要求，对软件配置项的功能、性能提出了测试要求。

25）对于安全关键的配置项，是否提出了安全性分析和安全性测试要求。

26）测试内容（测试项）是否涵盖了系统的所有功能和性能。

27）测试内容（测试项）是否涵盖了系统的所有外部接口。

28）是否按照系统设计文档的要求，对系统的功能、性能提出了测试要求。

29）对于安全关键的系统，是否提出了安全性分析和安全性测试要求。

30）文档编写是否规范。

31）文档描述是否正确、一致、完整。

3. "软件测试说明"评审细则

对软件测试说明的评审，可遵循如下评审细则：

1）是否覆盖了测试计划中标识的所有被测试对象。

2）是否对测试项提出了测试方法要求。

3）是否对测试项进行了合理的测试进度安排。

4）是否对测试项进行了合理的测试过程准备。

5）测试用例的描述是否全面。

6）测试用例是否充分。

7）测试方法是否可行。

8）是否建立了清晰的测试用例与测试计划的追踪关系。

9）文档编写是否规范。

10）文档描述是否正确、一致、完整。

4."软件测试报告"评审细则

对软件测试报告的评审，可遵循如下评审细则：

1）是否对测试过程进行了描述。

2）是否对测试用例的执行情况进行了描述。

3）对未执行的测试用例是否说明了未执行的原因。

4）测试报告结论是否客观。

5）文档编写是否规范。

6）文档描述是否正确、一致、完整。

5."软件测试记录"评审细则

对软件测试记录的评审，可遵循如下评审细则：

1）是否有测试人员签名。

2）测试用例执行结果描述是否充分、明确。

3）测试用例执行过程描述是否充分、明确。

4）文档编写是否规范。

5）文档描述是否正确、一致、完整。

习题

1. 软件评审的目的是什么？
2. 软件评审可以划分为哪几个阶段？
3. 内部评审由谁组织，一般应达到什么要求？
4. 外部评审由谁组织，一般应达到什么要求？
5. 简述外部评审的步骤。
6. 概要设计评审一般考察哪些方面？
7. 简述"概要设计说明"评审细则。
8. 详细设计评审一般考察哪些方面？
9. 简述"详细设计说明"评审细则。
10. 简述"数据库设计说明"评审细则。
11. 简述"软件测试需求规格说明"评审细则。
12. 简述"软件测试计划"评审细则。
13. 简述"软件测试说明"评审细则。
14. 简述"软件测试报告"评审细则。
15. 简述"软件测试记录"评审细则。

第 10 章　测试管理

随着软件开发规模增大，复杂程度增加，以寻找软件中的故障为目的的测试工作就显得更加困难。为了尽可能多地找出程序中的故障，开发出高质量的软件产品，必须对测试工作进行组织策划和有效管理，采取系统的方法建立起软件测试管理体系。对测试活动进行监管和控制，以确保软件测试在软件质量保障中发挥应有的关键作用。

10.1　建立测试管理体系

根据对国际著名 IT 企业的调查，软件测试费用占整个软件工程所有研发费用的 50% 以上。相比之下，我国软件企业在软件测试方面的投入与国际水准仍存在差距。大多数企业在管理上随意、简单，没有建立有效、规范的软件测试管理体系。

应用系统方法来建立软件测试管理体系，也就是把测试工作作为一个系统，对组成这个系统的各个过程加以识别和管理，以实现设定的系统目标。同时要使这些过程协同作用、互相促进，尽可能发现和排除软件故障。测试系统主要由下面 6 个相互关联、相互作用的过程组成：

（1）测试计划

确定各测试阶段的目标和策略。这个过程将输出测试计划，明确要完成的测试活动，评估完成活动所需要的时间和资源，设计测试组织和岗位职权，进行活动安排和资源分配，安排跟踪和控制测试过程的活动。

测试计划与软件开发活动同步进行。在需求分析阶段，要完成验收测试计划，并与需求规格说明一起提交评审。类似地，在概要设计阶段，要完成和评审系统测试计划；在详细设计阶段，要完成和评审集成测试计划；在编码实现阶段，要完成和评审单元测试计划。对于测试计划的修订部分，需要进行重新评审。

（2）测试设计

根据测试计划设计测试方案。测试设计过程输出的是各测试阶段使用的测试用例。测试设计也与软件开发活动同步进行，其结果可以作为各阶段测试计划的附件提交评审。测试设计的另一项内容是回归测试设计，即确定回归测试用例集。对于测试用例的修订部分，也要求进行重新评审。

（3）测试实施

使用测试用例运行程序，将获得的运行结果与预期结果进行比较和分析，记录、跟踪和管理软件故障，最终得到测试报告。

（4）配置管理

测试配置管理是软件配置管理的子集，作用于测试的各个阶段。其管理对象包括测试计划、测试方案（用例）、测试版本、测试工具及环境、测试结果等。

（5）资源管理

资源管理包括对人力资源和工作场所，以及相关设施和技术支持的管理。如果建立了测试实验室，还存在其他管理问题。

（6）测试管理

采用适宜的方法对上述过程及结果进行监视，并在适用时进行测量，以保证上述过程的有效性。如果没有实现预定的结果，则应进行适当的调整或纠正。

此外，测试系统与软件修改过程是相互关联、相互作用的。测试系统的输出（软件故障报告）是软件修改的输入。反过来，软件修改的输出（新的测试版本）又成为测试系统的输入。根据上述 6 个过程，可以确定建立软件测试管理体系的 6 个步骤：

1）识别软件测试所需的过程及其应用，即测试规划、测试设计、测试实施、配置管理、资源管理和测试管理。

2）确定这些过程的顺序和相互作用，前一过程的输出是后一过程的输入。其中，配置管理和资源管理是这些过程的支持性过程，测试管理则对其他测试过程进行监视、测试和管理。

3）确定这些过程所需的准则和方法，一般应制定这些过程形成文件的程序，以及监视、测量和控制的准则和方法。

4）确保可以获得必要的资源和信息，以支持这些过程的运行和对它们的监测。

5）监视、测量和分析这些过程。

6）实施必要的改进措施。

建立软件测试管理体系的主要目的是确保软件测试在软件质量保证中发挥应有的关键作用，包括对软件产品的特性进行监视和测量，对软件产品设计和开发进行验证，以及对软件过程的监视和测量。

对软件产品的特性进行监视和测量，主要依据软件需求规格说明书来验证产品是否满足要求。所开发的软件产品是否可以交付，要预先设定质量指标，并进行测试。只有符合预先设定的指标，才可以交付。对于软件测试中发现的软件故障，要认真记录它们的属性和处理措施，并进行跟踪，直至最终解决。在排除软件故障之后，要再次进行验证。

对软件产品设计和开发进行验证，主要通过设计测试用例对需求分析、软件设计、程序代码进行验证，确保程序代码与软件设计说明书一致，以及软件设计说明书与需求规格说明书一致。对于验证中发现的不合格现象，同样要认真记录和处理，并跟踪解决。解决之后，还要再次进行验证。

对软件过程的监视和测量，是从软件测试中获取大量关于软件过程及其结果的数据和信息，用于判断这些过程的有效性，为软件过程的正常运行和持续改进提供决策依据。

10.2　测试管理的基本内容

软件测试管理通过一定的管理方法和工具对整个软件测试过程进行计划、组织和监控，提高软件测试的效率，涉及对测试组织、测试过程和测试文档的管理等。

10.2.1　测试组织管理

测试组织管理的主要任务是：组织和管理测试小组，确定测试小组的组织模式，安排测试任务，估计测试工作量，确定应交付的测试文档，管理测试件，确定测试需求和组织测试设计等。

1）**组织和管理测试小组**：对软件测试工作来说，测试人员是最宝贵的财富。组建测试小组时，应按照测试工作负荷配备合适的测试人员。对复杂的测试工作，应由测试工程师负责，他们具有独立的测试技能，能够设计测试计划，编写测试用例，建立、定制和使用先进的测试工具，对故障进行隔离等。对测试中一些简单的操作，可以组织初级测试技术人员来担任。

2）**确定测试小组的组织模式**：测试技能通常分为四种。一是具有普通专业技能，如阅读、书写、计算等；二是具有专业技能，了解系统构成，掌握编程语言、系统架构、操作系统特性、网络、数据库等知识；三是熟悉应用领域，了解系统要解决的业务、技术和科学问题；四是具有测试专业技能。根据测试成员所具有的技能，可以将测试小组分为基于技能的组织模式和基于项目的组织模式。基于技能的组织模式要求每个人关注自己的专业领域，因此要求测试人员必须掌握专业测试工具的使用方法和复杂的测试技术，适合于高科技领域的测试。基于项目的组织模式可以将具有不同技能水平的测试人员分配到一个项目中，以减少测试工作的中断和转换。但通常在建立测试小组时，较少采用纯粹的基于技能的组织模式或基于项目的组织模式，一般采用两者兼有的混合组合模式。

3）**安排测试任务**：明确测试任务，对每项任务进行组织安排。

4）**估计测试工作量**：根据任务，估计测试工作量。

5）**确定应交付的测试文档**：指明应交付的文档，一般包括测试计划、测试用例、测试日志、测试事件报告和测试总结报告等。

6）**管理测试件**：测试件包括测试工具、测试驱动程序、测试桩模块等。测试件也是软件，也应像其他软件一样被管理起来。

7）**确定测试需求**：测试需求是根据本阶段的测试目标及软件规格说明和相关接口需求说明文档，从不同角度明确本阶段的各种需求因素，包括环境需求、被测对象要求、测试工具需求、测试代码需求、测试数据等。测试需求的设计必须保证需求的可跟踪性和覆盖。

8）**组织测试设计**：测试设计描述测试各个阶段需要运用的测试要素，包括测试用例、测试工具、测试代码、测试规程的设计思路和设计准则。在测试用例的设计上，应描述测试用例的共同属性，如共同的约束条件、环境需求、依赖条件等。在测试工具的设计上，应描述要采用测试工具的设计要点、设计思路等。在测试代码设计上，应描述将要插装的测试代码的测试要点、设计思路。在测试规程设计上，应描述测试用例操作序列的测试规程和状态转换图等。测试设计描述的详细程度应能够用于确定主要的测试任务和估计每一个任务所需要的时间。

10.2.2　测试过程管理

软件测试不等于程序测试，软件测试贯穿于软件开发整个生命周期，但软件测试过程管理在各个阶段的具体内容是不同的。在软件开发的每个阶段，测试任务的最终完成都要经过从计划、设计、执行到结果分析、总结等一系列步骤，这便构成了软件测试的一个基本过程。因此，软件测试过程管理主要集中在测试准备、测试计划、测试用例设计、测试执行、测试结果分析，以及如何开发和使用测试过程管理工具上。

测试过程管理的基本内容包括：

1）**测试准备**：确定测试组长，组建测试小组，参加有关项目计划、分析和设计会议，获取必要的需求分析、系统设计文档，以及相关产品／技术知识的培训。

2）**测试计划阶段**：不言而喻，计划是指导一个测试过程的决定性部分。测试计划阶段的整体目标是确定测试范围、测试策略和方法，以及对可能出现的问题和风险，所需要的各种资源和投入等进行分析和估计，以指导测试的执行。一个好的测试计划应该包括以下几方面的内容：

- **目的**。必须明确每一测试阶段的目的。
- **完成测试的标准**。必须给出判断每个测试阶段完成测试的标准。
- **测试策略**。测试策略描述测试小组用于测试整体和每个阶段的方法。
- **资源配置**。计划资源要求是确定实现测试策略必备条件的过程。如果需要特殊的硬件设备，计划中就要给相应的要求以及什么时候使用这些硬件设备。具体的资源要求取决于项目、测试小组和公司，因此测试计划应仔细估算测试软件的资源要求。
- **责任明确**。任务分配明确，具体指出谁负责软件的哪些部分、哪些可测试特性，以确保软件的每一部分都有人测试，每一位测试员都清楚自己的职责，而且有足够的信息开始设计测试用例。
- **进度安排**。对于每一个测试阶段，制定一个进度安排表。测试进度安排可以为产品开发小组和项目管理员提供信息，以便更好地安排整个项目的进度。
- **风险**。明确指出项目中潜在的问题或风险区域，在进度中给予充分的考虑。
- **测试用例库及其标准化**。测试计划过程将决定用什么方法编写测试用例，在哪里保存测试用例，如何使用和维护测试用例。
- **组装方式**。包含若干程序或分系统的系统可能是依次地组装在一起，测试计划应确定组装的次序，是按自顶向下还是自底向上的递增式集成方式进行测试，确定系统在各种组装下的功能特性，以及确定生产所谓"临时支架"（桩模块或驱动模块）的任务。
- **工具**。必须确定所需要的测试工具并制定出计划：谁来开发或负责这些工具，如何使用工具，什么时候使用。

3）**测试设计阶段**：软件测试设计建立在测试计划之上，通过设计测试用例来完成测试内容，以实现所确定的测试目标。软件测试设计的主要内容有：

- 制定测试技术方案，确定各个测试阶段要采用的测试技术、测试环境和测试工具。
- 设计测试用例，根据产品需求分析、系统设计等规格说明书，设计测试用例。
- 设计测试用例集合，根据测试目标，即一些特定的测试目的和任务，选择测试用例的特定集合，构成执行某个特定测试任务的测试用例集合。
- 测试开发，根据所选择的测试工具，将可以进行自动测试的测试用例转换为测试脚本。
- 设计测试环境，根据所选择的测试平台以及测试用例所要求的特定环境，进行服务器、网络等测试环境的设计。

在测试设计阶段，还应考虑：

- 所设计的测试技术方案是否可行、是否有效、是否能达到预定的测试目标。
- 所设计的测试用例是否完整、是否考虑边界条件、能否达到其覆盖率要求。
- 所设计的测试环境是否和用户的实际使用环境接近等。

4）**测试执行阶段**：建立和设置好相关的测试环境，准备好测试数据，开始执行测试。测试执行可以以手工进行，也可以自动进行。自动化测试借助于测试工具，运行测试脚本，记录测试结果，所以管理比较简单，而手工测试的管理相对要复杂些。

5）**测试结果分析**：测试结束后，对测试结果进行分析，以确定软件产品的质量，为产品的改进或发布提供数据和支持。在管理上，应做好测试结果的审查和分析，做好测试报告的撰写和审查工作。

10.2.3　资源和配置管理

软件产品的开发依赖于必要的、充分的资源，俗话说"巧妇难为无米之炊"。资源管理不仅要保证测试项目有足够的资源，还要能充分有效地利用现有资源，进行资源的优化组合，避免资源的浪费。同时，软件产品从开发到最后的提交要经过多个阶段，每个阶段又会产生不同的版本，配置管理的目的是在整个软件生存周期内建立和维护软件产品的完整性。

1. 资源管理

项目资源可简单分为人力资源和环境资源。

人力资源主要是指测试人员的数量及其测试技能。在测试项目中所需的测试人员和要求在各个阶段是不同的。例如，在测试的前期，需要一些比较资深的测试设计、测试开发人员，对被测软件进行详细分析，设计测试用例，开发测试脚本。在测试中期，主要是执行测试，如果测试自动化程度较高，人力的投入不会有明显增加；如果测试自动化程度较低，则需要较多的测试人员。在测试的后期，资深测试人员可以抽出部分时间准备新项目的测试。因此，人力资源管理的难度主要在于：

- 资源需求的估计，依赖于测试工作量的估计和每个测试人员的能力评估。
- 资源的应急处理，应有 10% 左右的余量作为应急储备。
- 资源在阶段间和项目间的平衡协调等。

环境资源是指建立测试环境所需要的计算机软件资源和硬件资源的总和。硬件提供了一个支持操作系统、应用系统和测试工具等运行的基本平台，软件资源则包括操作系统、第三方软件产品、测试工具等。环境资源管理的难度在于：

- 对硬件进行环境因素、可靠性、电磁辐射程度以及软件兼容性的确定。
- 对软件进行硬件兼容性、性能、系统行为方面的确定。
- 规划测试实验配置清单。

2. 配置管理

配置管理是在团队开发中，标识、控制和管理软件变更的一种管理，是通过在软件生命周期的不同时间点上对软件配置进行标识，并对这些标识的更改进行系统控制，从而达到保证软件产品完整性和可溯性的过程。配置管理的基本过程如下：

1）**配置标识**：标识组成软件产品的各个组成部分并定义其属性，制定基线计划。

2）**配置控制**：控制对配置项的修改。

3）**配置状态发布**：向相关组织和个人报告变更申请的处理过程、允许的变更及其实现情况。

4）**配置评审**：确认受控配置项是否满足需求等。

配置管理对软件测试和质量保证影响较大，其影响程度与项目的规模、复杂性、人员素质、流程和管理水平等因素有关。

10.2.4　测试文档管理

软件测试是一个很复杂的过程，因此必须把对测试的要求、过程及测试结果以正式的文档形式写下来。可以说，测试文档的编制是测试工作规范化的一个重要组成部分。

1. 测试文档的类型

根据测试文档所起的作用，通常把测试文档分成两类，即测试计划和测试分析报告。测试计划详细规定测试的要求，包括测试的目的和内容、方法和步骤，以及测试的准则等。由于要测试的内容可能涉及软件的需求和软件的设计，必须及早开始测试计划的编制工作。通常，测试计划的编写从需求分析阶段开始，直到软件设计阶段结束时完成。

测试报告用来对测试结果进行分析说明。软件经过测试后，应给出结论性的意见。软件的能力如何，存在哪些缺陷和限制，等等。这些意见既是对软件质量的评价，又是决定该软件能否交付用户使用的依据。由于要反映测试工作的情况，自然应该在测试阶段内编写。

《计算机软件测试文档编制规范》国家标准给出了更具体的测试文档编制建议。其中包括以下几项内容：

- **测试计划**：该计划描述测试活动的范围、方法、资源和进度，其中规定了被测试的对象、被测试的特性、应完成的测试任务、人员职责及风险等。
- **测试设计规格说明**：该说明详细描述测试方法、测试用例以及测试通过的准则等。
- **测试用例规格说明**：该说明描述测试用例涉及的输入、输出，对环境的要求，对测试规程的要求等。
- **测试步骤规格说明**：该说明规定了实施测试的具体步骤。
- **测试日志**：该日志是测试小组对测试过程所做的记录。
- **测试事件报告**：该报告说明测试中发生的一些重要事件。
- **测试总结报告**：对测试活动所做的总结和结论。

前 4 个属于测试计划，后 3 个属于测试分析报告。

2. 测试文档的管理

测试文档对于测试阶段的工作有着非常明显的指导和评价作用，因此有必要将文档管理融入项目管理中，成为项目管理的一个重要环节。文档管理主要包括以下几方面内容：

- 文档的分类管理。
- 文档的格式和模板管理。
- 文档的一致性管理。
- 文档的存储管理。

IEEE/ANSI 规定了一系列有关软件测试的文档及测试标准。IEEE/ANSI 标准 829/1983 推荐了一种常用的软件测试文档格式，以便于交流测试工作。图 10.1 概括了用于测试计划和规格说明的所有文档之间的相互关系，以及与各种测试活动和标准之间的关系，说明如下：

- **SQAP**：软件质量保证计划，每个软件测试产品有一个。
- **SVVP**：软件验证和确认测试计划，每 SQAP 有一个。
- **VTP**：验证测试计划，每个验证活动有一个。
- **MTP**：主确认测试计划，每个 SVVP 有一个。
- **DTP**：详细确认测试计划，每个确认活动有一个或多个。
- **TDS**：测试设计规格说明，每个 DTP 有一个或多个。
- **TCS**：测试用例规格说明，每个 TDS/TPS 有一个或多个。

- TPS：测试步骤规格说明，每个 TDS 有一个或多个。
- TC：测试用例，每个 TCS 有一个。

由图 10.1 可以看出：每个软件产品都有一个软件质量保证计划，每个软件质量保证计划有一个软件验证和确认测试计划，软件验证和确认计划有一个主确认测试计划。每个验证测试活动有一个验证测试计划，每个确认测试活动有一个或多个测试计划，每个测试计划有一个或多个测试设计规格说明，每个测试设计规格说明有一个或多个测试步骤规格说明，每个测试设计规格说明 / 测试步骤规格说明有一个或多个测试用例规格说明，每个测试用例规格说明有一个测试用例。

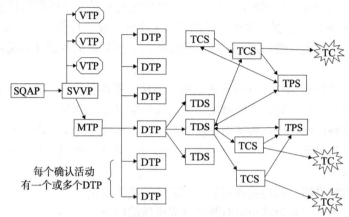

图 10.1   测试计划和规格说明的文档结构

图 10.2 给出了测试报告的文档结构。

说明如下：

- VTR：验证测试报告，每个验证活动一个。
- TPS：测试步骤规格说明。
- TL：测试记录，每个测试期一份。
- TIR：测试事故报告，每个事故一个。
- TSR：测试总结报告只有一个。

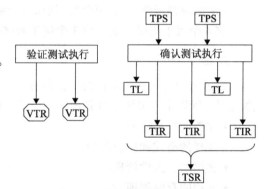

图 10.2   测试报告的文档结构

10.3   测试管理的原则

软件生存周期模型为我们提供了软件测试的流程和方法，为测试过程管理提供了依据。但实际的测试工作是复杂而烦琐的，不会有哪种模型完全适用于某项测试工作。因此，应从不同的模型中抽象出符合实际现状的测试过程管理理念，依据这些理念来策划测试过程，以不变应万变。当然，测试管理涉及的范围非常广泛，如测试组织管理、测试过程管理、测试文档管理、人力资源管理、风险管理、进度管理等，本节仅介绍几条对实际测试有指导意义的管理原则。

1. 尽早测试

软件测试以发现软件中存在的错误为目的。所有错误的修复都是要付出代价的。没有被发现的故障以及那些在开发过程中很晚才发现的故障修复成本最高。没有被发现的故障将在系统中迁移、扩散，最终导致系统失效，造成严重的财产损失，有时还会带来法律上的麻烦，导致为此付出高昂的代价。直到很晚才发现的故障常常会造成代价昂贵的返工。Boehim 分析了 IBM、GTB、TRW 等软件公司的统计资料，发现在软件开发的不同阶段进行改动需要付出的代价完全不同。后期改动的代价比前期进行相应修改要高出 2~3 个数量级。

"尽早测试"是指在软件开发生命周期中尽早开始测试任务的一种思想，包含两方面的含义。一是测试人员尽早参与软件项目，及时开展测试的准备工作，包括编写测试计划、制定测试方案以及准备测试用例等。二是尽早开展测试执行工作，即一旦单元模块完成代码编写就开展单元测试；一旦模块代码被集成为一个相对独立的子系统，便可以开展集成测试；一旦有软件系统提交，便可以开展系统测试工作，并对测试结果进行评估。

尽早开展测试准备工作，测试人员能够较早地了解测试的难度，预测测试的风险，提高测试效率，降低故障修复成本。但需要注意，"尽早测试"并非盲目地提前测试，测试活动开展的前提是必须达到一定的测试就绪点。

2. 全面测试

软件是程序、数据和文档的集合，软件测试不仅仅是对程序源代码测试。实际上，软件需求分析、设计和实施阶段是软件故障的主要来源，需求分析、概要设计、详细设计以及程序编码等各个阶段所得到的文档，都将影响到软件的质量。

"全面测试"包含两层含义：一是对软件的所有产品进行全面的测试，包括需求规格说明、概要设计规格说明、详细设计规格说明以及源程序等；二是软件开发及测试人员应全面参与到测试工作中，例如对需求的验证和确认，就需要开发人员、测试人员及用户的全面参与，测试活动不仅要保证软件能运行正确，而且还要保证软件满足了用户的需求。

"全面测试"有助于全方位地把握软件质量，最大可能地排除造成软件质量问题的各种因素，从而保证软件质量。

3. 全过程测试

软件测试是与软件开发紧密相关的一系列有计划的活动，这就要求测试人员对软件开发和测试的全过程给予充分的关注。

"全过程测试"也包含两层含义：一是测试人员应充分关注软件开发过程，对开发过程的各种变化及时做出响应。例如，开发进度的调整可能会引起测试进度及测试策略的调整，需求的变更会影响到测试的执行，等等。二是测试人员应对测试的全过程进行全程跟踪，例如，建立完善的度量与分析机制，通过对自身过程的度量，及时了解测试过程信息，调整测试策略。

"全过程测试"有助于及时应对项目变化，降低测试风险。同时对测试过程的度量与分析也有助于把握测试过程，调整测试策略，便于测试过程的改进。

4. 迭代的测试

众所周知，软件开发瀑布模型在支持结构化软件开发、控制软件开发的复杂性、促进软件开发工程化等方面起着显著作用。但是，瀑布模型在大量软件开发实践中也逐渐暴露出了许多缺点，其中最为突出的是该模型缺乏灵活性，无法通过开发活动澄清本来不够确切的软件需求，可能导致开发出的软件并不是用户真正需要的软件，只能进行返工或不得不在维护中纠正需求的偏差，给软件开发带来了不必要的损失。为适应不同的需要，人们在软件开发过程中摸索出了螺旋、迭代等诸多模型，这些模型中需求、设计、编码工作可能是重叠并反复进行的，这时的测试工作也将是迭代和反复的。如果不能将测试从开发中抽象出来进行管理，势必使测试管理陷入困境。

独立、迭代的测试着重强调了测试的就绪点，也就是说，只要测试条件成熟，测试准备活动完成，测试的执行活动就可以开展。所以，我们在遵循尽早测试、全面测试、全过程测试理念的同时，应当将测试过程从开发过程中抽象出来，作为一个独立的过程进行管理，减少因开发模型的繁杂给测试管理工作带来的不便，从而有效地控制开发风险，降低测试成本，保证项目进度。

10.4　测试管理实践

本节以一个构件化的 ERP 项目为例，说明其系统测试的几个关键过程管理。假设项目的前期需求不是很明确，开发周期相对较长，为了对项目进行更好的跟踪和管理，项目采用增量和迭代模型进行开发。整个项目开发分三个阶段：第一阶段实现进销存的简单功能和工作流；第二阶段实现固定资产管理、财务管理，并完善第一阶段的进销存功能；第三阶段增加办公自动化管理。每一阶段的工作是对上一阶段成果的一次迭代和完善，同时加入新的功能。

1. 策划测试过程

传统的瀑布模型将系统测试作为软件开发的一个阶段，在上述三个阶段完成之后开始。显然，这样做不利于及时发现故障，一些缺陷可能会隐藏至后期才能发现，导致故障的修复成本大大提高。

该系统的三个阶段具有相对独立性，所以可采用"独立、迭代"的测试原则，对测试过程进行独立策划，以每一阶段完成所提交的阶段性产品作为系统测试准备的就绪点，在就绪点及时开展测试。因此，在该系统开发过程中，系统测试组可开展三个阶段的系统测试，每个阶段的系统测试具有不同的侧重点，目的在于更好地配合开发工作，尽早地发现软件故障，降低软件成本。

2. 需求分析

本系统开发过程中，需求的获取和完善贯穿于每个阶段。对需求的把握很大程度上决定了测试能否成功。系统测试不仅仅要确认软件是否正确地实现要求的功能，还要确认软件是否满足用户的需要。依据"尽早测试"和"全面测试"的原则，在需求获取阶段，测试人员就可参与到对需求的分析讨论之中。测试人员与开发人员及用户一起分析需求的完善性与正确性，同时从可测试性角度为需求文档提出建议。同时，测试人员结合前期对项目的了解，很容易制定出了完善的测试计划和方案，将阶段性产品的测试方法及进度、人员安排进行策划，使整个项目的进展有条不紊。

实践表明，测试人员尽早参与到需求的获取和分析中，有助于加深测试人员对需求的把握和理解，提高需求文档的质量。在需求人员把握需求的同时，测试人员制定出早期测试计划和方案，及早准备测试活动，可大大提高测试效率。

3. 变更控制

在软件开发过程中，变更往往是不可避免的，也是造成软件风险的重要因素之一。依据"全过程测试"的原则，测试小组可以密切关注软件开发过程，根据进度、计划的变更调整测试策略，依据需求的变更及时补充和完善测试用例。

4. 度量与分析

对测试过程的度量有利于及时把握测试进展情况，对测试过程数据进行分析，发现测试方案的优势和不足，找出需要改进的地方，及时调整测试策略。

在 ERP 项目中，我们在测试过程中对不同阶段的故障数进行了度量，并分析测试执行是否充分。分析表明：相同时间间隔内发现的故障数量呈收敛状态。对不同功能点的测试数据覆盖率和发现的问题数进行度量分析，可以分析测试用例的充分性与故障发现率之间的关系。通过统计分析出测试数据与故障发现率之间的关系，可以及时调整测试用例编写策略，从而帮助测试人员判断测试成本和收益间的最佳平衡点。

实际上，度量是对测试过程进行跟踪的结果，是及时调整测试策略的依据。对测试过程的度量与分析能有效提高测试效率，降低测试风险。同时，度量与分析也是软件测试过程可持续改进的基础。

5. 测试过程可持续改进

目前已有许多可供参考的测试过程管理思想和理念。但信息技术发展一日千里，新技术不断涌现，这就注定测试过程也需要不断地改进。基于度量与分析的可持续过程改进方法，可以自定义需要度量的测试过程数据，将收集来的数据加以分析，找出需要改进的因素。在不断的改进中，同时调整需要度量的测试过程数据，使度量与分析始终为测试过程可持续改进服务，从而使测试过程管理不断完善，测试活动始终处于优化状态。

10.5　常用的测试管理工具

软件测试管理工具是支持软件测试的主要自动化工具。目前国外有代表性的软件测试管理工具有 Mercury Interactive 公司的 TestDirector，Rational 公司的 Rational TestManager 和 Test Studio，Microsoft 公司的 RAIDS 以及 Compuware 公司的 QA Director 等。

10.5.1　TestDirector 测试管理工具

TestDirector 是 MI 公司开发的一款知名的测试管理工具，一个用于规范和管理日常测试项目工作的平台。与 MI 公司的其他黑盒测试、功能测试和负载测试工具（如 LoadRunner、WinRunner 等）不同，TestDirector 用于对白盒测试和黑盒测试进行管理，可以方便地管理测试过程，进行测试需求管理、计划管理、实例管理、缺陷管理等。TestDirector 是一个基于 Web 的专业测试项目管理平台软件，只需要在服务器端安装软件，用户就可以通过局域网或 Internet 来访 TestDirector。使用该管理工具的对象可以从项目管理人员扩大到软件质量控制部门、用户和其他相关人员，方便了测试人员的团队合作和沟通交流。TestDirector 能够很好地与 MI 公司的其他测试工具进行集成，并且提供了强大的图表统计功能，测试管理者可以准确全面地了解测试项目的概括和进度。同时 TestDirector 也是一款功能强大的缺陷管理工具，可以对缺陷进行增加、删除等操作。

TestDirector 提供了四大功能模块，即需求管理、测试计划管理、测试执行管理和缺陷管理，可以有效地控制需求分析覆盖、测试计划管理、自动化测试脚本的运行和对测试中产生的错误报告进行跟踪等，其测试管理的流程为：分析并确认测试需求→制定测试计划→创建测试实例并执行→进行缺陷跟踪和管理。

1. 需求管理

需求驱动测试中，需求管理是测试管理的第一步。需求管理可以定义哪些功能需要测试，哪些不需要测试。当需求发生变化时，可以快速定位变化的需求以及相关责任人，是成功进行测试管理的基础。

TestDirector 的需求管理模块中，需求是用需求树（需求列表）表示的，可以对需求树中的需求进行归类和排序，自动生成需求报告和统计图表。此外，需求管理模块和测试计划模块是相互关联的，可以将需求树中的需求自动导出到测试计划模块中，进行进一步的维护和处理。

TestDirector 测试管理流程的确认测试需求阶段可以进一步细分为四个环节：

1）Define Testing Scope：定义测试范围，包括设定测试目标、测试策略等内容。

2）Create Requirements：创建需求，将需求说明书中的所有需求转换为测试需求。

3）Detail Requirements：描述需求，详细描述每一个需求，包括其需求名称、创建时间、创建者、需求状态、需求优先级等信息。

4）Analyze Requirements：分析需求，生成各种测试报告或图表，来分析和评估这些测试需求能否达到设定的测试目标。

2. 测试计划管理

测试计划的制定是测试过程中至关重要的环节，它为整个测试提供了一个结构框架。TestDirector 的测试计划管理模块对测试计划进行管理，为测试小组提供一个统一的 Web 界面来协调团队间的沟通。在测试计划中，需要创建测试项，为每个测试项编写测试步骤，即测试实例，包括操作步骤、输入数据、期望结果等。根据所定义的需求，Test Plan Wizard 可以快速地生成一份测试计划，如果事先已经将计划信息以文字处理文件的方式存储，那么测试计划管理模块可以利用这些信息，并将这些信息导入测试计划中。

TestDirector 测试管理流程的制定测试计划阶段又可进一步分为七个环节：

1）Define Testing Sreategy：定义具体的测试策略。

2）Define Test Subject：将被测系统划分为若干个功能模块。

3）Define Tests：为每一模块设计测试集，一个测试集可以包含多个测试项。

4）Create Requirements Coverage：将测试需求和测试计划关联，使测试需求自动转换为具体的测试计划。

5）Design Test Steps：为每一个测试集设计具体的测试步骤。

6）Automate Tests：创建自动化测试脚本。

7）Analyze Test Plan：借助自动生成的测试报告和统计图表来分析和评估测试计划。

3. 测试执行管理

测试计划建立后，就可以进入测试执行管理了。测试执行是整个测试过程的核心，测试执行管理模块是对测试计划模块中测试项的执行过程进行管理，在执行过程中需要为测试项创建测试集进行测试。

TestDirector 测试管理流程的执行测试阶段又可以进一步分为四个环节：

1）Create Test Sets：创建测试集。

2）Schedule Runs：制定测试执行方案。

3）Run Tests：执行测试计划阶段编写的测试项（自动或手工编写）。

4）Analyze Test Result：借助自动生成的各种报告和统计图表来分析和评估测试执行结果。

4. 缺陷管理

缺陷管理是测试流程管理的一个环节。TestDirector 的缺陷管理贯穿于测试的全过程，以提供从最初的问题发现到修改错误再到检验修改结果整个过程的管理。在项目进行过程中，随时发现问题，随时提交。一个缺陷提交时，TestDirector 会自动进行一次缺陷数据库搜寻，以查看新提交的缺陷是否重复，或有无与其描述相近的缺陷，避免重复提交。一个缺陷提交到 TestDirector 中大致要经过新建（new），打开（open），解决（fixed），关闭（closed），拒绝（rejected）和重新打开（reopened）几个状态的转换。通常缺陷的默认状态为 new，然后由项目经理或质量管理人员确认是否为缺陷，如果认为不是一个缺陷或不要求解决，则将其置为 rejected 状态；如果认为是一个缺陷，则设置其优先级并将其状态置为 open，然后分配给指定的开发人员。开发人员修复这个缺陷后，将其状态置为 fixed。最后，测试人员对已修复的缺陷进行回归测试，如果确已修改，则将其状态置为 closed，否则将其标注为 reopened 状态。

TestDirector 测试管理流程的缺陷跟踪阶段又可以进一步分为五个环节：

- Add Defects：添加缺陷。
- Review New Defects：分析评估新提交的缺陷，确认哪些缺陷是要求解决的。
- Repair Open Defects：修复状态为 Open 的缺陷。
- Test New Build：回归测试新的版本。
- Analyze Defect Data：通过自动生成的报告和统计图表对缺陷数据进行分析。

从整体来看，TestDirector 是一款完全基于 Web 的测试管理系统，它采用集中式的项目信息管理，提供了一个协同合作的环境和一个中央数据库，所有相关项目的信息都按照树状目录方式存储在管理数据库中，拥有可定制的用户界面和访问权限，可以实现测试管理软件的远程配置和控制，在大型软件项目中，使用较为广泛，但购买成本较高。

10.5.2　JIRA 介绍

JIRA 是 Atlassian 公司出品的项目与事务跟踪工具，是集项目计划、任务分配、需求管理、错误跟踪于一体的商业软件，被分布于 115 个国家的 19 000 多个组织中的管理人员、开发人员、分析人员、测试人员和其他人员所广泛使用。JIRA 是目前比较流行的基于 Java 架构的管理系统，由于 Atlassian 公司对很多开源项目实行免费提供缺陷跟踪服务，因此在开源领域，其认知度比其他的产品要高得多，而且易用性也好一些。同时，在用户购买其软件的同时，也将源代码购置进来，用户可以在开源协议下对 JIRA 进行二次开发。

1. JIRA 的用户管理

JIRA 的用户管理分为不同的角色，使用户可以以不同的角色来进行项目跟踪管理事务。

（1）管理人员

管理人员的职责是根据 JIRA 系统提供的数据，了解项目状态，JIRA 提供的管理人员的权限有：

- 查看项目整体问题分布情况。

- 查看项目整体问题工作量与进度情况。
- 查看某个开发人员在不同项目的开发工作量情况。
- 查看项目某个版本的工作量情况及每个用户的缺陷及剩余工作量情况。

（2）项目管理者

项目管理者的职责是评估缺陷和分配缺陷。可以进行的操作包括：

- 查看分配给具体角色的问题。
- 查看某个问题的详细信息。
- 填写问题的预期修复时间及修复估算工作量。

（3）开发人员

开发人员的职责是处理问题，提交工作量记录。具体操作包括：

- 接收问题，准备开始处理问题。
- 完成处理信息的填写后，准备填写处理问题所花的工作量。
- SVN 提交代码和 JIRA 问题关联。

（4）测试人员

测试人员的职责是快速提交缺陷，跟踪缺陷。具体操作包括：

- 提交问题。
- 填写问题详细信息。
- 验证问题处理情况，根据不同工作流节点选择不同的操作。

除此之外，还可以自定义用户组实现期望的功能。

2. JIRA 的问题管理

JIRA 中的问题称为 issue，一个 issue 可以是 Bug、功能请求或者任何其他你想要跟踪的任务。一个问题的属性有以下几方面。

（1）问题类型

- New feature：对系统提出的新功能。
- Task：需要完成的任务。
- Improvement：对现有系统功能的改进。

（2）优先级

- Blocker：阻塞开发或者测试的工作进度，或影响系统无法运行的错误。
- Critical：系统崩溃、丢失数据或内存溢出等严重错误，或者必须完成的任务。
- Major：主要的功能无效、新增功能建议。
- Minor：功能部分无效或对现有系统的改进。
- Trivial：拼写错误、文本未对齐等。

（3）状态

用来表明问题所处的阶段，问题通常开始于 Open 状态，然后开始处理（Start_progress），再到解决（Resolved），然后被关闭（Closed）。

状态的变迁关系可参考 JIRA 标准版中默认的工作流，如图 10.3 所示。

- Open 表示问题被提交，等待有人处理。
- IN PROGRESS 表示问题在处理中，尚未完成。
- RESOLVED 表示问题曾解决，但解决结论未获认可，需要重新分派解决。

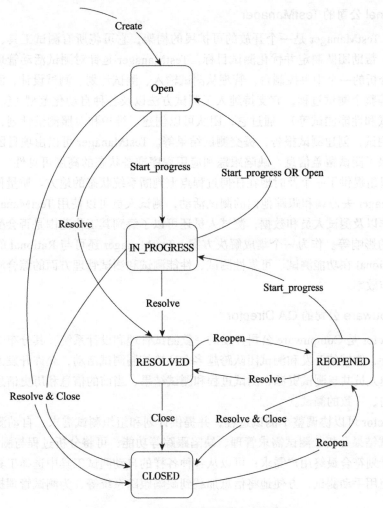

图 10.3 JIRA 中的问题状态变迁图

- REOPENED 表示问题解决，等待结果确认，确认的结果是 REOPENED 或者 CLOSED。
- CLOSED 表示问题处理结果确认后，置于关闭状态。

（4）解决

一个问题可以用多种方式解决，目前的解决方式如下：

- Fixed 表示问题已经解决。
- Won't fix 表示问题未解决。
- Duplicate 表示重复的问题。
- Incomplete 表示问题的描述不够准确、完全。

JIRA 提供云服务版和下载版，云服务版无须安装即可直接使用，下载版由用户部署到服务器中使用。从整体来看，JIRA 是一款基于 B/S 的任务管理系统，并且可以和 E-mail、版本控制软件、IDE 关联集成起来的测试管理工具，能够有效提高项目管理流程的效率。

10.5.3 国外其他测试管理工具

下面简单介绍一些常用的其他测试管理工具。

1. Rational 公司的 TestManager

Rational TestManager 是一个开放的可扩展的构架，它可将所有测试工具、工件和数据组合在一起，帮助团队制定并优化测试目标。TestManager 是针对测试活动管理、测试执行和测试结果分析的一个中央控制台，管理从测试输入、测试计划、测试设计、测试执行和测试结果分析等整个测试过程，它支持纯人工测试方法以及各种自动化范型（包括单元测试、功能回归测试和性能测试等）。通过它，团队可以创建、维护和对照测试计划，组织测试用例以及配置测试，创建测试报告，提交测试结果等。TestManager 可以由项目团队的所有成员访问，确保了测试覆盖信息、缺陷跟踪和应用程序准备状态的高度可见性。最重要的是，它为整个项目组提供了一个及时地在任何过程点上判断系统状态的地方。质量保证专家可以使用 TestManager 去协调和跟踪他们的测试活动，测试人员可以使用 TestManager 去了解需要的测试工作以及测试人员和数据，测试人员还可以了解到其工作范围是否会受到开发过程中全局变化的影响等。作为一个集成解决方案，TestManager 还可与 Rational 的其他工具集成，提升 Rational 在功能测试、可靠性测试、性能测试和测试管理方面的综合测试能力，提高团队的工作效率。

2. Compuware 公司的 QA Director

QA Director 是 Compuware 公司开发的一款测试管理和设计系统。其分布式的测试能力和多平台支持，能够使开发和测试团队跨越多个环境控制测试活动，允许开发人员、测试人员和 QA 管理人员共享测试资源、测试过程和测试结果、当前的信息和历史信息等，为客户提供了彻底的、一致的测试。

QA Director 可以协调整个测试过程，并提供计划和组织测试需求、自动测试和手工测试管理、测试结果分析、测试需求管理、缺陷跟踪等功能，可将分析过程与测试过程结合，以确保测试计划符合最终用户需求；可以从各种各样的自动测试工具中选择工具自动执行测试，也允许使用手动测试，方便地将信息加载到缺陷跟踪系统等，为测试管理提供全方面的支持。

3. RAIDS 和 Test Studio

Microsoft 公司的 RAIDS 是一个基于 C/S 架构的软件系统，专注于缺陷管理，提供了缺陷管理、缺陷查询等功能。使用 RAIDS 时需要在客户端进行安装，然后连接到共享的数据库服务器上，从而实现测试工作的协同合作。RAIDS 的一个特点是提交缺陷十分方便快捷，RAIDS 将缺陷分为 open、verify、close 三个状态，并在缺陷列表中以不同的颜色显示出来，使人一目了然。RAIDS 允许同时提交多个缺陷到缺陷数据库中，并提供强大的缺陷查询功能，允许任意组合查询条件，动态生成查询界面，测试人员和开发人员可以通过 RAIDS 方便地进行沟通和交流，沟通和交流记录可以动态地显示在缺陷描述的结尾。

Test Studio 是 Rational 公司开发的一款单机版测试管理工具，主要用于对测试用例进行管理，它按层次组织测试用例，易于查询和运行测试用例。Test Studio 将测试用例分成 NotRun、pass、failed、blocked 四个不同的状态，以此来标识测试用例的运行情况。Test Studio 一个比较突出的特点是，它支持测试用例的不同轮次的运行，而且可以多轮次同时进行。使用时在客户端安装，但使用者需要提供一个测试用例数据库的本地副本。

RAIDS 具有强大的缺陷管理功能，而 Test Studio 具有测试用例管理功能，将两者组合在一起，可以很好地对缺陷和测试用例进行管理和跟踪，但 Test Studio 是建立在一个已生成的测试用例库基础之上的，它们并不具有需求管理功能，不直接支持测试用例的生成，也不能支持测试进度计划管理、测试文档管理、测试任务管理等。

10.5.4 国产测试管理工具 KTFlow

国产软件测试管理工具 KTFlow 是一款集软件测试流程管理、回归测试管理、测试用例库管理、测试小组协同工作、规范化测试文档自动生成等功能于一体的软件测试管理平台。特别地，回归测试管理功能填补了国内回归测试规范化管理的空白，逻辑性强，适用性好。

KTFlow 的测试管理功能如下：

（1）测试需求管理

- 引导测试人员清晰地梳理软件测试依据或测试要求。
- 引导测试人员完整地分析被测对象，明确标识被测对象。
- 针对每个被测对象，划分测试类型，支持测试类型的多层分解。
- 针对每个测试类型，标识测试项（测试条目），支持测试项的多层次分解。
- 自动生成"软件测试需求规格说明"。

（2）测试计划管理

- 引导测试人员描述软件测试环境。
- 引导管理人员安排软件测试的组织、成员与职责。
- 引导测试人员制定测试工作进度计划。
- 自动生成"软件测试计划"。

（3）测试用例管理

- 引导并约束测试人员遵循测试计划设计测试用例。
- 提供规范的测试用例设计模板，引导并约束测试人员按照测试用例设计要素完整地描述测试用例，如测试用例初始化、测试输入、测试操作、期望结果、评估标准、测试用例通过准则等。
- 支持测试用例的附件管理，将测试用例所涉及的测试程序、测试数据文件、图片、表格等各种类型文件作为测试用例的附件进行管理，自动建立并维护测试用例和相关附件的一致性关系。
- 支持测试用例的复制、删除、复用。
- 自动生成"软件测试说明"，自动统计测试用例设计情况，给出分类统计报表。

（4）测试执行管理

- 清晰完整地建立了测试用例和执行记录之间的一一对应关系，便于查询、统计和分析。
- 建立并维护测试用例执行结果和问题报告单之间的一致性关系和双向追踪关系，具有问题报告查询和测试用例定位功能。
- 支持测试执行期间对测试用例的更改，工具同步维护测试记录和测试说明，保持测试记录和测试说明的一一对应关系。
- 根据实际测试结果，自动判别并给出测试用例执行状态和执行结果状态。
- 自动查询并统计"未执行和部分执行"的测试用例。
- 提供测试用例定位功能，便于查找相应的测试用例。

- 自动生成"软件测试记录"。

（5）测试总结管理

- 引导测试人员清晰地梳理软件测试依据或测试要求。
- 基于测试数据库支持对各类测试信息的查询和统计，确保各类统计报表的完整性、准确性和一致性。
- 针对每个被测对象，给出测试用例的执行情况与执行结果统计表、软件问题汇总及其分类统计表。
- 针对每个被测对象，引导测试人员分别给出质量评估意见和改进建议。
- 针对每个被测对象，自动查询并统计未执行和未完整执行的测试用例，给出统计表，引导测试人员一一提交原因说明。
- 自动生成"软件测试报告"。

（6）回归测试管理

- KTFlow 的软件回归测试管理严格遵从软件回归测试的控制要求，提供了全方位的回归测试管理支持功能。
- 回归测试管理以软件更动报告单（或申请单）中的更动项为线索，基于每个软件更动项进行软件测试的分析。
- 测试影响域分析功能紧密追踪以往测试过程中发现的软件问题和新增加（调整）的软件功能，严格控制了与软件问题相关的测试用例，提供了确保回归测试用例的必要性和充分性的强大支持能力。
- 基于全部的软件更动项的测试影响域分析结果，自动导出软件回归测试方案，确保了回归测试方案的严密性、准确性和完整性。

（7）测试项目数据库管理

- 引导测试人员清晰地梳理软件测试依据或测试要求。
- 为了有效解决测试项目信息量大、相关性强、数据完整性和一致性难以维护等问题，工具采用数据库管理测试项目的所有信息、数据、附件等，按照完整性和一致性的规则完成数据库的建立和更动维护，确保测试项目数据与信息的完整性和一致性。
- 创建空白数据库，即建立一个新的项目数据库。
- 创建继承性数据库，即在原有项目基础上，拷贝原有的一个或多个轮次的数据信息。
- 添加到新的测试项目数据库中，从而继承原有项目数据库中的信息。
- 支持 Access、Microsoft SQL Server 2005 数据库。

（8）测试人员协同工作

测试项目数据库创建之后，只需将该项目数据库设为共享，测试小组的多个成员就可使用该工具通过网络打开共享数据库，实现并行对项目数据库的各种操作，包括并行进行测试需求分析、测试策划、测试用例设计、测试执行各个阶段的工作，为测试小组多个成员创建了一体化的协同工作平台，保证了测试项目数据库的完整性和一致性，有效提高了软件测试工作效率。

KTFlow 的测试管理特点如下：

- 全面支持软件测试各个阶段的工作，包括清晰明确地梳理测试需求，基于测试需求制定测试计划，按照测试计划设计测试用例，遵循测试用例设计执行软件测试，依据客观测试结果分析归纳出测试报告。

- 通过向导服务方式引导测试人员按照软件测试各阶段的要求开展相应的工作,工作界面清晰,易学易用。
- 通过网络环境,为软件测试小组创建一体化协同工作平台,便于测试成员之间共享测试信息,协同一致地开展软件测试工作。
- 自动生成规范化的软件测试各阶段的文档,包括"软件测试需求规格说明""软件测试计划""软件测试说明""软件测试记录""软件问题报告单"等文档,支持用户自定义文档模板。
- 工具自动建立并维护测试数据库,确保测试用例、测试数据和其他相关信息的完整性和一致性,支持测试用例、执行结果和问题报告的分类、统计和分析。
- 使用该工具,能够协助用户又好又快地实现软件测试过程的规范化管理,有效提高测试工作效率。

习题

1. 软件测试管理的目的和意义是什么?
2. 测试组织管理的意义和内容是什么?
3. 软件测试管理工具的主要功能有哪些?
4. 我国软件测试管理工具的现状如何?
5. 如果要来管理淘宝网的测试,你会选择哪个测试管理工具?为什么?

第 11 章 人工智能在软件测试中的应用

1956 年夏季，在达特茅斯学院召开的夏季研讨会上，麦卡锡、香农、明斯基等科学家首次使用了"人工智能"（Artificial Intelligence，AI）一词，这标志着该新兴学科的诞生。自此次会议之后的 10 余年里，研究者发展了众多理论和原理，在机器学习、模式识别以及专家系统等方面取得了许多成就，也随之扩展了人工智能的概念。从 65 年前出现至今，人工智能的发展历程曲折起伏，但一直在前进，同时也影响着其他技术的发展。

自动化软件测试是使用人工智能技术辅助软件开发的一个关键领域。目前，人工智能在软件测试中的应用还处于起步阶段，与计算机视觉等发展较快的领域相比，自主程度相对较低，不过仍在向自动化的方向推进。随着深度学习技术的快速发展以及软件工程领域对数据积累的重视，人工智能在软件测试工具中的应用也逐渐增加并发挥重要作用。通过利用人工智能技术辅助故障定位、测试用例生成以及缺陷自动确认等具体任务，可以减少烦琐且耗时的人工劳动，从而提高软件开发生命周期的效率。将人工智能技术更好地与软件测试的各个任务相结合，进一步提升软件开发过程的自动化程度，是自动化软件测试技术研究的主要关注点。

11.1 软件故障定位

软件故障是指软件在运行过程中出现的一种不符合预期的内部状态。软件故障通常是在软件的设计和编写过程中被引入的。随着软件系统规模的不断扩大，软件的复杂程度也会不断增加，在软件的开发过程中避免引入故障几乎是不可能的。因此，故障定位是软件调试和开发过程中必不可少的环节，是后续修复软件故障、保障软件功能的前提。因此，通过有效的方式发现软件中的故障十分关键。

随着软件系统规模的不断扩大，传统的使用程序日志等方法已无法有效定位故障的根源，因此现如今除了使用基于程序切片、统计调试、程序状态等的技术外，还可以使用机器学习通过语句覆盖率和每个测试用例的执行结果（成功或失败）等输入数据学习或推断故障的位置。

11.1.1 软件故障定位概述

根据 IEEE 标准定义，故障是隐藏在程序中不正确的指令、过程或数据定义。这些故障隐藏于程序中的一条语句或分散的若干语句之中。故障定位的粒度可以是程序语句，也可以是程序的分支、函数、方法或类等基本块。软件故障定位的形式化定义如下：

定义 11.1 定义程序 P 由 m 个程序实体组成，记为 $P=\{s_1, s_2, \cdots, s_m\}$。定义 $S'=\{s_1', s_2', \cdots, s_k'\}$ 为程序 P 中存在的故障，其中 $S' \subseteq P$，s_j'（$1 \leqslant j \leqslant k$）为存在故障的程序实体。故障定位是找出 P 中所有存在故障的程序实体 S' 的过程。

传统的故障定位方法，如使用程序日志等，不仅需要耗费大量人力物力，并且随着软件系统规模的不断扩大，这些传统方法已无法有效定位故障的根源。因此为了降低人工成本、提高故障定位的精度与效率，近些年来已经有很多研究人员从不同的角度提出了多种自动化缺陷定位方法。这些方法依据定位过程"是否需要运行软件"的准则，将故障定位技术分为两类：

（1）基于静态分析的故障定位（static analysis-based fault localization）。依据程序语言的语法和语义，静态地分析软件结构和程序实体之间的依赖关系，以发现违反系统约束的程序实体，从而定位故障。

（2）基于测试的故障定位（test-based fault localization）。设计测试用例并运行软件，依据程序执行轨迹及输出结果进行故障定位。

静态分析的故障定位可以分为面向语句的方法、符号执行方法、形式化方法和指针分析方法。基于测试的故障定位技术可以分为以下三类：基于执行覆盖的故障定位、基于依赖关系的故障定位和基于模型的故障定位。这些自动故障定位将开发人员从耗时费力的手工检查与调试中解放出来，提高了软件开发与测试的效率。

近些年来，由于机器学习技术具有适应性以及健壮性，可以基于数据生成模型。因此在软件故障定位中，可以根据语句覆盖率以及每个测试用例的执行结果（成功或失败）等输入的数据学习并推断故障的位置。

11.1.2　机器学习用于软件故障定位概述

将机器学习用于软件故障定位时，测试用例分为成功测试用例和失败测试用例。成功测试用例输入程序后的执行结果符合程序的设计预期，而失败的测试用例由程序执行后不符合设计预期。直觉上，被失败的测试用例覆盖次数较多的语句其本身存在故障的可能性更高。因此在训练机器学习模型时，首先需要根据模型的测试用例套件以及经过插桩的训练程序来收集覆盖信息以及测试用例的执行结果作为模型的输入。根据这些结果作为模型的训练以及验证数据，不断调整机器学习模型的整体结构并得到训练后的故障定位模型。这样就可以将待测程序的特征信息输入该模型中，计算程序中语句的可疑度并最终定位软件故障。基于机器学习的软件故障定位框架如图 11.1 所示。

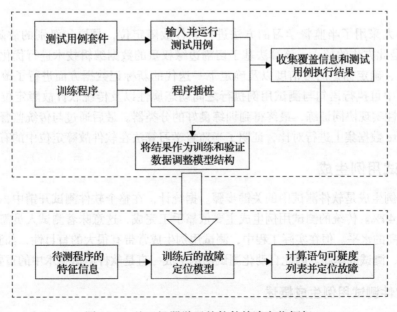

图 11.1　基于机器学习的软件故障定位框架

11.1.3 机器学习在软件故障定位领域的研究进展

机器学习用于软件故障定位主要可以分为基于监督学习的软件故障定位和基于半监督学习的软件故障定位。监督学习是学习器通过对有标记的训练样本进行学习，建立的模型用于预测未知样本的标记。

Wong 和 Qi 提出了一种基于 BP（Back-Propagation）神经网络的故障定位技术。他们收集每个测试用例的覆盖数据和相应的执行结果，并将其一起用于训练 BP 神经网络，从而使网络能够学习它们之间的关系。然后，将一组每个只覆盖程序中一条语句的虚拟测试用例的覆盖率输入待训练的 BP 神经网络中，输出的结果是每个语句中包含 bug 的可能性。他们提出的覆盖矩阵 - 虚拟测试用例方法为机器学习技术和故障定位的结合提供了很好的接入点，后续有多种方法中都采用了他们所提出的训练方法。

Briand 等人使用决策树算法构造规则，将测试用例分类为不同的类型。这样，同一类型中失败的测试用例最可能因相同的故障而再次测试失败。决策树中的每个路径都表示一个不同建模规则的故障条件，可能来自不同的故障，并导致不同的故障概率预测。每个测试用例类型中失败和成功的语句覆盖率都用启发式方法对这些语句进行排序，以形成排名，然后将这些单独的排名合并成最终报表排名，检查这些数据有助于查找故障。因此可以根据测试用例的输入和输出（类别划分）来识别测试用例的不同故障条件。

然而监督学习技术也存在一定的弊端。大量实验结果和文献数据都表明数据的质量和比例是训练良好的分类器进行故障定位的两个重要因素。但是，准确可靠的软件质量标签只有经过详尽、完整的软件测试和对错误的精确定位后才能得到，并且源代码中错误语句的比例要比正确语句的比例低得多。因此，这些限制条件都降低了监督学习在软件故障定位中的精度以及应用前景。但是，如果放弃这些标记样本，仅仅使用无标签的样本数据进行无监督学习又会使标记的样本数据失去价值。因此，为了解决这一问题，人们提出了半监督学习方法。

定义 11.2 半监督学习是给定一个来自位置分布的有标记示例集 $L=\{(x_1, y_1), (x_2, y_2), \cdots, (x_L, y_L)\}$ 以及一个未标记示例集 $U=\{x_1, x_2, \cdots, x_U\}$，期望函数 $f: X \rightarrow Y$ 可以准确地对示例 x 预测其标记 y。

郑炜等人采用了半监督学习的方法进行软件故障定位，是语句级别的故障定位。Co-Trade 算法是此方法的核心，该算法基于切割边缘权重的数据编辑技术进行优化，在测试标记的准确性、确定标记的可信度以及确定下一迭代的新标记数据方面进行了改进。它们通过应用程序中可执行语句与测试用例执行之间动态属性以及传统软件故障定位中较有效的若干静态属性实现协同训练，最终得到训练良好的分类器。最后通过与传统监督学习算法在 Siemens Suite 数据集上进行对比，证明了半监督学习算法在软件故障定位中的有效性。

11.2 测试用例生成

测试用例生成是软件测试中的关键步骤。据统计，在整个软件测试开销中，测试用例生成花费约占 40%。传统的测试用例生成主要依靠手工完成，这意味着测试人员需要具备较多的经验和较高的水平。但在实际工程中，测试用例生成常带有很大的盲目性，如测试数量多、测试效果差、测试成本高。因此自动化测试用例生成一直是软件测试技术中的重要研究内容。

11.2.1 软件测试用例生成概述

经典测试用例自动生成系统框架如图 11.2 所示，通常由三部分构成：程序分析器、路

径选择器和测试用例生成器。首先，项目源代码通过程序分析器运行后，产生路径选择器和
测试用例生成器运行所必需的程序数据。然后，选择器
分析程序数据以找到高覆盖率的路径。最后，路径作为
参数输入测试用例生成器以生成测试用例。同时，测试
用例生成器会向路径选择器提供反馈信息，如不可信路
径信息。

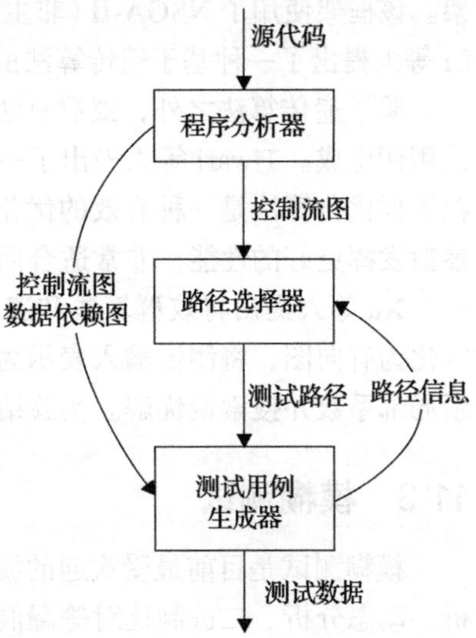

　　目前常用于测试用例自动生成的技术有：1）基于
符号执行和程序结构覆盖的测试用例生成；2）基于模型
的测试用例生成；3）基于组合的测试用例生成；4）基
于自适应的随机测试用例生成；5）基于 UML 的测试用
例生成；6）基于搜索的测试用例生成，等等。

11.2.2　机器学习用于测试用例生成概述

　　在机器学习算法中，基于搜索优化算法的测试用例
生成已经被证实为一种有效的方法。这种方法实际上是
一种启发式算法，通过将测试用例的属性与特征进行提

图 11.2　经典测试用例生成系统框架

取可以将生成最优测试用例的问题转化为数学上的函数求解问题，选取一定的参数构造适应
度函数，并以适应度函数的数值来评判测试用例的优劣，不断通过迭代求解并生成新的测试
用例，直至满足测试需求。

　　遗传算法是一种典型的启发式搜索优化算法。它是一种模拟自然进化过程中基因组合过程
的算法，通过选择、交叉、变异等操作不断产生新的个体，并通过"适者生存"原则对个体进
行筛选。遗传算法通过多轮迭代最终可以获得问题的近似解，其基本算法流程如图 11.3 所示。

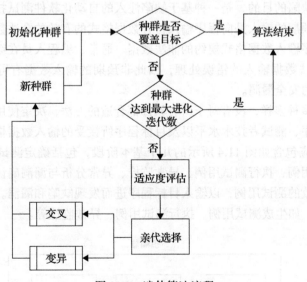

图 11.3　遗传算法流程

　　Jones 等人首次将遗传算法与结构化测试用例生成进行了结合。在此基础上也有很多利
用遗传算法进行测试用例生成的研究。Shen 等人提出了一种基于遗传算法和禁忌搜索算法
的软件测试数据自动生成方法。该算法兼具禁忌搜索算法的局部搜索能力和遗传算法的全局

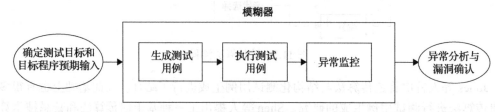

搜索能力，其性能优于传统遗传算法。Pinto 等人提出了一种用于测试用例的多目标方法框架。该框架使用了 NSGA-II（非主导排序遗传算法）并对不同目标的解进行评价和综合优化。Li 等人提出了一种基于遗传算法的针对软件产品线的测试用例生成方法。

除了遗传算法之外，蚁群算法、粒子群算法、模拟退火算法等机器学习算法均被用于测试用例生成。Tiwari 等人提出了一种为变更过的或新的代码生成测试用例的方法。他们认为粒子群优化算法是一种有效的优化工具，它具有简单、易实现的特点，可以通过调整较少的参数发挥更好的性能，非常适合回归测试中新测试用例的生成过程。

Xu 等人提出将蚁群算法和遗传算法进行结合以兼取二者的优势。该方法将程序的路径转化为有向图，将测试输入表示为蚂蚁，在蚁群算法求解最优路径的过程中通过遗传算法更新局部系数并搜索最优解。实验结果表明该方法能够以较小的迭代次数实现生成目标。

11.3 模糊测试

模糊测试是目前最受欢迎的漏洞挖掘技术之一，但随着软件规模的爆炸式增长，静态分析、动态分析、二进制比对等漏洞挖掘技术面临着状态爆炸、路径爆炸、约束求解难、耗时长等挑战。相比其他漏洞挖掘技术，模糊测试易于部署，并具有良好的可扩展性和适用性，而且可以在没有源代码的情况下执行。此外，由于会在真实执行程序中执行模糊测试，因此其获得精度较高。更重要的是，模糊测试对目标程序的知识需求较少，并且可以很容易地扩展到大规模应用。因此，模糊测试是软件测试领域的一个重要研究方向。

11.3.1 模糊测试概述

20 世纪 90 年代，威斯康星大学的巴顿·米勒首次提出了模糊测试的概念。概念上，模糊测试（fuzzing test）是通过向被测程序不断提供非预期的输入并监视该程序是否出现异常，从而达到探测软件缺陷的目的，是一种基于缺陷注入的自动化软件测试技术，其基本思想与黑盒测试类似。非预期的输入是向程序输入符合数据格式的有效的合法数据的同时，输入一部分不满足目标程序输入数据格式规约的非法数据。通常，编程人员在编写目标程序时，未必考虑到对所有非法数据输入的错误处理，因此非预期的输入数据有可能造成目标程序崩溃，从而触发相应的安全漏洞。

模糊测试方法多种多样，没有对于所有软件都合适的方法，决定使用哪种模糊测试方法完全依赖于被测程序、测试者技术水平以及目标程序所接受的输入数据格式。但任何测试方法，其测试过程都应包含如图 11.4 所示的几个基本阶段，包括确定测试目标和目标程序预期输入、生成测试用例、执行测试用例、异常监控、异常分析与漏洞确认。模糊技术需要大量地生成有效和无效的测试用例，以输入目标程序进而发现缺陷和漏洞。因此，其需要自动化大部分测试过程，如生成测试用例、执行测试用例、异常监控等。

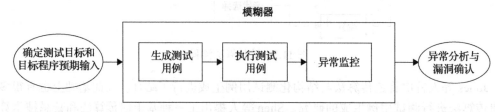

图 11.4 模糊测试过程

在模糊测试过程中，确定测试目标和目标程序预期输入是模糊测试开始前的准备工作，异常分析与漏洞确认是模糊测试结束后的收尾工作。实际测试环节是中间部分，因此包含该三部分测试过程的系统也称为模糊器。

11.3.2　模糊器类型概述

产生完全随机的数据并将其输入目标程序的模糊器称为天真模糊器（naïve fuzzer）。虽然天真模糊器易于实现，但是其发现故障和漏洞的能力较弱，尤其是在有限的工作时间范围内。为提升天真模糊器的性能，更多的模糊器被开发出来。现有的三种主流模糊器类型分别为：

1）基于突变的模糊器（mutation-based fuzzer）。根据对种子测试样本，通过突变的方法生成新的测试用例集。通常，突变模糊器不知道预期的输入格式或规范，并且无法明智地选择突变。

2）基于生成的模糊器（generation-based fuzzer）。根据已知的协议或输入规范进行建模，生成新的测试用例集。

3）进化模糊器（evolutionary fuzzer）。根据种子测试样本输入目标程序得出的结果作为反馈来循环突变种子输入集，以生成新的测试用例集。

11.3.3　机器学习用于模糊测试概述

目前应用于模糊测试中的人工智能技术主要是深度学习以及神经网络技术，它们对程序的路径以及分支进行学习和分类处理，从而提高模糊测试的代码覆盖能力和执行效率。在模糊测试过程中，机器学习技术也主要用于模糊测试用例生成阶段和异常分析与漏洞确认阶段。

1. 机器学习用于模糊测试用例生成阶段

机器学习技术在模糊测试中最成功的应用发生在生成测试用例阶段。较为成熟的模糊工具 AFL 利用无监督学习（unsupervised learning）技术将遗传算法集成到测试用例生成过程。遗传算法通常在进化模糊器中作为核心测试用例生成算法。深度学习和神经网络也被用于模糊测试用例生成，特别是用于提升基于变异和基于生成的模糊器的测试用例生成。卷积神经网络是应用于模糊测试的最常见的深度学习方法。

Rajpal 等人将深度学习技术集成到 AFL 中，以通过选择输入字节进行突变来增加模糊覆盖范围。使用神经网络生成热图，该热图表示突变任何特定字节时增加代码覆盖的概率。She 等人认为不适合直接将深度学习中的梯度下降法用于模糊测试中。这是因为一些程序行为包含不连续点、山脊点等，造成梯度下降方法在这些地方无法收敛，从而卡住。因此他们提出的 NEUZZ 工具中的神经网络模型可以增量地学习复杂的、真实的程序分支行为的平滑逼近。这种神经网络模型可以与梯度下降法一起使用，以显著提高模糊过程的效率。

2. 机器学习用于异常分析与漏洞确认阶段

通常异常分析与漏洞确认阶段需要人工将异常状态分类并进行分析。异常分类需要首先评估异常的唯一性，然后分析该异常的可重复性和导致异常的根本原因，最后分析并确定该根本原因是否可用。机器学习在该阶段主要用于对异常进行分类或者对异常的根本原因进行分类。

Dang 等人以相似的调用栈作为特征信息，用凝聚分层聚类方法来聚类异常。本质上是将调用栈、位置依赖模型作为相似性度量，通过无监督学习方法使用无标签的调用栈数据集来训练模型。Harsh 等人使用决策树、支持向量机和朴素贝叶斯等有监督技术进行根本原因的分类。但是由于缺乏标记数据，因此有监督技术在模糊测试的应用中面临巨大挑战。

11.3.4　机器学习在模糊测试领域的研究进展

高凤娟等人提出基于深度学习，将基于符号执行的测试与模糊测试相结合的混合测试方法。他们认为目前两者结合无法同时利用各自的优势，例如，将模糊测试不可达的区域交给符号执行求解。但是，这些方法只能在模糊测试（或符号执行）运行时判定是否应该借助符号执行（或模糊测试），从而导致性能不足。而利用图神经网络对程序中的路径进行分类，旨在测试开始之前就判断适合模糊测试（或符号执行）的路径集，从而制导模糊测试（或符号执行）到达适合它们的区域。同时，还提出混合机制实现两者之间的交互，从而进一步提升整体的覆盖率。

Skyfire 发现目前模糊测试的输入大多数都不能通过语义检查（例如，违反语义规则），这限制了它们发现深层漏洞的能力。因此他们提出了一种数据驱动的种子生成方法，该方法根据已有的大量测试输入学习输入的语法和语义信息，据此可以为具有高结构化输入的被测程序生成模糊测试的输入，从而显著提高代码覆盖率。Long 等人提出使用机器学习技术来识别出现异常的根本原因，并同时生成补丁对异常进行修复。他们的工具 Prophet 使用参数化的日志线性概率模型来学习识别决定补丁生成的重要特征。

11.4　程序理解

程序理解（program comprehension），又叫作软件理解或系统理解，是通过对程序进行分析、抽象、推理来获得程序中相关信息的过程。自软件工程于 1968 年出现以来，程序理解就成了软件工程的重要活动之一，在软件开发与测试的过程中起到了举足轻重的作用，因而得到了学术界和工业界的广泛关注。随着社会信息化进程的不断加速，软件逐渐成为一种关键的社会基础设施，软件的自适应性和智能化成为新的研究点。因此，软件的自理解和自认知已经成为研究的主要关注点。

从学习和认知的角度，可以把程序语言和自然语言进行类比。自然语言理解是从文本中获取知识的过程，因此可以抽象地把程序理解解释为从程序中获得关于程序所表达的知识的过程。从方法和技术的角度，程序理解以程序分析为基础。通过对程序进行分析以验证、确认或发现软件性质。

传统的程序理解方法通常是基于分析的，通过动静态程序分析技术从程序中获得源代码信息以及运行时的性质。但随着软件规模及其复杂度不断增大，完全依赖软件开发人员的先验知识来提取程序特征既耗费时间和精力，又很难充分挖掘隐含在程序中的深层语义特征。近年来，机器学习（特别是深度学习）技术的应用已经在自然语言处理等领域取得了成功。在软件工程领域，随着开源项目的大量出现，源代码等软件信息越来越容易获取，基于学习的程序理解技术也开始得到关注。将深度学习技术运用于程序理解中，根据具体任务从大量数据中自动地学习程序中蕴含的特征，可以充分地挖掘出程序中隐含的语义知识，提高程序理解的效率。

11.4.1　基于深度学习的程序理解框架

程序语言由词素（token）组成，它和自然语言一样都可以解析为语法树的形式并具有较高的自然性。但是，程序语言依然具有区别于自然语言的特性，包括强结构性、自定义标识符等。而在构建程序理解模型时，这些特性是不容忽视的。

图 11.5 展示了基于深度学习的程序理解框架。针对不同的程序理解任务（如代码补全、

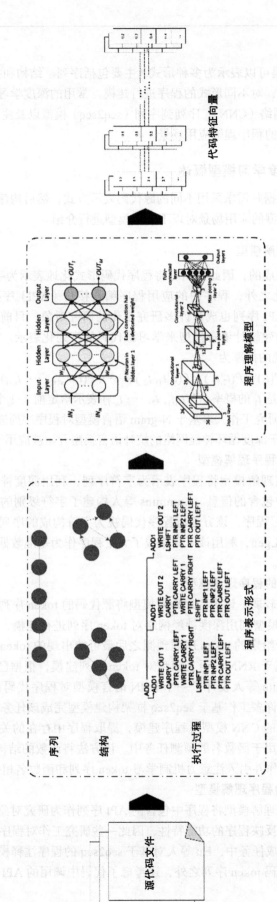

图 11.5 基于深度学习的程序理解框架

程序自动生成等），源代码可以表示为多种形式（主要包括序列、结构和执行过程），然后构建相对应的程序理解模型，对不同形式的程序进行建模。常用的深度学习技术包括循环神经网络（RNN）、卷积神经网络（CNN）、序列到序列（seq2seq）模型以及注意力（attention）机制等，它们可以用于不同的程序理解应用场景。

11.4.2　程序理解的深度学习模型概述

不同程序理解任务根据其需求采用不同的源代码表示方式，然后构建相应的模型完成具体任务，本节结合这些模型的应用场景对以下 3 种模型进行介绍。

1. 基于序列的程序理解模型

程序是由符号序列构成的，因此我们可将程序代码形式化地表示为字符（character）或词素（token）序列。除此之外，程序中的应用程序编程接口（API）序列中也蕴含着许多程序的功能信息，因此 API 序列也成为许多研究工作的研究对象。目前已有的基于序列的程序理解模型主要通过构建统计语言模型来学习源代码的序列化表示。对于程序序列 $S = t_1$, t_2, $\cdots$, t_n 来说，该序列出现的概率为

$$P(S) = P(t_1) \times P(t_2|t_1) \times P(t_3|t_1, t_2) \times \cdots \times P(t_n|t_1, t_2, \cdots, t_{n-1})$$

其中，$P(t_1)$ 表示第 1 个词是 t_1 的概率，$P(t_n|t_1, t_2, \cdots, t_{n-1})$ 表示给定前 $n-1$ 个词的情况下，第 n 个词出现的概率。早期的研究工作大多基于 N-gram 语言模型对程序序列进行建模。随着深度学习的发展，近年来，基于深度循环神经网络的统计语言模型开始被应用于程序序列建模中。

（1）基于字符序列的程序理解模型

基于字符序列的程序理解模型将程序表示为字符序列，利用深度神经网络对其进行建模，学习代码字符序列中包含的信息。Cummins 等人构建了字符级别的长短期记忆神经网络（LSTM）语言模型学习程序，该方法将程序代码视为字符构成的序列。他们基于该模型构建了程序生成的工具 CLgen，利用该工具生成了大量程序作为基准数据，为其他程序理解相关研究提供了测评数据。

（2）基于 token 序列的程序理解模型

由于字符的表达能力较弱，许多程序理解模型将源代码的 token 序列作为研究对象。基于 token 序列的程序理解模型利用深度神经网络对 token 序列进行建模，学习序列中包含的语义信息。模型可以基于给定的 token 序列预测之后最可能出现的 token。在代码补全任务中，一些工作直接构建基于 RNN 的语言模型对 token 序列建模，根据已有 token 序列预测下一个 token。例如，White 等人设计了一个 RNN 语言模型对程序代码的 token 序列建模。在代码注释生成任务中，许多工作基于 seq2seq 框架构建模型完成该任务。例如，Allamanis 等人采用基于注意力机制的 CNN 模型对程序建模，提取程序中存在的关键语句以及层次结构性的特征，将该模型应用于函数名的预测任务中。该方法将函数的结构体表示为 token 序列，在序列上进行卷积操作并引入注意力机制学习 token 序列和函数名相关的关键信息。

（3）基于 API 序列的程序理解模型

基于 API 序列的程序理解模型将程序中包含的 API 序列作为研究对象。由于程序所调用的 API 可以在一定程度上反映程序的功能特性，因此一些研究工作对程序中包含的 API 序列进行建模。在代码注释生成任务中，Hu 等人对基于 seq2seq 的程序注释模型进行了改进——在程序的表示中，除了代码 token 序列之外，还考虑了代码中调用的 API 序列中所包含的知

识，将这些知识输入网络模型中辅助生成注释，使得生成的注释能够更好地描述代码的功能。

2. 基于结构的程序理解模型

（1）基于抽象语法树结构的程序理解模型

抽象语法树（AST）是一种程序代码的抽象表示形式，树中的每一个节点（及其子节点）对应源代码中的某个代码片段，可以有效地表示程序语法及其结构。Alon 等人利用 AST 路径来表示程序的结构和语法。该方法首先将源代码解析为 AST，对于程序中每个元素（变量名、方法名、表达式类型），提取与其相关的路径，然后采用条件随机场和 word2vec 这两种方法获得该变量的表示。该方法在变量名预测、方法名预测以及表达式类型预测任务中都取得了目前最好的结果，较其他方法有较大提升。

（2）基于图结构的程序理解模型

图的结构可以对程序中的数据流动关系进行建模，例如控制流图以及数据依赖图。随着深度学习的发展，近年来许多程序分析的研究工作基于图展开，将程序表示为图的形式使得模型能够更好地理解程序中变量之间的依赖关系以及程序语义。Ben-Nun 等人提出了一种基于图和代码中间表示的程序向量表示 inst2vec，该表示是语言无关和平台无关的。该方法首先通过编译器 LLVM 对代码进行编译，得到源代码的中间表示（LLVM IR），在该表示中，不包含数据流和控制流信息。为了对代码中的数据流和控制流进行建模，可将数据流和控制流信息引入已经得到的中间表示中，构建上下文流图，然后基于该图构建循环神经网络得到向量表示。在训练时，该模型采用与 skip-gram 模型相同的方式来预测上下文语句，得到最终的程序向量表示。

3. 基于执行过程的程序理解模型

程序的动态执行过程在程序理解中也是不容忽视的一部分，在程序表示和程序生成任务中占有重要地位。程序执行轨迹是程序执行过程的中间结果，例如在执行过程中调用的子程序及其参数，或者在执行过程中程序的各个变量值的变化情况。在程序综合任务中，Reed 等人提出了神经程序解释器用于表示和执行程序，该方法由基于 RNN 的组合神经网络构成，包含一个任务无关的循环神经网络内核、一个键值对存储单元以及一个领域相关的编码器。Reed 等人将程序执行过程中的执行轨迹作为训练数据进行有监督训练，使得模型能够模拟程序运行过程，并利用基于栈的记忆单元对中间结果进行保存以减轻循环神经网络的记忆负担。除了用于程序综合任务，基于执行过程的程序理解模型也被用于程序错误分类任务中。Wang 等人认为程序执行轨迹能够更准确地表达程序的语义，因此设计了基于程序执行轨迹的程序表示方法。该方法将程序执行过程中各个变量的取值变化情况作为程序执行轨迹。然后，Wang 等人构建了基于 GRU 的模型对程序执行轨迹序列进行建模，得到程序的特征向量表示。在程序错误分类任务上，该方法相较于基于 token 和 AST 的模型取得了巨大的提升。

11.5 软件缺陷预测

软件缺陷产生于开发人员的编码过程，需求理解不正确、软件开发过程不合理或开发人员的经验不足，均有可能导致软件缺陷。随着软件规模的扩大和复杂度的不断提高，软件的质量问题成了人们关注的焦点。软件缺陷威胁着软件质量，因此，如何在软件开发的早期挖掘出缺陷模块成为一个亟须解决的问题。但是，关注所有的程序模块会消耗大量的人力物力，因此，开发及测试人员希望能够预先识别出可能含有缺陷的程序模块，从而合理地分配有限资源，为软件质量提供保障。

20 世纪 70 年代以来，**软件缺陷预测**（software defect prediction）技术一直是软件研究人员和开发者非常关注的研究热点之一。软件缺陷预测可以在软件开发过程早期挖掘缺陷模块，利用机器学习技术来预测软件模块的缺陷趋势、缺陷数量或缺陷严重程度。

11.5.1　软件缺陷预测模型框架

软件缺陷预测可以将程序模块的缺陷倾向性、缺陷密度或缺陷数设置为模型预测目标。根据模型的构建方法，软件缺陷预测模型可以用数学符号表示如下。假设给定包含 n 个软件模块的数据集 $D=\{(x_1, y_1), \cdots, (x_i, y_i), \cdots, (x_n, y_n)\}$，其中，$x_i=(a_1, \cdots, a_j, \cdots, a_d) \in R^d$ 表示软件模块 i 的度量特征向量，a_j 表示模块的第 j 个特征的值，d 表示特征的个数，y_i 表示软件模块 i 的标记。如果是对缺陷倾向性进行预测，则 y_i 表示软件模块为有缺陷或无缺陷；如果是对缺陷数进行预测，则 y_i 表示软件模块中缺陷的个数。

以预测模块的缺陷倾向性为例，其典型研究框架如图 11.6 所示。具体来说，软件缺陷预测模型构建阶段包括 3 个步骤：1）从包含软件项目开发周期的全部数据的软件仓库里收集程序模块缺陷数据；2）提取与软件缺陷相关的不同特征，并对程序模块进行标记；3）在提取的数据集上利用机器学习技术构建软件缺陷预测模型，并利用构建好的模型对新的程序模块的缺陷倾向性进行预测。

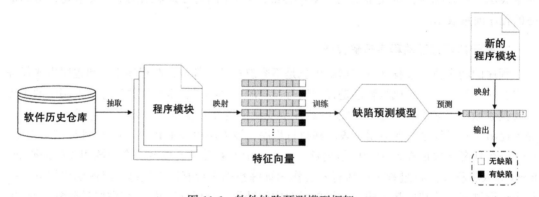

图 11.6　软件缺陷预测模型框架

11.5.2　软件缺陷预测模型概述

根据预测形式可以将缺陷预测模型大致分为缺陷倾向性、缺陷数量及缺陷严重度 3 种类型，下面结合不同的应用场景分别对 3 种模型进行介绍。

1. 缺陷倾向性预测模型

大部分的研究都是基于机器学习方法来进行缺陷倾向性预测的，具体可以分为有监督缺陷预测、无监督缺陷预测和半监督缺陷预测，下面我们分别介绍应用到缺陷倾向性预测中的方法。

（1）有监督学习方法

Yang 等人提出了结合决策树和集成学习的双层集成学习方法 TLEL 来构建预测动态缺陷

预测模型。在内层使用基于决策树的 bagging 集成学习方法来构建随机森林模型，在外层使用随机抽样的方法来训练不同的随机森林模型，然后按照 stacking 方式来集成这些不同的随机森林模型。Bowes 等人提出了多样性选择的集成学习方法。该方法首先选择来自 4 个不同家族的分类器 NB、C4.5、K-NN、序列最小化作为基础分类器，并且设计了加权精度多样性（Weighted Accuracy Diversity，WAD），然后依据 WAD 使用 stacking 技术集成一个强分类器。

Xia 等人针对跨项目的缺陷预测问题提出了混合重构方法 HYDRA。该方法包括两个阶段：遗传算法阶段和集成学习阶段。在遗传算法阶段，首先将每个带标签的源训练集与带标签的测试集结合构建多个分类器，然后利用遗传算法为每个分类器分配不同的权值构建 GA 分类器。在集成学习阶段，即多次迭代 GA 阶段，每次迭代产生一个 GA 分类器，然后根据每个 GA 分类器的错误率分配相应的权重。经过两个阶段后就建立了大量的分类器，然后将这些分类器集成，进行测试集的缺陷预测。

（2）半监督学习方法

半监督学习方法是将有监督学习与无监督学习相结合的一种学习方法。该方法在使用大量的未标记缺陷数据的同时使用了标记的缺陷数据来进行缺陷预测。Zhang 等人提出了基于图的半监督学习方法。首先根据拉普拉斯算子得分从无缺陷的训练集中抽取样本，构建一个类平衡的标签训练集，然后用非负稀疏算法来计算关系图的非负稀疏权值作为聚类指标，最后在非负稀疏图上使用一个标签传播算法来迭代预测未标记的软件模块的标签。He 等人提出了半监督学习方法 extRF。该方法通过自我训练模式扩展了有监督的随机森林算法。首先从数据集中抽取小部分数据作为有标签的数据集，使用这一部分数据集训练随机森林分类器，根据训练好的分类器来预测未标记的数据集，然后选择最自信的样本加入训练集中，并训练初始模型，以此类推，最后形成精炼模型。

（3）无监督学习方法

当被测项目没有历史数据集时，可采用无监督学习方法。Feng 等人采用无监督学习中的谱聚类方法进行跨项目缺陷预测，并且将该方法和 5 个经常使用的有监督学习器 RF、NB、LR、DT 及逻辑模型树进行比较，发现使用谱聚类的无监督学习方法在跨项目和项目内场景下都有可比较性。Muhammed 等人针对网络软件系统，使用无监督学习的 Kmeans++ 进行缺陷预测。Bishnu 等人使用基于四叉树的 K-means 聚类算法进行缺陷倾向性预测。

2. 缺陷数量预测模型

软件缺陷数量预测是通过历史数据集对软件模块的缺陷数量进行预测，一般针对的是类级别或文件级别的程序模块。Bell 等人分析了开发人员对缺陷预测模型的影响，使用标准的负二项回归分类器预测文件缺陷的数量。Andreou 等人提出了随机信念泊松回归网络来计算缺陷数，通过引入双随机齐次泊松过程模型，对每个时间点的失效 log-rate 参数进行建模。Ratgore 等人比较了 6 个常用的预测缺陷数量的技术，包括归零校正"泊松回归"和负二项回归，结果表明，DTR、GP、多层感知器以及 LR 在所有考虑的项目中都能得到较好的性能。

3. 缺陷严重度预测模型

近年来，研究人员对缺陷严重性预测进行了一定的研究，大多采用逻辑回归方法进行预测。You 等人提出了采用多逻辑回归方法和随机梯度下降法来预测缺陷的严重度，进而以此对软件模块进行排序，指导测试资源的合理分配。Yang 等人将 LTR（Learning To Rank）方法引入缺陷预测模型中，组合不同的评估指标来优化缺陷的严重度，实验结果表明了方法的有效性。Yadav 等人使用模糊逻辑提取规则，预测缺陷的严重度，其中，严重度的确定根据缺陷的数量来判断。

11.6 缺陷自动确认

使用静态分析工具检测缺陷的关键在于缺陷模式的先验知识以及对应的形式化描述方法。对于大规模软件系统而言，静态分析的结果不可能同时满足完备性和可靠性，该类工具往往需要针对实际解决方案被迫进行近似计算，在牺牲精度与性能之间进行权衡。因此，必然会存在警报量大、误报率高的问题。目前，工业界大多采用人工的方法对每一个静态分析警报进行确认，而软件开发人员只修复被人工确认为真实缺陷的警报。但是人工确认静态分析警报需要相关人员具有专家级知识，确认过程需要耗费大量时间且效率低下。而且随着系统规模的不断扩大，静态分析工具报告的警报数量通常会显著上升，这大大降低了静态分析工具在大规模程序分析中的可用性。

近年来，静态程序分析和人工智能领域的交叉研究已经成为解决人工确认警报工作量大这一问题的重要手段。作为数据科学和人工智能的核心，机器学习已成为当今快速发展的技术领域之一。在智能软件工程中，机器学习技术已经在实践中被广泛应用，并被证明有助于解决各种软件工程问题，特别是缺陷自动确认（automated defect identification）。国内外研究人员通过应用机器学习技术来自动学习传统静态分析方法难以发现的误报模式，大大降低了人工检查的成本，并在实践中提高静态分析工具的可用性。

11.6.1 缺陷自动确认模型框架

为了减轻检查警报人员的工作量，许多研究者提出了用于高效处理静态分析警报的缺陷自动确认技术。通常，静态分析警报的自动确认可以视为一个二分类问题，而构建一个基于机器学习的软件源代码缺陷自动确认的通用模型（如图 11.7 所示）需要经过以下三个阶段：

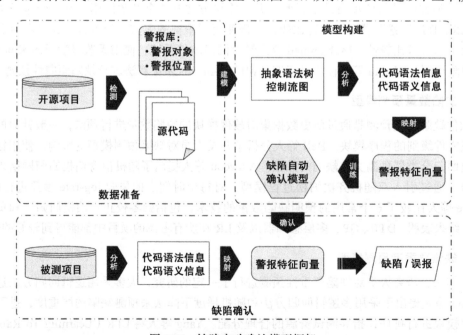

图 11.7　缺陷自动确认模型框架

1）**数据准备阶段**：收集已有的使用静态分析工具检测开源项目报告的警报库，数据库中包含警报对象相关信息以及对应的源代码中的位置信息。

2）**模型构建阶段**：首先通过对项目源代码进行程序建模，得到不同的源代码抽象表示（如抽象语法树、控制流图等）；然后对这些抽象表示进行进一步分析可以得到项目源代码的语法及语义信息，将提取到的特征信息映射到高维空间向量表示；最后结合机器学习算法以及人工标记好的警报标签（缺陷或误报）数据，利用警报特征向量训练缺陷自动确认模型。

3）**缺陷确认阶段**：对于新报告的警报或来自其他待测项目的警报，使用同样的特征提取过程构造警报特征向量，然后利用训练好的缺陷确认模型将新警报自动分类为缺陷或误报。

11.6.2　缺陷自动确认模型概述

近年来，软件缺陷确认的自动化技术已成为软件工程领域的研究热点之一，缺陷确认方法可以细分为以下三种。

1. 聚类

基于聚类技术的方法通过将静态分析警报按照依赖性进行分组。由于来自同一个分组的警报可以被判定为属于同一个类别，因此可以有效减少需要检查的警报数量。Lee 等人通过发现警报之间的依赖关系来聚类，如果一个聚类中的中心警报被证明是误报，那么同一聚类中的所有其他警报都保证是误报。Podelski 等人提出了一种在 ESC/Java 代码风格的静态分析中对软件错误信息进行分类的方法。该方法针对每个软件错误信息计算一组基于语义的特征，并将具有相同特征值的错误信息归为同一分组。该方法的特点是利用 Craig 插值技术生成与软件错误相关的重要特征。Muske 等人提出了一种基于重定位的新技术，该技术使用控制流的信息对相关警报进行分组。

2. 排序

排序方法的潜在思想是，更有可能是真实缺陷的警报优先级排序靠前。当需要在给定时间内确认更多的缺陷时，这种方法是有帮助的。Kremenek 等人提出了一种自适应的优先级排序算法 Feedback-Rank。该方法的基本思想是程序中位于同一方法、类、包的警报具有缺陷倾向一致性，即全部都是缺陷或误报。Feedback-Rank 方法利用开发人员的反馈信息构建贝叶斯网络模型去计算未被人工检查的警报的缺陷概率。Jung 等人利用警报相关的源代码句法上下文作为贝叶斯网络模型的输入，计算出每个警报为真实缺陷的概率，并根据概率对警报进行排序。Kim 和 Ernst 通过分析软件更改历史记录来区分警报类别的优先级以对警报进行排序。该方法的基本思想是，如果某个类别中的警报被开发人员迅速修复，那么该类警报的优先级较高。Shen 等人提出一种有效的两阶段警报排序策略 EFindBugs 来改善静态分析工具 FindBugs 的性能。该策略可以抑制误报并将真实的缺陷排在最前面，从而使开发人员可以更轻松地在程序中发现并修复真实的缺陷。在第一阶段，EFindBugs 通过为每个缺陷模式分配预定义的缺陷可能性，并根据缺陷可能性按降序对警报进行排序来初始化排名。在第二阶段，EFindbugs 通过用户的反馈来自适应地优化初始排名，优化过程是基于具有相同缺陷模式的警报之间的相关性自动执行的。

3. 分类

除了对警报进行聚类和优先级排序以达到自动确认的目的外，另一类方法是基于源代码和静态分析警报的信息设计特征，利用机器学习技术将警报自动分类为真实缺陷和误报。Pan 等人设计了一组基于程序切片度量的 C 语言程序特征，这些特征使用程序切片信息来度量程序的大小、复杂度、耦合性和内聚性，然后利用贝叶斯网络分类器计算警报的类别概率，以此将其确认为缺陷或误报。Heckman 和 Williams 提出了一种误报消除模型的构建流程，利用机器学习技术将静态分析警报分类为真实缺陷和误报。对于不同的开源项目，首先从 51 个候选警报特征中选择出可以预测警报类别的警报特征子集，然后根据选定的特征，利用 15 种机器学习算法构建模型以对警报进行分类。实验结果表明不同的项目之间选择的警报特征子集以及最佳模型也有所不同，这说明误报消除模型是项目特定的。Hanam 等人利用静态分析警报所处位置的上下文代码对应的抽象语法树来表示警报的结构特征，并构建特征向量作为机器学习分类器的输入，建立模型以计算新的警报的缺陷概率。Heo 等人采用了一种专门用于异常检测的机器学习技术以降低误报率。该方法的关键是利用捕获程序组件的共同属性特征来构建分类器。Goseva-Popstojanova 和 Tyo 将自然语言处理技术应用于特征向量的构建过程。该方法利用基于 Binary Bag-of-Words Frequency、Term Frequency 和 TermFrequency-Inverse Document Frequency 三种类型的特征向量作为有监督学习以及无监督学习的输入训练缺陷自动确认模型。Cheirdari 和 Karabatis 提出了一种新的算法，通过利用关键特征个人标识符来协助将报告的静态分析警报正确地分类为缺陷或误报。Zhang 等人在特征生成过程中引入路径分析技术，提出一组细粒度的特征用于模型构建。首先使用一种面向目标的路径生成算法生成缺陷路径集，然后通过分析所生成的缺陷路径，利用切片技术剔除路径上与导致潜在缺陷的变量无关的语句节点，并将简化后的路径节点映射为包含变量定值 – 引用信息的实值特征向量，最后利用带有人工标签的特征向量作为机器学习算法的输入训练源代码缺陷自动确认模型，自动识别静态分析工具所报告出的警报是否为真实的缺陷。

11.7 缺陷自动修复

软件开发是一个耗时耗力的过程，不仅如此，人类编写的程序通常会存在缺陷，因此又需要投入大量的精力去寻找、修复这些缺陷，从而最终得到可能正确的代码。这是因为由人执行的软件调试不仅复杂，而且通常还会包含错误。因此自动纠正程序的错误为提高软件生产率和正确性提供了可能。近些年来，机器学习技术的进步以及大规模代码语料库的出现为利用深度学习方法修复程序提供了机会。如图 11.8 所示，程序自动修复技术会根据变量的使用情况对源代码中存在的缺陷自动进行修复。

```
1 def validate_sources(sources):                    1 def validate_sources(sources):
2   object_name = get_connect (sources, 'obj')      2   object_name = get_connect (sources, 'obj')
3   subject_name = get_connect (sources, 'subj')    3   subject_name = get_connect (sources, 'subj')
4   result = Result ()                              4   result = Result ()
5   result.object.append (object_name)             5   result.object.append (object_name)
6   result.subjects.append (object_name)           6   result.subjects.append (subject_name)
7   return result                                  7   return result
```

图 11.8 程序自动修复示例

11.7.1 缺陷自动修复框架

程序自动修复缺陷的流程包括缺陷定位、候选项生成、候选项验证。缺陷定位已经在

11.1.1 节介绍过，通过缺陷定位能得到程序中可能的缺陷位置。候选项生成则是根据缺陷位置的程序重写规则或代码结构以及特征生成修复选项。例如，我们可以将缺陷处的上下文结构或序列化数据作为模型的输入，从而预测缺陷处的代码结构。最后，使用当前位置可见的变量进行扩展，得到多个修复选项。修复选项验证则是将错误程序以及之前步骤中得到的缺陷定位信息以及修复选项结合，从而得到带有可选择表达式的程序。最终，根据程序需要满足的规约条件求解最终的表达式并确定修复选项。整体框架如图 11.9 所示。

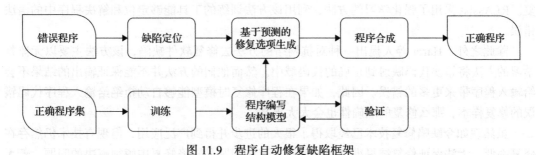

图 11.9　程序自动修复缺陷框架

11.7.2　缺陷自动修复技术的进展

由于缺陷自动修复技术在修复准确性方面存在问题，因此学术界对于程序修复技术在真实缺陷上的修复能力存在一定的争议。近些年，随着机器学习、深度学习等人工智能技术不断进步与发展并广泛应用于软件工程中的各个方面，越来越多的研究人员开始考虑将这两项技术应用于缺陷修复中。现有基于人工智能的缺陷修复技术主要可以分为神经机器翻译、可变自动编码器以及基于学习的缺陷修复三种。

1. 基于神经机器翻译的缺陷修复

神经自动翻译技术是序列学习方法的一种，该方法引入了目前流行的编码器–解码器结构。这个结构主要是将源句映射成目标句，从而利用现有的源代码去替换存在缺陷的代码语句。早在 2014 年，Bahdanau 等人就已经在编码器–解码器体系结构中使用注意力机制来解决缺陷修复问题。加入了注意力机制的神经网络会只关注编码信息中最相关的部分，从而提升最终的结果。Hajipour 也使用了序列–序列的模型。他们的模型的输入为一个正确的程序，通过对可能的修复分布进行抽样，将其映射到许多潜在的、可能被修复的缺陷中。然而基于神经网络翻译的模型存在的最大问题即为序列编码器需要将所有提取的信息压缩成一个固定长度的向量，从而可能造成部分信息的损失。

2. 基于可变自动编码器的缺陷修复

可变自动编码器是一个生成模型，该模型将对数似然作为目标函数，对模型进行数据分布训练。Bowman 等人通过引入基于 RNN 的可变自动编码器扩展了这个框架，来学习基于文本数据的生成模型。该模型可以生成不同的、连贯的句子或代码。除此之外，基于 RNN 的可变自动编码器还可以用来模拟给定错误程序的潜在分布，从而可以同时完成缺陷定位与修复任务。

3. 基于学习的缺陷修复

基于学习的缺陷修复方法在该领域越来越受到学者的关注。目前基于学习的缺陷修复方式也是最为常用的缺陷修复方式，其中很多方法都通过显式设计代码特征来对给定程序的潜在修复进行排序。在这些基于学习的程序修复工作中，需要对程序进行搜索来解决其中包含的错误。除此之外，也有一些框架能够通过将整个程序传递给模型来预测缺陷的位置以及潜在的修复。DeepFix 以及 RLAssist 使用神经表示方法来修复程序中的语法错误。这些工具之间也存在一定的差异。例如，DeepFix 直接输出不正确程序的修复，而有些工具则学习潜在正确性的分布，从而生成和评估多种修复可能，由此可以看出这些工具鼓励不同的修复。RLAssist 采用了强化学习的方法，利用该方法训练的工具能够定位和解决程序中的语法错误。

除此之外，Harer 等人提出一种对抗网络的方法去修复软件缺陷，该方法主要以无监督学习的方法将错误代码映射到正确的代码域中。然而他们的方法并不能保证输出的结果不会给输入程序带来更多的错误。因此，如果在程序修复时模型能够自动拒绝给输入程序代码错误的修复样本，那么修复的准确性也会大大提高。

虽然现如今缺陷修复技术已经取得了很大的进步并得到广泛应用，但现有技术仍然存在修复率低、无法保证修复结果准确性的问题。这些问题是缺陷修复中亟须解决的问题，若无法保证修复方法的有效性，也就无法保证该技术能在日常的软件开发与测试中对程序员提供帮助。

习题

1. 什么是软件测试中的人工智能？软件测试自动化背景下的人工智能与其更广泛的定义有何不同？
2. 与传统的动静态程序分析技术相比，人工智能技术（如深度学习）的优势是什么？
3. 与语音识别、机器翻译等发展较成熟的领域相比，人工智能在软件测试领域的自主化程度相对较低的原因是什么？
4. 阐述软件缺陷预测以及缺陷确认两个应用场景之间有什么异同？
5. 从学习的角度，我们可以把程序语言和自然语言进行类比，那么它们之间有什么区别呢？
6. 思考一下人工智能技术在软件测试中还有哪些应用场景。

附录 A 测试用例样式

一般在测试说明文档中设计测试用例，该文档样式如下所示。

例如，对于软件1功能测试类型的用户登录功能，一般有登录和退出两个功能，因此可以设计两个测试用例，如下所示：

5.1.3.1   用户登录

5.1.3.1.1   用户登录－登录

测试用例表

测试用例名称	用户登录－登录		用例标识	
追踪到测试需求				
测试用例综述				
用例初始化		前提和约束		
测试步骤				
序号	输入及操作		期望结果	
1				
2				
3				
测试用例终止条件				
测试用例通过准则				
设计人员				

5.1.3.1.2   用户登录－退出

测试用例表

测试用例名称	用户登录－退出		用例标识	
追踪到测试需求				
测试用例综述				
用例初始化		前提和约束		
测试步骤				
序号	输入及操作		期望结果	
1				
2				
3				
测试用例终止条件				
测试用例通过准则				
设计人员				

附录 B 测试报告样式

测试报告样式如下所示。

参 考 文 献

[1] 金芝，刘芳，李戈. 程序理解：现状与未来 [J]. 软件学报, 2019, 30（1）: 110-126.

[2] NEEMA S, PARIKH R, JAGANNATHAN S. Building resource adaptive software systems [J]. IEEE Software, 2019, 36(2): 103-109.

[3] ALON U, ZILBERSTEIN M, LEVY O, et al. A general path-based representation for predicting program properties [C]. // Proceedings of the 39th ACM SIGPLAN Conference on Programming Language Design and Implementation, 2018, 404-419.

[4] BEN N T, JAKOBOVITS A S, HOEFLER T. Neural code comprehension: A learnable representation of code semantics [C]. // Proceedings of the 2018 Annual Conference on Neural Information Processing Systems, 2018, 3589-3601.

[5] 宫丽娜，姜淑娟，姜丽. 软件缺陷预测技术研究进展 [J]. 软件学报，2019，30（10）: 3090-3114.

[6] WAN Z Y, XIA X, HASSAN A E, et al. Perceptions, expectations, and challenges in defect prediction [J]. IEEE Transactions on Software Engineering, 2020, 46(11): 1241-1266.

[7] SHRIKANTH N C, MAJUMDER S, MENZIES T. Early life cycle software defect prediction. Why? How? [C]. // Proceedings of the 43rd IEEE/ACM International Conference on Software Engineering, 2021, 448-459.

[8] HECKMAN S, WILLIAMS L. A systematic literature review of actionable alert identification techniques for automated static code analysis[J]. Information and Software Technology, 2011, 53(4):363-387.

[9] MUSKE T, SEREBRENIK A. Survey of approaches for handling static analysis alarms [C]. // Proceedings of the 16th IEEE International Working Conference on Source Code Analysis and Manipulation, 2016, 157-166.

[10] MUSKE T, TALLURI R, SEREBRENIK A. Repositioning of static analysis alarms [C]. // Proceedings of the 27th ACM SIGSOFT International Symposium on Software Testing and Analysis, 2018, 187-197.

[11] ZHANG Y W, JIN D H, XING Y, et al. Automated defect identification via path analysis-based features with transfer learning[J]. Journal of Systems and Software, 2020, 166: 110585.

[12] ZHANG Y W, XING Y, GONG Y Z, et al. A variable-level automated defect identification model based on machine learning [J]. Soft Computing, 2020, 24(2): 1045-1061.

[13] IEEE Std 610.12-1990.IEEE Standard Glossary of Software Engineering Terminology.IEEE, 1990.

[14] YOUNG M, TAYLOR R N. Combining static concurrency analysis with symbolic execution[J]. IEEE Transactions on Software Engineering, 1988, 14(10): 1499-1511.

[15] RENIERIS M, REISS S P. Fault localization with nearest neighbor queries[C]. //Proceedings of the 18th IEEE International Conference on Automated Software Engineering, 2003, 30-39.

[16] GOUES C L, DEWEY V M, FORREST S, et al. A systematic study of automated program repair: Fixing 55 out of 105 bugs for $8 each [C]. // Proceedings of the 34th International Conference on

Software Engineering, 2012, 3-13.

[17] SUTSKEVER I, VINYALS O, LE Q V. Sequence to sequence learning with neural networks [C]. // Proceedings of the 2014 Annual Conference on Neural Information Processing Systems, 2014, 3104-3112.

[18] GUPTA R, PAL S, KANADE A, et al. Deepfix: Fixing common C language errors by deep learning[C]. //Proceedings of the 31st AAAI Conference on Artificial Intelligence, 2017, 1345-1351.

[19] HARER J, OZDEMIR O, LAZOVICH T, et al. Learning to repair software vulnerabilities with generative adversarial networks[C]. // Proceedings of the 2018 Annual Conference on Neural Information Processing Systems, 2018, 7944-7954.

[20] ALI S, BRIAND L C, HEMMATI H, et al. A systematic review of the application and empirical investigation of search-based test case generation [J]. IEEE Transactions on Software Engineering, 2010, 36(6): 742-762.

[21] ANAND S, BURKE E K, CHEN T Y, et al. An orchestrated survey of methodologies for automated software test case generation [J]. Journal of Systems and Software, 2013, 86(8): 1978-2001.

[22] BRUNETTO M, DENARO G, MARIANI L, et al.On introducing automatic test case generation in practice: A success story and lessons learned [J]. Journal of Systems and Software, 2021, 176: 110933.

[23] CORDY M, MULLER S, PAPADAKIS M, et al. Search-based test and improvement of machine-learning-based anomaly detection systems [C]. // Proceedings of the 28th ACM SIGSOFT International Symposium on Software Testing and Analysis, 2019, 158-168.

[24] LI X L, WONG W E, GAO R Z, et al. Genetic algorithm-based test generation for software product line with the integration of fault localization techniques[J]. Empirical Software Engineering, 2018, 23(1): 1-51.

[25] PINTO G H L, VERGILIO S R. A multi-objective genetic algorithm to test data generation[C].// Proceedings of the 22nd IEEE I0nternational Conference on Tools with Artificial Intelligence, 2010, 129-134.

[26] SHE D D, PEI K X, EPSTEIN D, et al. NEUZZ: Efficient fuzzing with neural program smoothing [C]. // Proceedings of the 40th IEEE Symposium on Security and Privacy, 2019, 803-817.

[27] LIANG H L, JIANG L, AI L, et al. Sequence directed hybrid fuzzing [C]. // Proceedings of the 27th IEEE International Conference on Software Analysis, Evolution and Reengineering, 2020, 127-137.

[28] WANG J J, CHEN B H, WEI L, et al. Skyfire: Data-driven seed generation for fuzzing [C]. // Proceedings of the 38th IEEE Symposium on Security and Privacy, 2017, 579-594.

[29] 高凤娟, 王豫, 司徒凌云, 等. 基于深度学习的混合模糊测试方法 [J]. 软件学报, 2021, 32(4): 988-1005.

[30] 任泽众, 郑晗, 张嘉元, 等. 模糊测试技术综述 [J]. 计算机研究与发展, 2021, 58(5): 944-963.

参 考 网 站

[1]   http:// www.testage.net/.

[2]   http:// www.51cmm.com/SoftTesting/.

[3]   http://parasoft.com/.

[4]   http://aptest.com/resources.html.

[5]   http://www.automated-testing.com/.

[6]   http://betasoft.com/.

[7]   http://fortest.org.uk/.

[8]   http://www.loadtester.com/.

[9]   http://www.testing.com/.

[10]   http://testingcenter.com/.

[11]   http://www.testingstuff.com/.

[12]   http://www.mercury.com/.

[13]   http://www.softtest.cn/.

[14]   http://www.testing.com/.

[15]   http:// www.testingstandards.co.uk/.

[16]   http:// www.ccidnet.com/pub/.

[17]   http://www.btesting.net/.

[18]   http://www.softwaretesting institute.com/.

[19]   http://www.softwareqatest.com.

[20]   http://www.testconference.com/asiaster/home.

[21]   http://www.testingstuff.com/.

[22]   http://findbugs.sourceforge.net/bugDescriptions.html.

[23]   http://www.klocwork.com/company/downloads/Klocwork_Defects_and_Metrics.pdf.

[24]   JMeter 性能测试：http://www.testage.net/AutoTest/Opentest/ 200602/281.htm.

[25]   http://hi.baidu.com/gaoli_happy/blog/item/ab4c8516424bf253f2de326f.html.

[26]   性能测试兵法：http://blog.csdn.net/nhczp/archive/2006/12/15/1444653.aspx.

[27]   性能测试容量评估：http://www.rapidesting.cn/.

[28]   配置测试：http://blog.csdn.net/chszs/archive/2007/01/29/1497410.aspx.

[29]   软件可靠性测试及其实践：http://www.kekaoxing.com/soft/softrel/200703/344. html.

[30]   测试工具比较：http://blog.csdn.net/Kesa_Kong/archive/2007/04/23/1576096.aspx.

[31]   软件测试工具分类和选择：http://tb.blog.csdn.net/ TrackBack.aspx?PostId=181604.

[32]   移动应用测试：https://testerhome.com/.

[33]   TalkingData:www.talkingdata.com.

推荐阅读

软件工程：实践者的研究方法（英文版·原书第9版）

作者：[美] 杰·S. 普莱斯曼（Roger S. Pressman） 布鲁斯·R. 马克西姆（Bruce R. Maxim）
ISBN：978-7-111-67066-7 定价：149.00元

软件工程概论（第3版）

作者：郑人杰 马素霞 等编著 ISBN：978-7-111-64257-2 定价：59.00元

软件工程导论（原书第4版）

作者：[美] 弗兰克·徐（Frank Tsui） 奥兰多·卡拉姆（Orlando Karam） 芭芭拉·博纳尔（Barbara Bernal）
译者：崔展齐 潘敏学 王林章 ISBN：978-7-111-60723-6 定价：69.00元

软件测试基础（原书第2版）

作者：[美] 保罗·阿曼（Paul Ammann）　杰夫·奥法特（Jeff Offutt）著
译者：李楠　ISBN：978-7-111-61129-5　定价：79.00元

这书创造性地使用四种模型来囊括目前的软件测试技术，这样可以帮助学生、研究人员和实践者从抽象和系统的角度来理解这些技术。本书在理论和实践之间做出了很好的平衡。第2版增加了很有价值的新内容，使读者可以在工业界的常用环境中学习软件测试技术。

—— 谢涛，伊利诺伊大学香槟分校

作者简介：

保罗·阿曼（Paul Ammann）是乔治梅森大学软件工程副教授。他于2007年获得Volgenau工程学院的杰出教学奖。他领导开发了应用计算机科学学位，现任软件工程硕士项目主任。Ammann在软件工程领域已经发表了超过80篇文章，尤其着重于软件测试、软件安全、软件依赖性和软件工程教育方向。

杰夫·奥法特（Jeff Offutt）是乔治梅森大学软件工程教授。他于2013年获得乔治梅森大学杰出教学奖。他在基于模型测试、基于准则测试、测试自动化、经验软件工程和软件维护等方面已经发表了超过165篇文章。他是《软件测试、验证和可靠性》期刊的主编。他还帮助创建了IEEE国际软件测试大会，同时也是µJava项目的创始人。

软件测试：一个软件工艺师的方法（原书第4版）

作者：[美]保罗 C.乔根森（Paul C.Jorgensen)著　译者：马琳 李海峰
ISBN：978-7-111-58131-4　定价：79.00元

图书特色：

本书是经典的软件测试教材，综合阐述了软件测试的基础知识和方法，既涉及基于模型的开发，又介绍测试驱动的开发，做到了理论与实践的完美结合，反映了软件标准和开发的新进展和变化。　作者保罗 C. 乔根森具有丰富的软件开发及测试教学和研发经验，他在书中借助精心挑选的实例，把软件测试理论与实践紧密结合，讲解循序渐进、层次分明，便于读者理解。第4版重新规划了篇章结构，内容更加简洁流畅，增加了四章有实用价值的新内容，同时更加深入地讨论了基于路径的测试，从而拓展了本书一直侧重基于模型测试的传统。

作者简介：

保罗 C. 乔根森（Paul C.Jorgensen）于1965年获得伊利诺伊大学厄巴纳-尚佩恩分校数学硕士学位，1985年获得亚利桑那州立大学计算机科学和软件工程博士学位，现为大峡谷州立大学荣休教授。他有50多年软件产业界和教育界的从业经验。在其职业生涯的前20年中，主要从事工业软件开发和管理工作。1986年以来，他一直在大学为研究生讲授软件工程课程并进行相关研究，先是在亚利桑那州立大学授课，之后任教于大峡谷州立大学，2017年8月退休。